乔长君 李新宇 编著

化学工业出版社

·北京·

图书在版编目（CIP）数据

图解水电工快捷入门/乔长君，李新宇编著．—北京：化学工业出版社，2016.10
ISBN 978-7-122-27878-4

Ⅰ.①图… Ⅱ.①乔… ②李… Ⅲ.①水暖工-图解 ②房屋建筑设备-电气设备-图解 Ⅳ.①TU832-64 ②TU85-64

中国版本图书馆 CIP 数据核字（2016）第 197536 号

责任编辑：高墨荣　　文字编辑：孙凤英
责任校对：宋　玮　　装帧设计：刘丽华

出版发行：化学工业出版社（北京市东城区青年湖南街 13 号　邮政编码 100011）
印　　刷：北京云浩印刷有限责任公司
装　　订：三河市瞰发装订厂
850mm×1168mm　1/32　印张 7¼　字数 206 千字
2016 年 11 月北京第 1 版第 1 次印刷

购书咨询：010-64518888（传真：010-64519686）　售后服务：010-64518899
网　　址：http://www.cip.com.cn
凡购买本书，如有缺损质量问题，本社销售中心负责调换。

定　价：28.00 元

前言

随着科学技术的不断进步，电气化程度正在日益提高，各行各业从事电气工作的人员也在迅速增加。水电工的工作任务决定了其以实践性为主的工作属性，水电工初学者只有不断加强操作技能的学习与训练，才能在实践中练就过硬的本领，迅速提高自己的技能水平。怎样把书本上的知识应用于生产实践，把眼花缭乱的图形符号变为手中的一招一式，是每个初学者经常遇到的难题。为了满足水电工技能人员的学习需求，我们特编写了本书。

本书以大量的实际操作图配合深入浅出的语言，介绍了水电工基本知识和基本技能，使读者一看就懂，一读就通。在编写过程中，重点突出图解的形式，力求图文并茂、文字简明，使广大读者在轻松的阅读中迅速掌握水电工技术，提高技能水平。

本书包括水电工常用工具和仪表、给水排水施工、10kV以下架空线路、室内配线与照明安装、电气安全共5章，具体讲述水电工、常用工具、给水排水施工、10kV以下架空线路、室内配线、照明安装、防雷与接地工程、安全用电知识几个方面的内容。

本书列举的图形真实可靠，既体现实用性、典型性，又有新技术的融合，不仅可供电工和工程技术人员阅读，也可用于职业院校学生学习参考，尤其适用于水电工初学者入门。

本书由乔长君、李新宇编著，赵亮、郭建、双喜、刘海河、杨春林、孙泽剑、马军、朱家敏、于蕾、武振忠、杨滨宇等人对本书的编写提供了帮助。本书美术制作韩朝、罗利伟、乔正阳，在此一并表示感谢。

由于编著者水平有限，不足之处在所难免，敬请读者批评指正。

编著者

目录

第1章

水电工常用工具和仪表

1.1 管道工常用工具

（1）电动型材切割机

电动型材切割机由电动机、支架、支架底座、可转夹钳、增强树脂砂轮片和砂轮保护罩、操作手柄、电源开关及电源连接装置件等组成，如图 1-1 所示。

1）型材切割机的使用

① 拧开可转夹钳螺栓，根据需切割工件角度调整并紧固可转夹钳。

② 将工件摆在可转夹钳钳口，放正放平，旋动手柄将工件夹紧。

③ 穿戴好等防护用品，按下电源开关并向下按手柄，即可切断工件，如图 1-2所示。

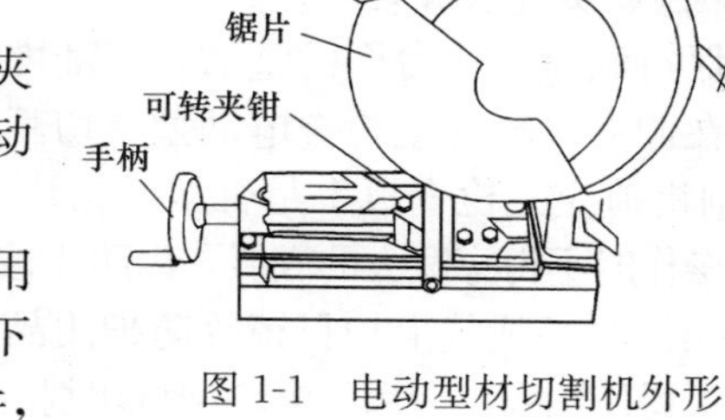

图 1-1　电动型材切割机外形

2）使用注意事项

① 禁止在含有易燃和腐蚀性气体及潮湿或受雨淋的场所使用。

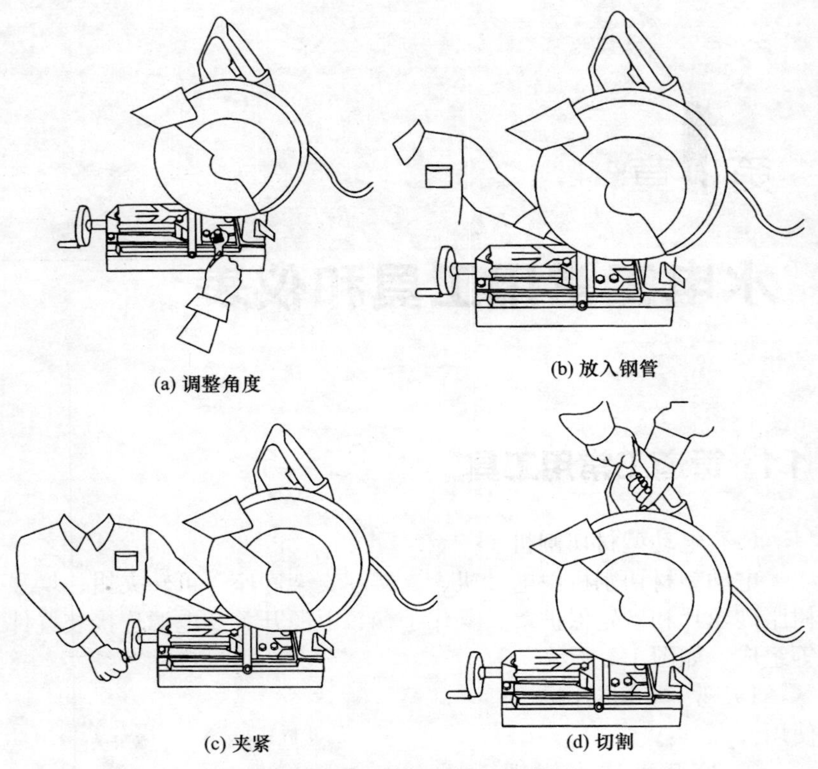

(a) 调整角度　(b) 放入钢管　(c) 夹紧　(d) 切割

图 1-2　电动型材切割机的使用

要保证操作场所光线充足。

② 保持底盘工作台面的整洁，不乱堆物品，防止引起事故。

③ 在调换砂轮片或检查电动型材切割机前应先拔掉电源插头。启动切割机前应先检查扳手是否从砂轮片夹紧装置上取下。

④ 操作时不得穿宽大的衣服，以防止被高速旋转的砂轮片卷住。

⑤ 操作时必须戴上护目镜等防护用品。

⑥ 不得使用大于所用的电动型材切割机规格的最大允许尺寸的砂轮片。必须采用增强树脂砂轮片，其安全线速度不能低于80m/s。

⑦ 不允许拆除保护罩及传动带罩壳进行操作。

⑧ 电动型材切割机操作时，无关人员应与切割机保持一定距

离，不要靠近。

⑨ 操作电动型材切割机时，姿势要正确，身体要始终保持平衡。切勿站立在切割机底盘台面上，以防无意识地接通电源而发生伤害事故。

⑩ 电源线不得与砂轮片接触。

⑪ 电动型材切割机使用时必须进行可靠地保护接地。

⑫ 操作者不要在无人看管电动型材切割机的情况下离开现场。如果要离开，则必须切断切割机电源，完全停机后才能离开。

（2）电动角向磨光机的使用

电动角向磨光机主要由电源开关、手柄、转动装置、保护罩组成，外形如图 1-3 所示。

使用角向磨光机切割钢管的注意事项：

① 选择合适砂轮片，用专用扳手拧紧。

② 对准画线部位，拿稳轻按，如图 1-4 所示。

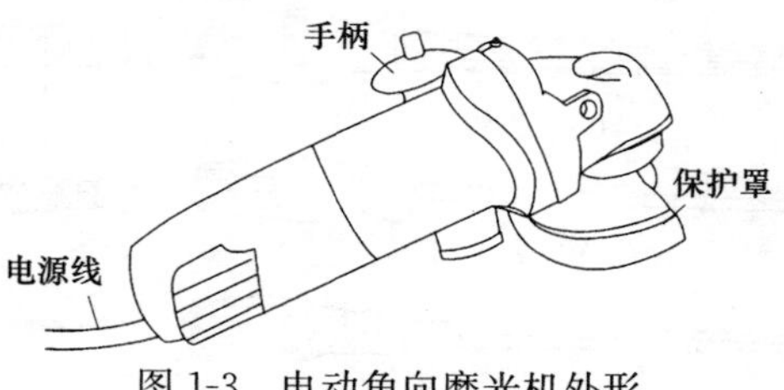

图 1-3　电动角向磨光机外形

（3）锉刀的使用

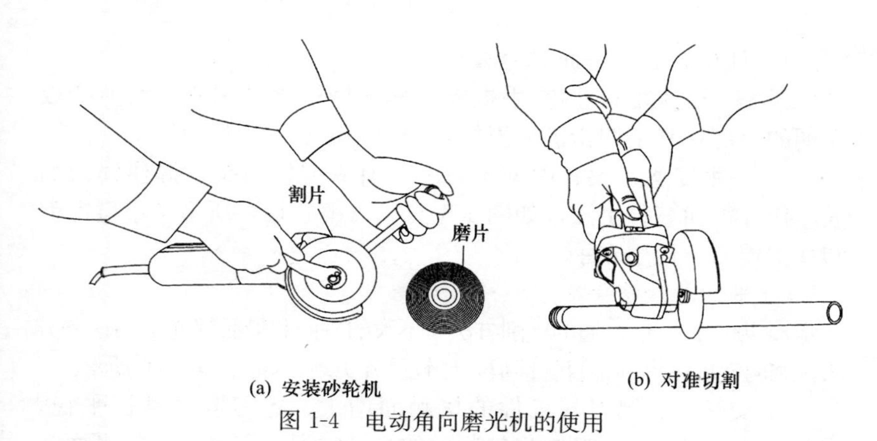

图 1-4　电动角向磨光机的使用

锉刀按剖面形状分有扁锉（平锉）、方锉、半圆锉、圆锉、三角锉、菱形锉和刀形锉等，外形如图 1-5 所示。平锉用来锉平面、外圆面和凸弧面；方锉用来锉方孔、长方孔和窄平面；三角锉用来锉内角、三角孔和平面；半圆锉用来锉凹弧面和平面；圆锉用来锉圆孔、半径较小的凹弧面和椭圆面。

锉刀按每 10mm 长度内主锉纹条数分为Ⅰ～Ⅴ号，其中Ⅰ号为粗齿锉，Ⅱ号为中齿锉，Ⅲ号为细齿锉，Ⅳ号和Ⅴ号为油光锉，分别用于粗加工和精加工。

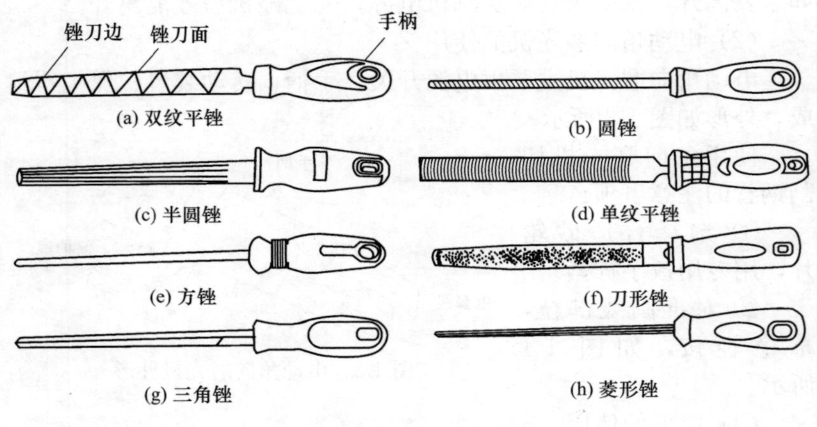

图 1-5　锉刀的外形

1）使用方法（平面的锉法）

① 锉刀的握法　用右手握锉刀柄，柄端顶住掌心，大拇指放在柄的上部，其余四指满握刀柄，如图 1-6（a）、（b）所示。

② 左手姿势　大、中型锉刀左手有满握锉刀头、握住锉刀面或压住锉刀面三种手法，如图 1-6（c）、（d）、（e）所示。小型锉刀和什锦锉刀不使用左手。

③ 平面的锉法

a. 顺向锉。最普通的锉削方法。不大的平面和最后锉光都用这种方法。顺向锉可以得到正直的锉痕，比较整齐美观，如图 1-6（f）所示。

b. 交叉锉。锉刀与工件的接触面增大，锉刀容易掌握平稳。同时，从锉痕上可以判断出锉削面的高低情况，因此容易把平面锉平。交叉锉进行到平面将锉削完成之前，要改用顺向锉，使锉痕变

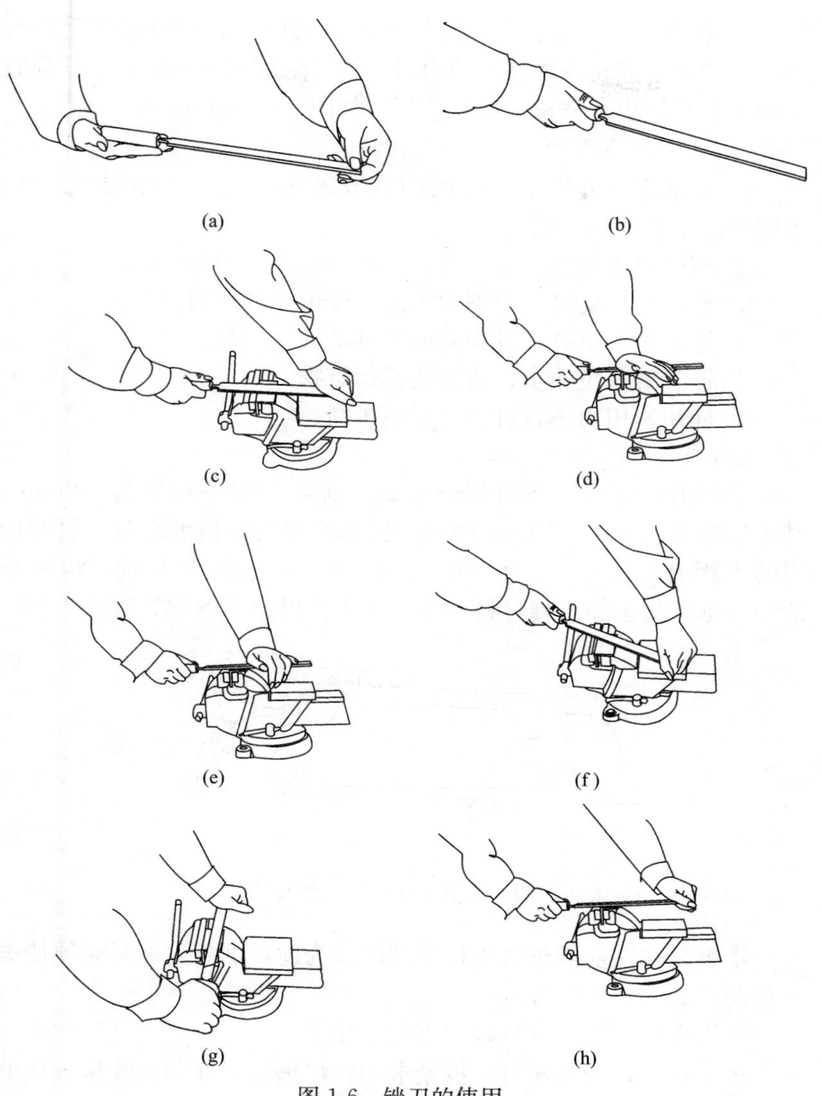
图 1-6　锉刀的使用

为正直，如图 1-6（g）所示。

锉削是不论常用顺向锉还是交叉锉，为了使加工平面均匀地锉到，一般在每次抽回锉刀时，都要向旁边略为移动。

c. 推锉。一般用于锉削狭长平面，或用顺向锉推进受阻碍时使用。推锉不能充分发挥手的力量，同时切削效率不高，故只适宜在加工余量较小和修正尺寸时使用，如图 1-6（h）所示。

2）使用注意事项

① 不准用锉刀锉毛坯件的硬皮或氧化皮或经过淬硬的工件，否则锉齿很易磨损金属。

② 新锉刀先使用一面，当该面磨钝后，再用另一面。

③ 锉削时，要经常用钢丝刷清除锉齿上的切屑。

④ 锉刀不可重叠或者和其他工具堆放在一起。

⑤ 锉刀要避免沾水、沾油或其他脏物。

⑥ 使用锉用力不宜过大，以免折断。

（4）手锯

手锯由锯弓和锯条两部分组成。通常的锯条规格为 300mm，其他还有 200mm、250mm 两种。锯条的锯齿有粗细之分，目前使用的齿距有 0.8mm、1.0mm、1.4mm、1.8mm 等几种。齿距小的细齿锯条适于加工硬材料和小尺寸工件以及薄壁钢管等。

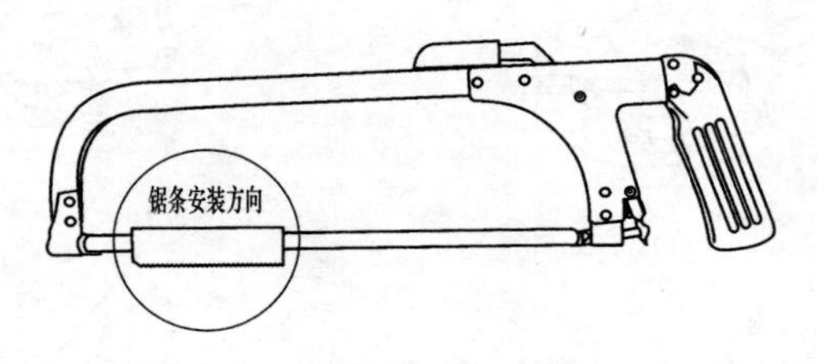

图 1-7 手锯外形及锯条安装

手锯是在向前推进时进行切削的。为此，锯条安装时必须使锯齿朝前，如图 1-7 所示。

手锯锯管的方法（钢板的锯割）如下：

放上锯条，拧紧螺钉，扳紧卡扣，将锯条对准切割线从下往上进锯。逐渐端平手锯用力锯割，如果锯缝深度超过锯弓高度，可以将锯条翻过来继续锯割，直到将工件锯掉，如图 1-8 所示。

使用时锯条绷紧程度要适中。过紧时会因极小的倾斜或受阻而绷断；过松时锯条产生弯曲也易折断。装好的锯条应与锯弓保持在

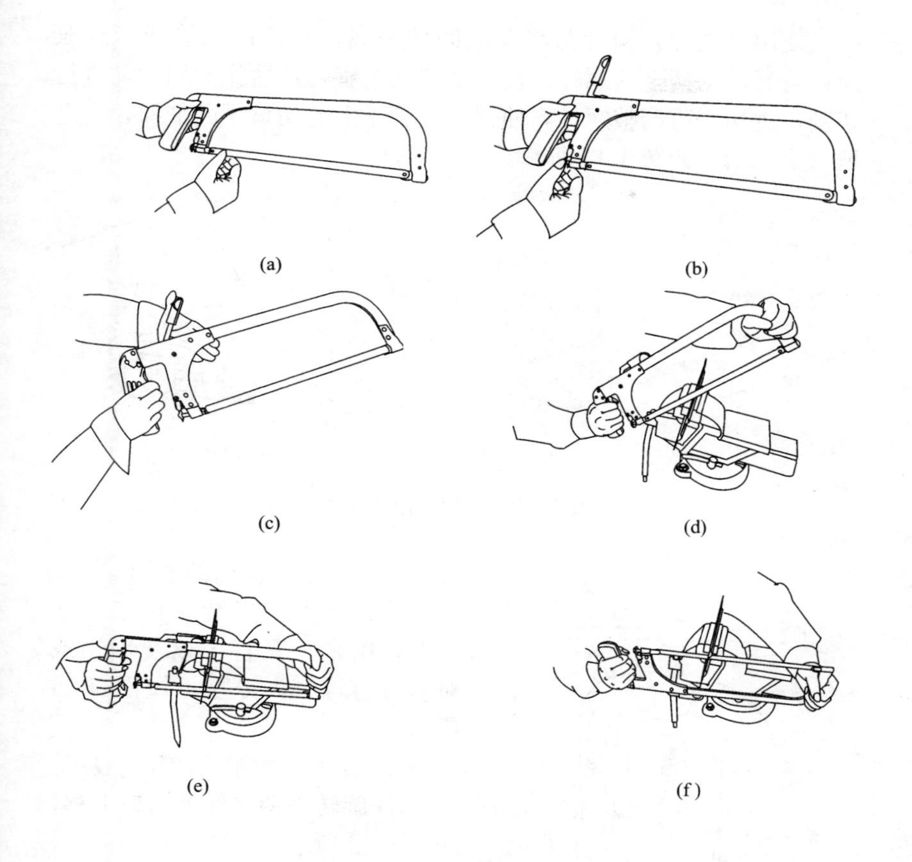

(a) (b) (c) (d) (e) (f)

图 1-8　手锯的使用

同一中心平面内，这对保证锯缝正直和防止锯条折断都是必要的。

锯条绷紧程度要适中。过紧时会因极小的倾斜或受阻而绷断；过松时锯条产生弯曲也易折断。装好的锯条应与锯弓保持在同一中心平面内，这对保证锯缝正直和防止锯条折断都是必要的。

（5）割管器的使用

割管器是一种专门用来切割各种金属管子的工具，如图1-9所示。

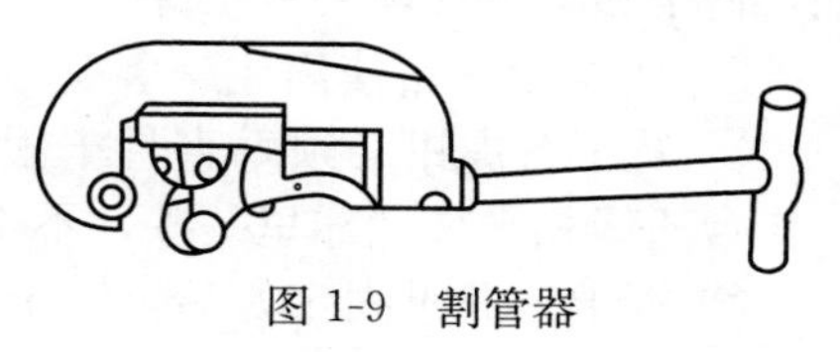

图 1-9　割管器

使用时先旋开刀片与滚轮之间的距离，将待割的管子卡入其间，再旋动手柄上的螺杆，使刀片切入钢管，然后作圆周运动进行切割，边切割边调整螺杆，使刀片在管子上的切口不断加深，直至把管子切断，如图 1-10 所示。

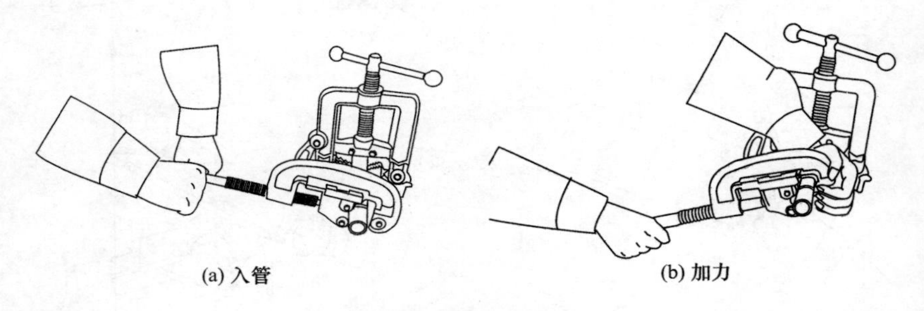

图 1-10　割管器的使用

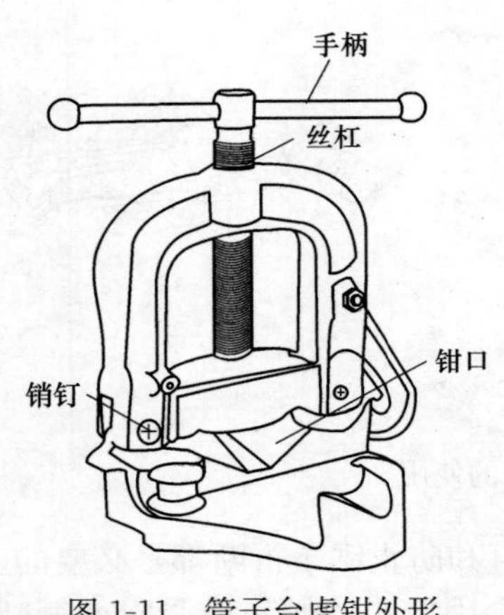

图 1-11　管子台虎钳外形

（6）管子台虎钳的使用

管子台虎钳安装在钳工工作台上，用来夹紧管子以便锯切或对管子套制螺纹等，如图 1-11 所示。

1）管子台虎钳的使用方法

① 旋转手柄，使上钳口上移，如图 1-12 所示。

② 将台虎钳放正后打开钳口。

③ 将需要加工的工件放入钳口。

④ 合上钳口，注意一定要扣牢。如果工件不牢固，可旋转手柄，使上钳口下移，夹紧工件。

2）管子台虎钳使用注意事项

① 管子台虎钳必须垂直且牢固地固定在工作台上，钳口应与工作台边缘相平或稍靠里一些，不得伸出工作台边缘。

② 管子台虎钳固定好后，其卡钳口应牢固可靠，上钳口在滑

道内应能自由移动，且压紧螺杆和滑道应经常加油。

③ 装夹工件时，不得将与钳口尺寸不相配的工件上钳；对于过长的工件，必须将其伸出部分支撑稳固。

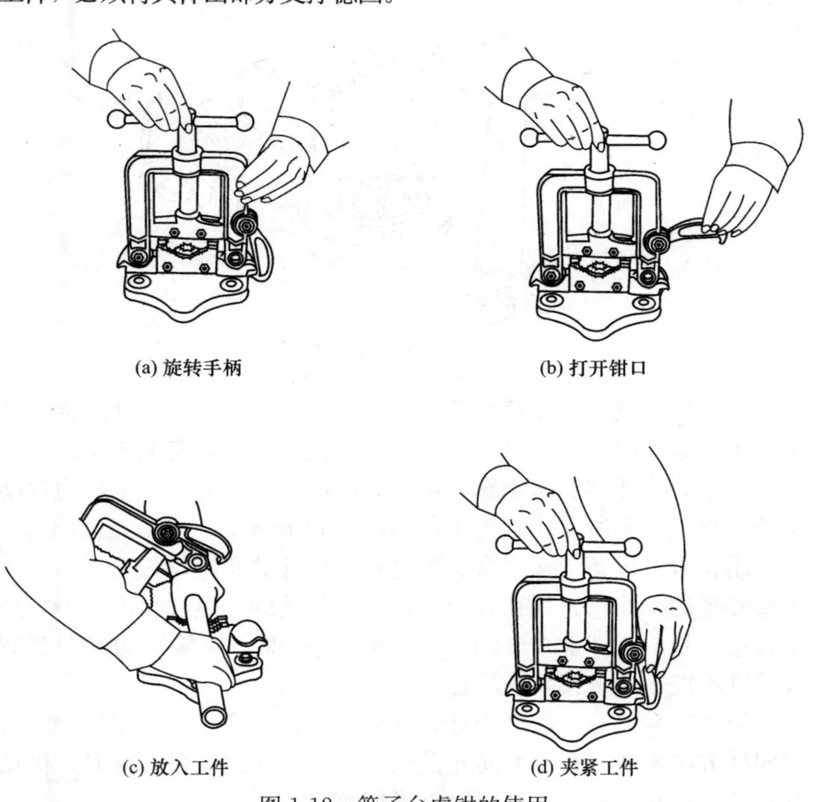

(a) 旋转手柄　(b) 打开钳口

(c) 放入工件　(d) 夹紧工件

图 1-12　管子台虎钳的使用

④ 装夹脆性或软性的工件时，应用布、铜皮等包裹工件夹持部分，且不能夹得过紧。

⑤ 装夹工件时，必须穿上保险销。旋转螺杆时，用力适当，严禁用锤击或加装套管的方法扳紧钳柄。工件夹紧后，不得再去移动其外伸部分。

⑥ 使用完毕，应擦净油污，合上钳口；长期不用时，应涂油存放。

(7) 管子绞板的使用

管子绞板主要用于管子螺纹的制作，有轻型和重型两种。轻型管子绞板外形如图 1-13 所示。

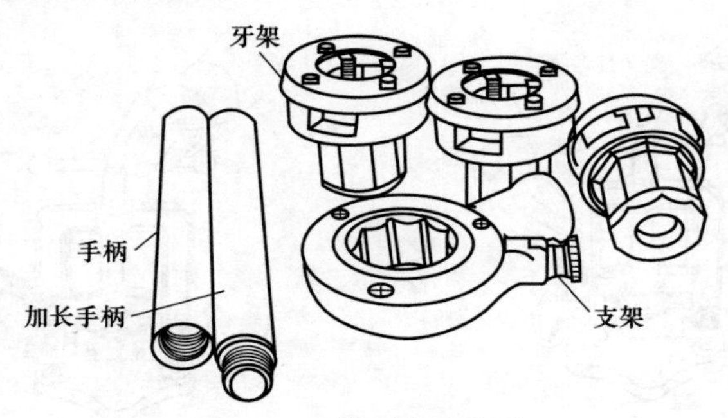

图 1-13 管子绞板外形

使用管子绞板时先将牙块按 1、2、3、4 顺序号顺时针装入牙架；再拧紧牙架护罩螺钉，将牙架插入支架孔内，安上卡簧；然后用一手扶着将牙架套入钢管，摆正后慢慢转动两圈，两手用力扳动手柄，直至转至所需扣数为止，如图 1-14 所示。

用在电气设备与接线盒、配电箱连接处的套螺纹长度，不宜小于管外径的 1.5 倍；用在管与管连接部位处的套螺纹长度，不得小于管接头长的 1/2 加 2～4 扣，需倒丝连接时，连接管的一端套螺纹长度不应小于管接头长度加 2～4 扣。

第一次套完后，松开板牙，再调整其距离使比第一次小一点，用同样方法再套一次，要防止乱丝。当第二次螺纹快套完时，稍松开板牙，边转边松，使其成为锥形螺纹。

(8) 弯管器

弯管器是用于管路配线中将管路弯曲成型的专用工具。常用的手动弯管器外形如图 1-15 所示。

使用方法：首先根据要弯管的外径选择合适的模具，固定模具后插入管子，双手压动手柄，观察刻度尺，当手柄上横线对准需要弯管角度时，操作完成，如图 1-16 所示，即将管子弯成所需的形状。

(9) 压接钳的使用

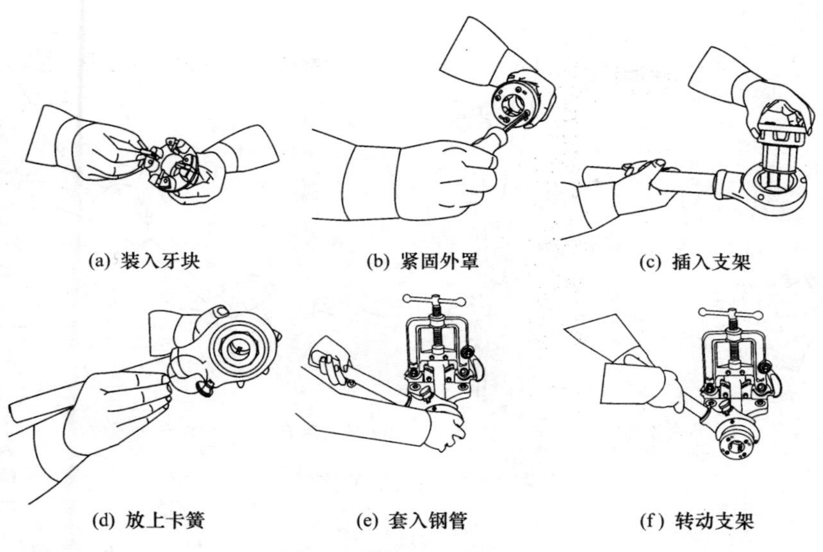

图 1-14 管子绞板的使用

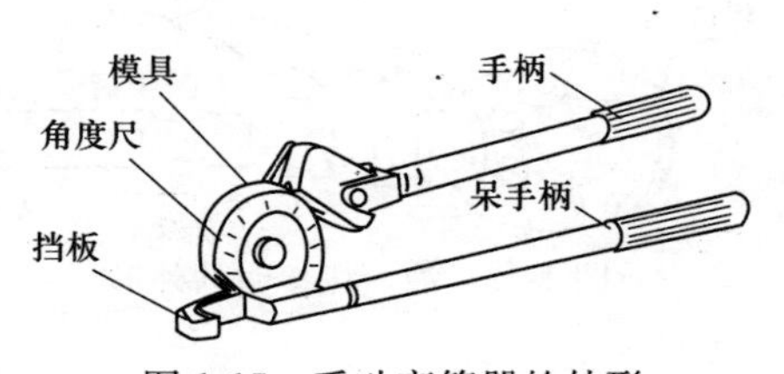

图 1-15 手动弯管器的外形

压接钳又称压线钳，是一种用冷压方式连接大截面铜、铝导线的专用工具。液压压接钳的外形如图 1-17 所示。

使用方法（导线与铜接线耳的连接）如下：

首先选择模具，然后剥除导线绝缘层［长度＝接线耳深度＋(5～10)mm］。打开钳口，正确安装模具。关闭液压油阀门，将接线耳插入模具，加压靠紧。将导线插入接线耳。加压至预定值。打开液压油阀门取出压制好的接线耳，如图 1-18 所示。

（10）管子钳的使用

管子钳的外形如图 1-19 所示。用来拧紧或松散电线管子上的束节或管螺母。

管子钳的使用方法：用管子钳卡住钢管，活扳子卡住螺母，两手向两侧扳，就可把螺母扳下来，如图 1-20 所示。

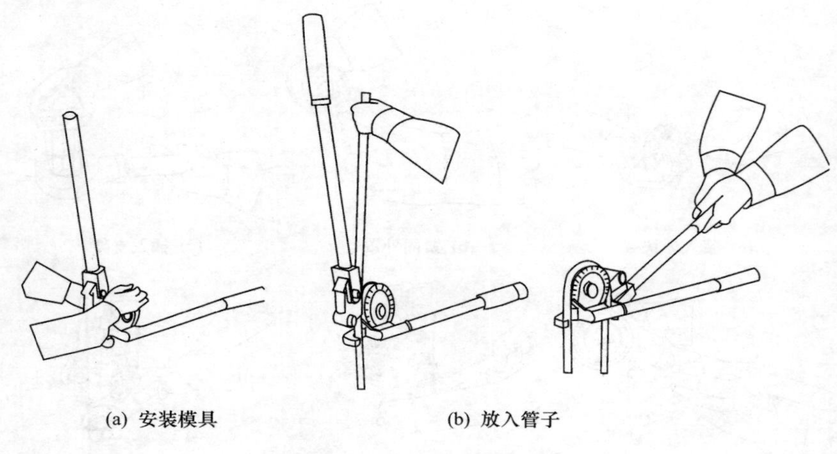
(a) 安装模具　　　　　　　　(b) 放入管子

图 1-16　弯管器的使用

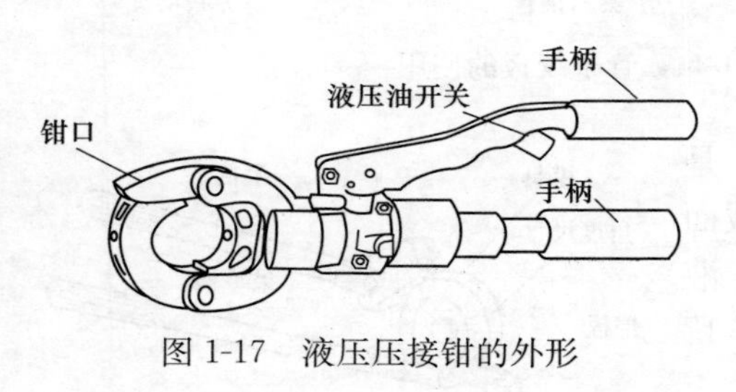

图 1-17　液压压接钳的外形

使用时应注意，两手协调操作，一只手扳手柄，另一只手调节螺母使之咬住管子，以防打滑。扳动手柄时，用力不要过猛，更不允许在钳柄上加套。当钳柄末端高出操作者头部时，不得采用正面拉吊的方式扳动手柄。不得用管子钳代替扳手操作带棱角的工件，也不得当撬棍和锤子使用。

（11）电锤钻的使用

电锤由电动机、齿轮减速器、曲柄连杆冲击机构、转钎机构、过载保护装置、电源开关及电源连接装置等组成，如图 1-21 所示。利用冲击电钻安装胀锚螺栓的步骤如图 1-22 所示。

使用注意事项如下：

① 电锤是冲击类工具，工作过程中振动较大，负载较重。因此，使用前应检查各连接部位紧固可靠性后才能操作作业。

② 电锤在凿孔前，必须探查凿孔的作业处内部是否有钢筋，

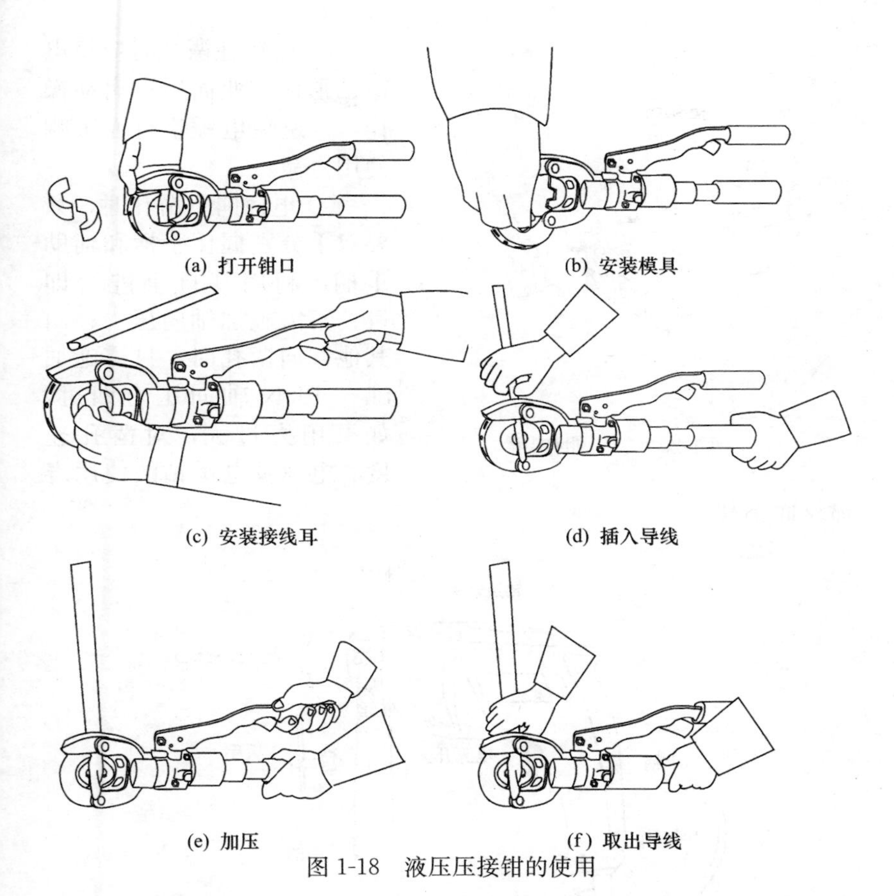

图 1-18 液压压接钳的使用

在确认无钢筋后才能凿孔，以避免电锤钻的硬质合金刀片在凿孔中冲撞钢筋而崩裂刃口。

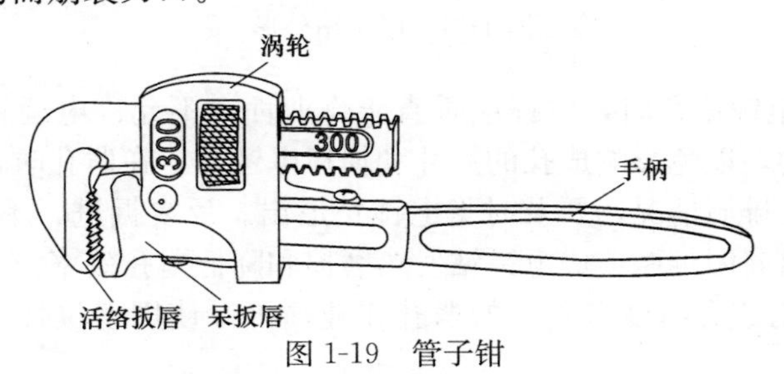

图 1-19 管子钳

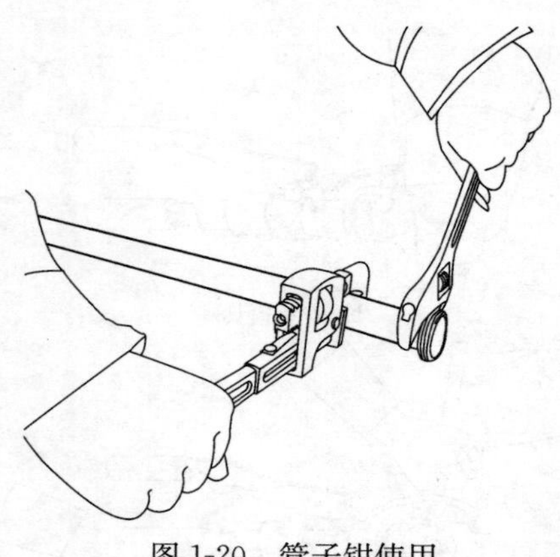

图 1-20 管子钳使用

③ 电锤在凿孔时应将电锤钻顶住作业面后再启动操作，以避免电锤空打而影响使用寿命。

④ 电锤向下凿孔时，只要双手分别握住手柄和辅助手柄，利用其自重进给即可，不需施加轴向压力；向其他方向凿孔时，只需施加50～100N 轴向压力即可，如果用力过大，对凿孔速度、电锤及电锤钻的使用寿命反而不利。

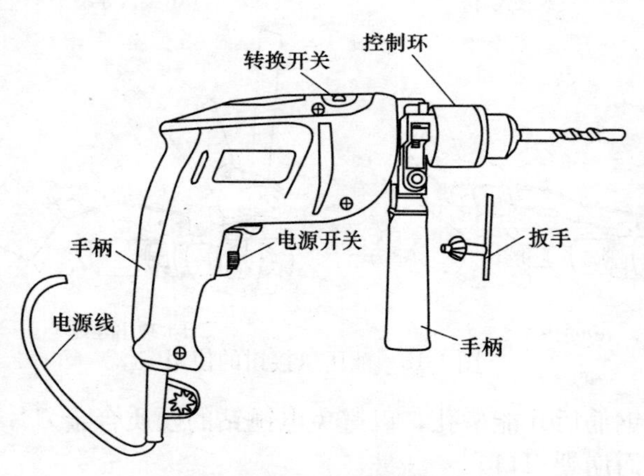

图 1-21 电锤钻外形

⑤ 电锤凿孔时，电锤应垂直于作业面，不允许电锤钻在孔内左右摆动，以免影响成孔的尺寸和损坏电锤钻。在凿孔时，应注意电锤钻的排屑情况，要及时将电锤钻退出。反复掘进，不要猛进，以防止出屑困难而造成电锤钻发热磨损和降低凿孔效率。

⑥ 对成孔深度有要求的凿孔作业，可以使用定位杆来控制凿孔深度。

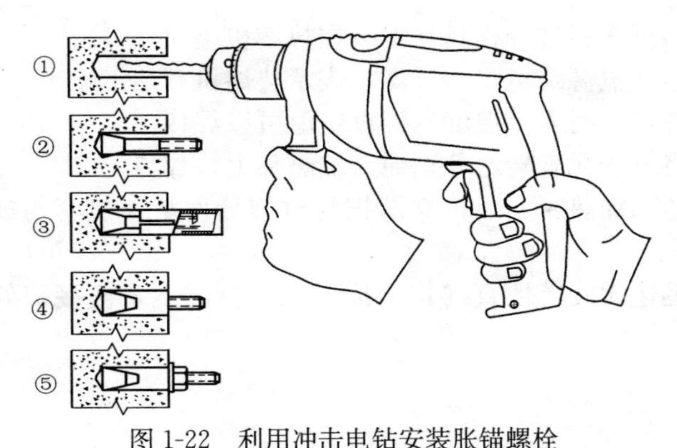

图 1-22　利用冲击电钻安装胀锚螺栓

①—打孔；②—清理灰渣；③—放入螺栓；④—套管胀开；
⑤—设备就位后紧固螺栓

⑦ 用电锤来进行开槽作业时，应将电锤调节在只冲不转的位置，或将六方钻杆的电锤调换成圆柱直柄电锤钻。操作中应尽量避免用作业工具扳撬。如果要扳撬时，则不应用力过猛。

⑧ 电锤装上扩孔钻进行扩孔作业时，应将电锤调节在只转不冲的位置，然后才能进行扩孔作业。

⑨ 在用电锤凿孔时，尤其在由下向上和向侧面凿孔时必须戴防护眼镜和防尘面罩。

（12）热熔机的使用

热熔机主要用于 PVC 管的连接，外形如图 1-23 所示。

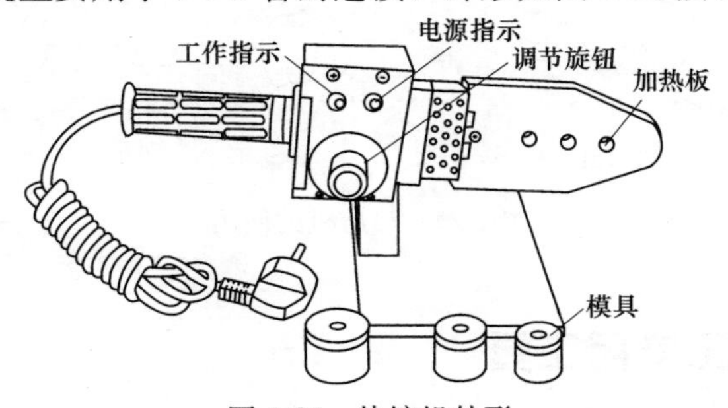

图 1-23　热熔机外形

热熔机的使用方法如下（图 1-24）：

① 根据管径选择模具并安装在热熔机上。

② 接通电源绿色指示灯亮，表示热熔机开始工作。

③ 红灯亮时表示温度达到设定值可以焊接。

④ 将管子无旋转地分别插入加热头上，加热。

⑤ 达到加热时间后，立即把管材与管件从加热套与加热头上同时取下。

⑥ 迅速无旋转地直线均匀插入到所标深度，使接头处形成均匀凸缘。

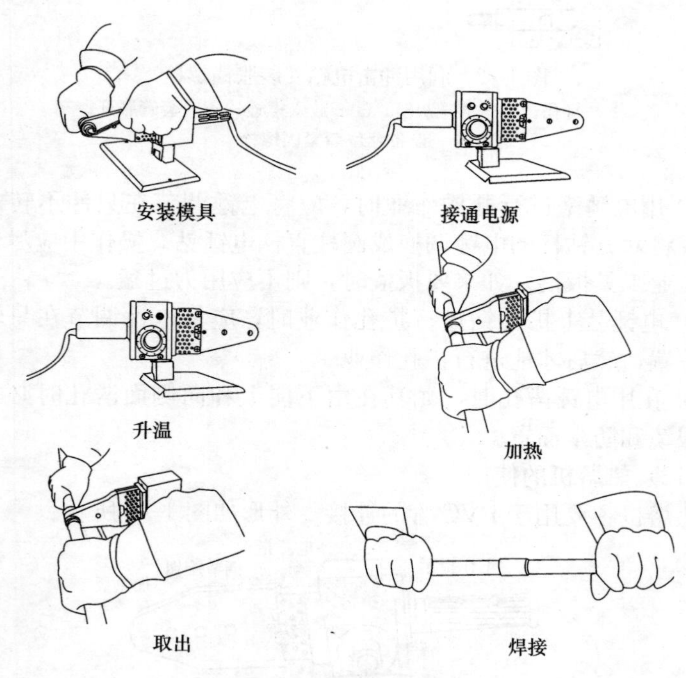

图 1-24　热熔机的使用

1.2 电工常用工具

（1）低压验电器的使用

低压验电器简称电笔。有氖泡笔式、氖泡改锥式和感应（电

子）笔式等。其外形如图 1-25 所示。

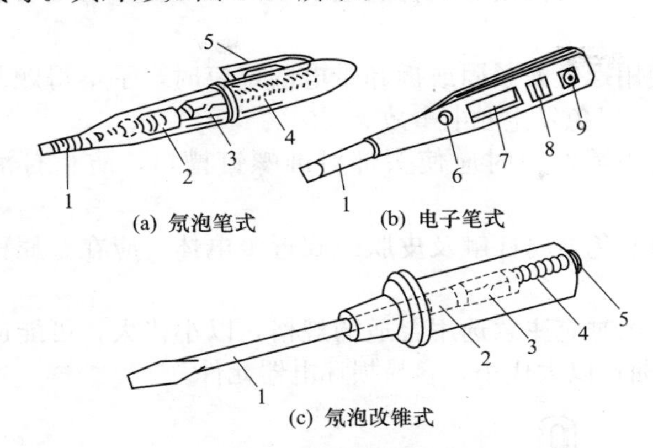

图 1-25　常用低压验电器

1—触电极；1—电阻；3—氖泡；4—弹簧；5—手触极；6—指示灯；7—显示屏；8—断点测试键；9—验电测试键

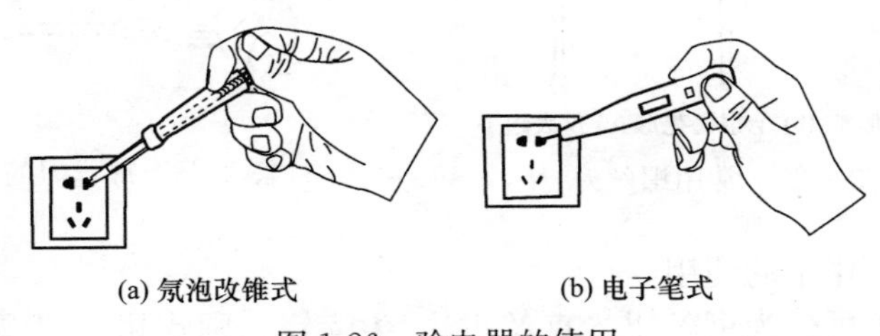

图 1-26　验电器的使用

低压验电器的正确握法如图 1-26 所示，使用时应注意手指不要靠近笔的触电极，以免通过触电极与带电体接触造成触电。

在使用低压验电器时还要注意检验电路的电压等级，只有在 500V 以下的电路中才可以使用低压验电器。

(2) 螺丝刀（螺钉旋具）的使用

螺丝刀又称改锥、起子，按照头部形状可分为一字形和十字形两种，是一种旋紧或松开螺钉的工具，如图 1-27 所示。

使用时食指压住木柄，其余四指握住木柄，如图 1-28 所示，用力扳动螺丝刀，就可以把螺钉逐渐旋入。

使用注意事项如下：

① 电工不可使用金属杆直通柄顶的螺丝刀，否则易造成触电事故。

② 使用螺丝刀紧固或拆卸带电的螺钉时，手不得触及螺丝刀的金属杆，以免发生触电事故。

③ 使用螺丝刀时应使头部对准螺钉槽口，防止打滑而损坏槽口。

④ 为避免金属杆触及皮肤或临近带电体，应在金属杆上穿套绝缘管。

⑤ 使用时应注意选用合适的规格，以小代大，可能造成螺丝刀刃口扭曲；以大代小，容易损坏电器元件。

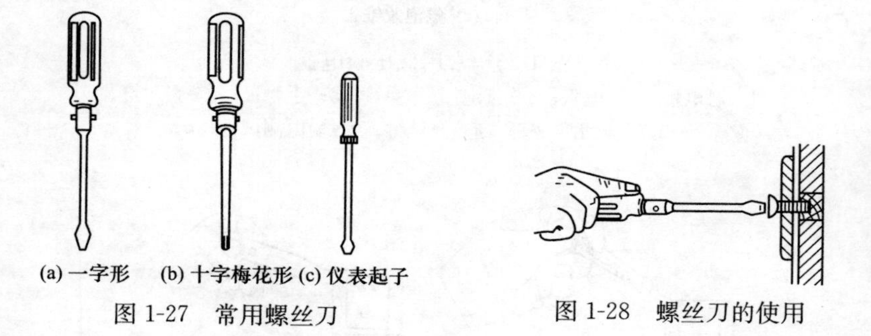

图 1-27 常用螺丝刀

图 1-28 螺丝刀的使用

(3) 钳子的使用

钳子可分为钢丝钳（克丝钳）、尖嘴钳、圆嘴钳、斜嘴钳（偏口钳）、剥线钳等多种。几种钳子的外形图如图 1-29 所示。

① 圆嘴钳和尖嘴钳　圆嘴钳主要用于将导线弯成标准的圆环，常用于导线与接线螺钉的连接作业中，用圆嘴钳不同的部位可作出不同直径的圆环。尖嘴钳则主要用于夹持或弯折较小较细的元件或金属丝等，特别适用于狭窄区域的作业。

② 钢丝钳　钢丝钳可用于夹持或弯折薄片形、圆柱形金属件及切断金属丝。对于较粗较硬的金属丝，可用其轧口切断。使用钢丝钳（包括其他钳子）时不要用力过猛，否则有可能将其手柄压断。

③ 斜嘴钳　斜嘴钳主要用于切断较细的导线，特别适用于清除接线后多余的线头和飞刺等。

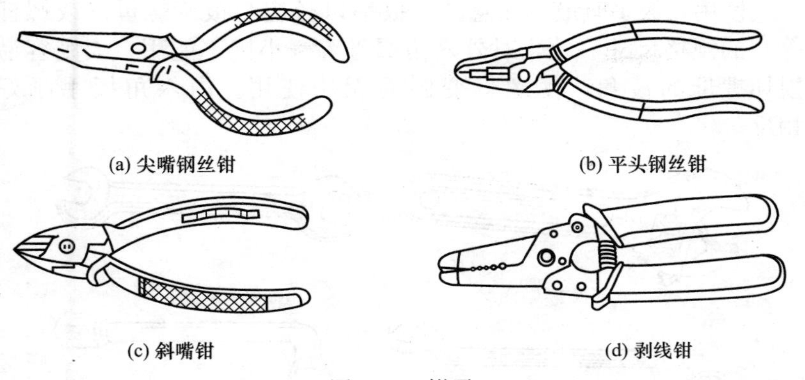
(a) 尖嘴钢丝钳　(b) 平头钢丝钳　(c) 斜嘴钳　(d) 剥线钳

图 1-29　钳子

④ 剥线钳　剥线钳是剥离较细绝缘导线绝缘外皮的专用工具，一般适用于线径在 0.6～2.2mm 的塑料和橡皮绝缘导线，如图 1-30 所示。其主要优点是不伤导线、切口整齐、方便快捷。使用时应注意选择其铡口大小应与被剥导线线径相当，若太小则会损伤导线。

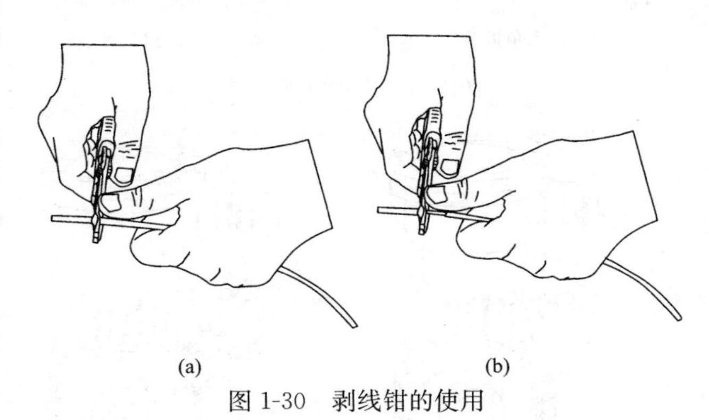
(a)　(b)

图 1-30　剥线钳的使用

（4）扳手的使用

扳手又称扳子，分活扳手和死扳手（呆扳手或傻扳手）两大类，死扳手又分单头、双头、梅花（眼镜）扳手、内六角扳手、外六角扳手多种，几种扳手外形如图 1-31 所示。

使用活扳手旋动较小螺钉时，应用拇指推紧扳手的调节涡轮，适当用力转动扳手，如图 1-32 所示，防止用力过猛。

使用死扳手时最应注意的是扳手口径应与被旋螺母（或螺杆等）的规格尺寸一致，对外六角螺母等，小则不能用，大则容易损坏螺母的棱角，使螺母变圆而无法使用。内六角扳手刚好相反。

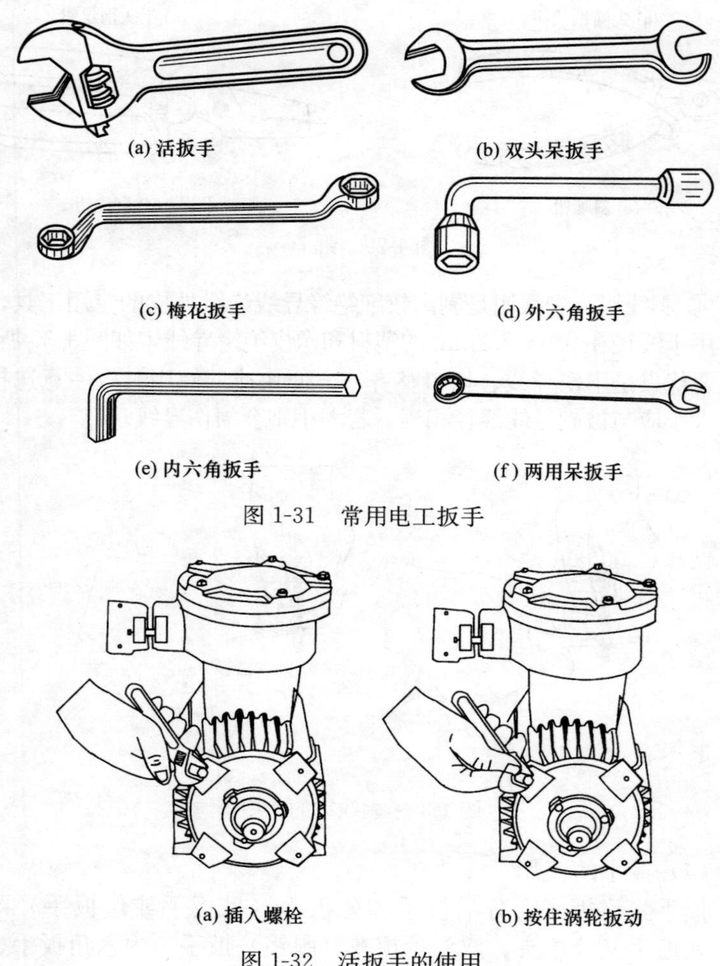

(a) 活扳手　(b) 双头呆扳手

(c) 梅花扳手　(d) 外六角扳手

(e) 内六角扳手　(f) 两用呆扳手

图 1-31　常用电工扳手

(a) 插入螺栓　(b) 按住涡轮扳动

图 1-32　活扳手的使用

（5）电工刀的使用

电工刀是用来剖削电线外皮和切割电工器材的常用工具，其外形如图 1-33 所示。

使用电工刀进行绝缘剖削时，刀口应朝外，以 90° 倾斜切入，如图 1-34 所示，以 45° 推削，用毕应立即把刀身折入刀柄内。

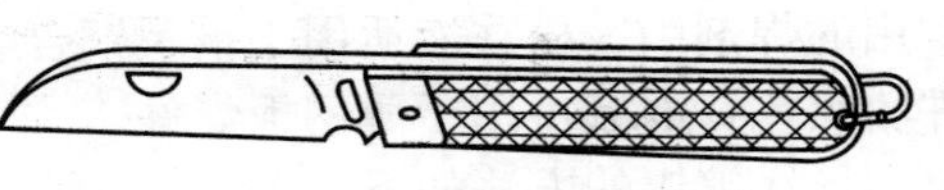
图 1-33　常用电工刀外形图

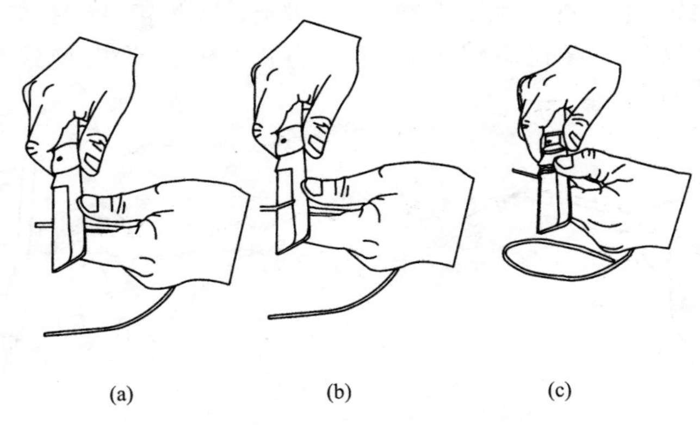
(a)　(b)　(c)

图 1-34　电工刀的使用

使用注意事项如下：

① 使用电工刀时应注意避免伤手，不得传递未折进刀柄的电工刀。

② 电工刀用毕，随时将刀身折进刀柄。

③ 电工刀刀柄无绝缘保护，不能带电作业。以免触电。

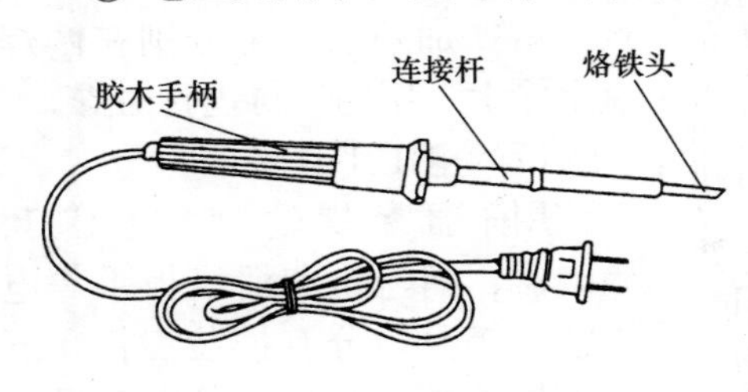

图 1-35　电烙铁外形

(6) 电烙铁

电烙铁外形如图 1-35 所示。电烙铁的规格是以其消耗的电功率来表示的，通常在 20～500W 之间。一般在焊接较细的电线时，用 50W 左右的；焊接铜板等板材时，可选用 300W 以上的电烙铁。

电烙铁用于锡焊时，在焊接表面必须涂焊剂，才能进行焊接。常用的焊剂中，松香液适用于铜及铜合金焊件，焊锡膏适用于小焊件。氯化锌溶液可用于薄钢板焊件。

导线镀锡的方法如下：

将导线绝缘层剥除后，涂上焊剂，用电烙铁头给镀锡部位加热，如图 1-36（a）所示。待焊剂熔化后，将焊锡丝放在电烙铁头上与导线一起加热，如图 1-36（b）所示，待焊锡丝熔化后再慢慢送入焊锡丝，直到焊锡灌满导线为止。镀锡前后导线对照如图 1-36（c)所示。

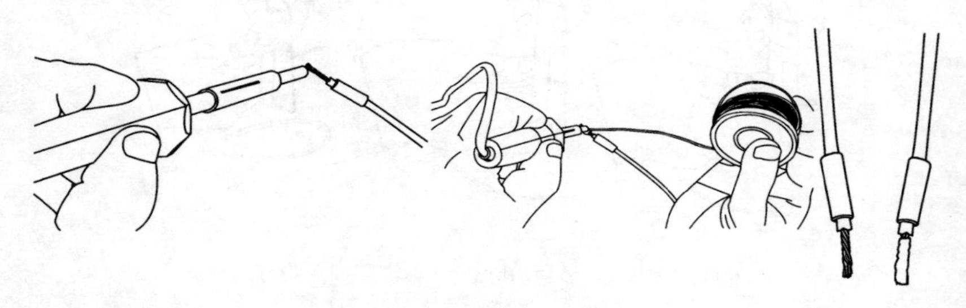

(a) 给导线加热　　(b) 送入焊锡丝　　(c) 前后对照

图 1-36　导线镀锡的方法

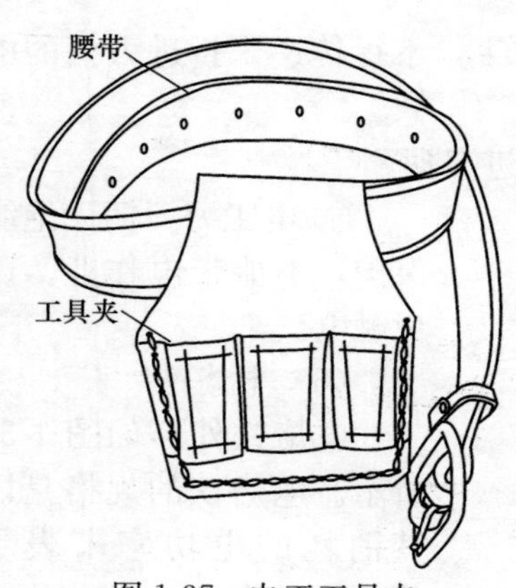

图 1-37　电工工具夹

焊接前应用砂布或锉刀等对焊接表面进行清洁处理，除去上面的脏物和氧化层，然后涂以焊剂。烙铁加热后，可分别在两焊点上涂上一层锡，再进行对焊。

（7）电工工具夹

用来插装螺丝刀、电工刀、验电器、钢丝钳和活络扳手等电工常用工具，分有插装三件、五件工具等各种规格，是电工操作的必备用品，如图 1-37 所示。

使用方法：将工具依次插入工具夹中，腰带系于腰间并插上锁扣，如图 1-38 所示。

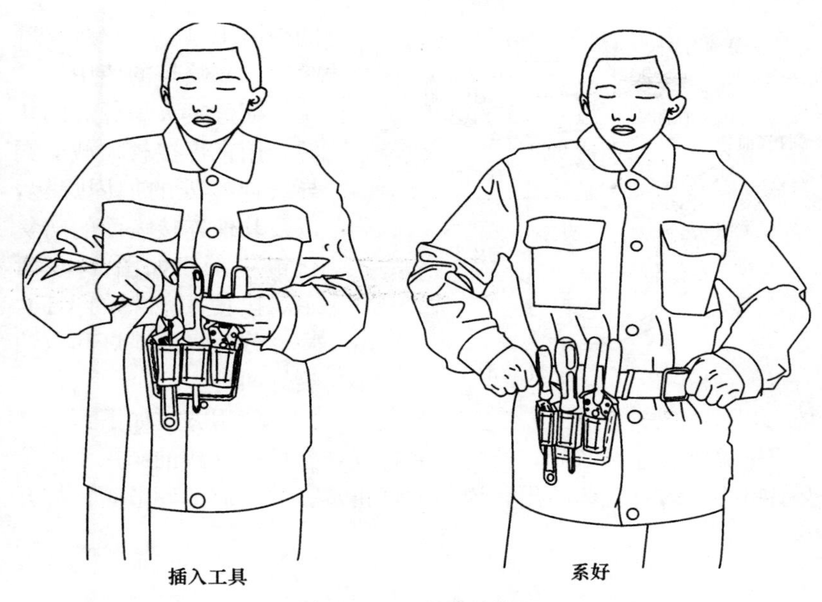

图 1-38　工具夹的使用

（8）电工手锤

手锤由锤头、木柄和楔子组成，如图 1-39 所示，是电工常用

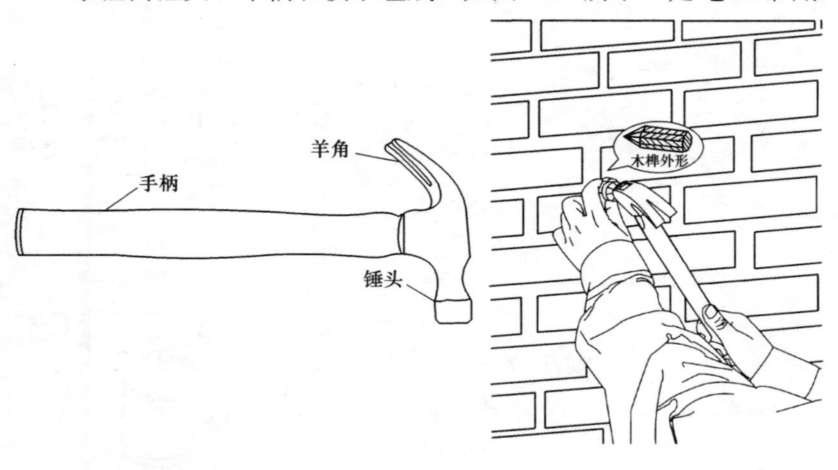

图 1-39　手锤外形及使用方法

的敲击工具。

(9) 喷灯的使用

喷灯是火焰钎焊的热源，用来焊接较大截面铜导线连接处的加固焊锡，以及其他连接表面的防氧化镀锡等，如图 1-40 所示。按使用燃料的不同，喷灯分为煤油喷灯和汽油喷灯两种。

图 1-40　喷灯外形

使用方法如下：

先关闭放油调节阀，给打气筒打气，然后打开放油阀用手挡住火焰喷头，若有气体喷出，说明喷灯正常。关闭放油调节阀，拧开

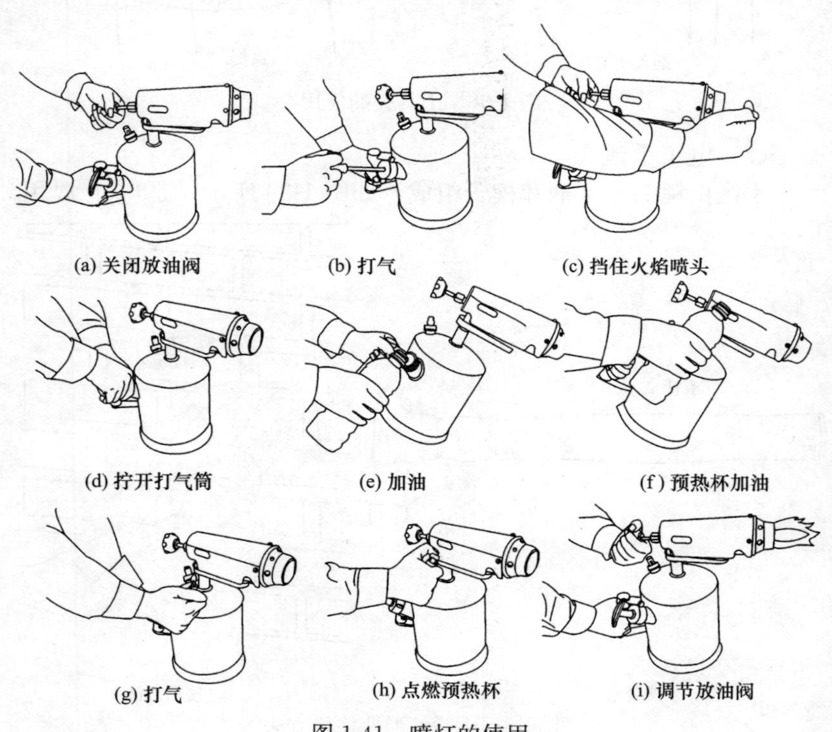

图 1-41　喷灯的使用

打气筒，分别给筒体和预热杯加入汽油，然后给筒体打气加压至一定压力，点燃预热杯中的汽油，在火焰喷头达到预热温度后，旋动放油调节阀喷油，根据所需火焰大小调节放油调节阀到适当程度，就可以焊接了，如图 1-41 所示。

使用时注意：打气压力不得过高，防止火焰烧伤人员和工件，周围的易燃物要清理干净，在易燃易爆物品的周围不准使用喷灯。

（10）麻绳的使用

麻绳是用来捆绑、拉索、提吊物体的，由于强度较低，在机械启动的起重机械中严禁使用。常用的几种麻绳绳扣如下：

① 直扣和活扣　直扣和活扣都用于临时将麻绳的两端接在一起，而活扣用于需迅速解开的场合，其结扣方法如图 1-42 所示。

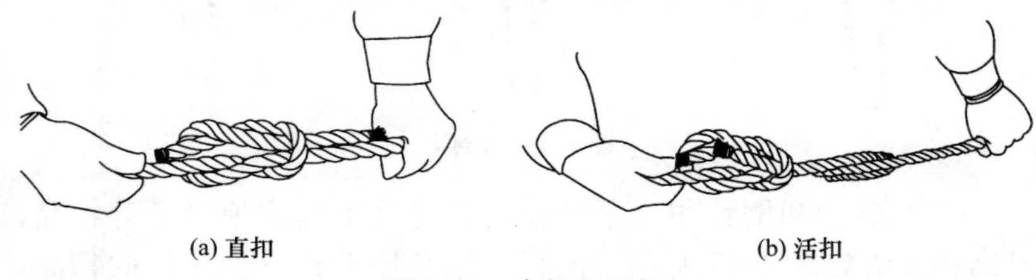

(a) 直扣　　(b) 活扣

图 1-42　直扣和活扣

② 猪蹄扣和倒扣　猪蹄扣在抱杆顶部等处绑绳时使用，结扣方法如图 1-43（a）所示。倒扣在抱杆上或电杆立起时的临时拉线锚桩上固定时使用，通常用三个倒扣结紧，再用细铁丝把绳头绑

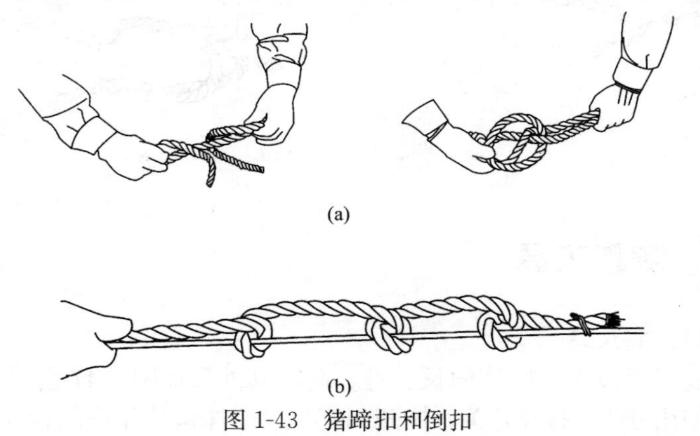

(a)

(b)

图 1-43　猪蹄扣和倒扣

好，如图 1-43（b）所示。

③ 抬扣　抬扣又称杠杆扣，用来抬重物。其结扣、调整和解扣都较方便，结扣步骤如图 1-44 所示。

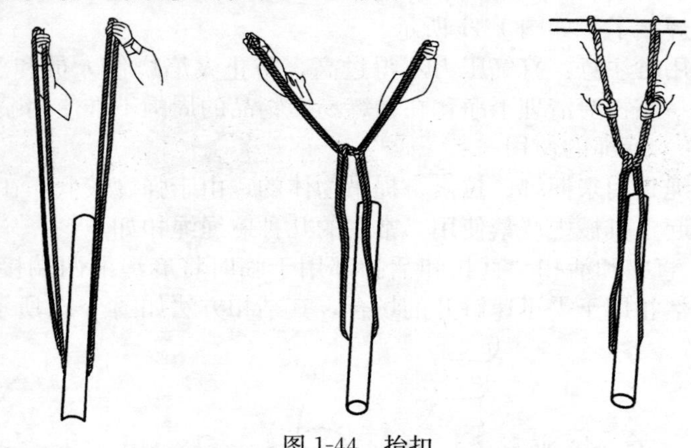

图 1-44　抬扣

④ 吊物扣和倒背扣　吊物扣用来挂吊工具或绝缘子等物品，其结扣方法如图 1-45 所示。倒背扣用来拖动较重且较长的物品，可以防止物体转动，其结扣方法如图 1-46 所示。

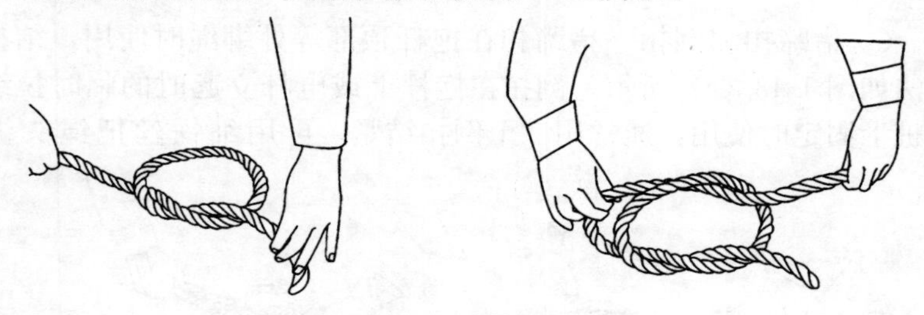

图 1-45　吊物扣

1.3 测量工具

（1）卷尺

卷尺可以测量物体的长、宽、高，其外形如图 1-47 所示。

使用方法：打开开关，拉开刻度尺，用挂钩挂住待测物体一端，

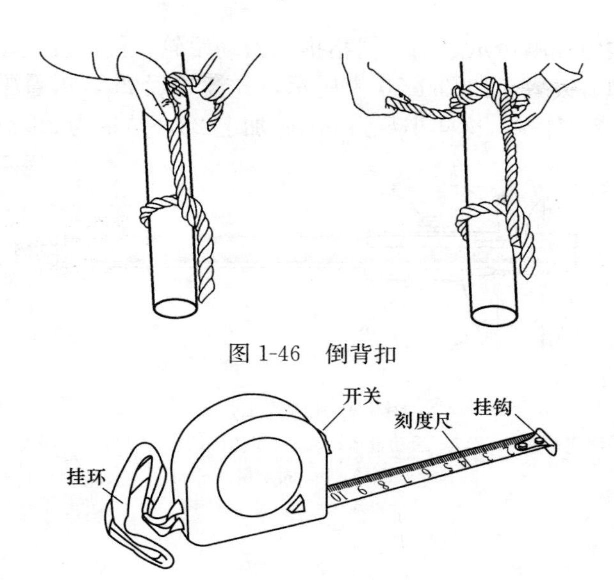

图 1-46　倒背扣

图 1-47　卷尺外形

然后紧贴着拉动尺子到物体的另一端，合上开关读数，如图 1-48 所示。

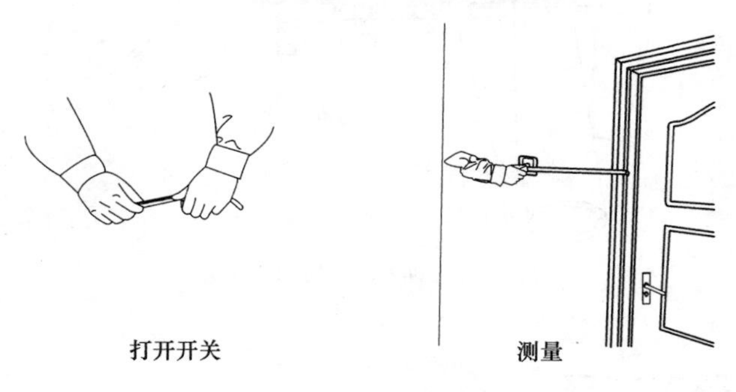

图 1-48　卷尺的使用

（2）游标卡尺

游标卡尺的测量范围有 0～125mm、0～200mm、0～500mm 三种规格。主尺上刻度间距为 1mm，副尺（游标）有读数值为 0.1mm、0.05mm、0.02mm 三种，如图 1-49 所示。

使用游标卡尺测量钢管外径的方法：松开主副尺固定螺钉，将钢管放在内径测量爪之间，拇指推动微动手轮，使内径活动爪靠紧钢管，即可读数。如图 1-50 中所示，先读主尺 26，再看副尺刻度 4 与主尺 30 对齐，这样小数为 0.4，加上 26，结果为 26.4mm。

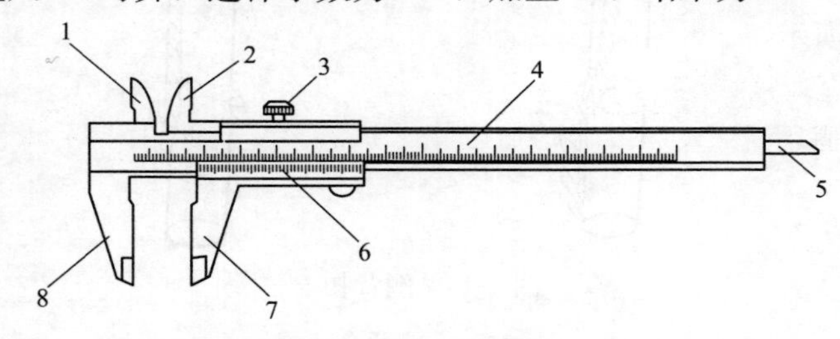

图 1-49　游标卡尺

1—固定量爪 1；2,7—活动量爪；3—紧固螺钉；4—主尺；5—深度尺；6—副尺；8—固定量爪 2

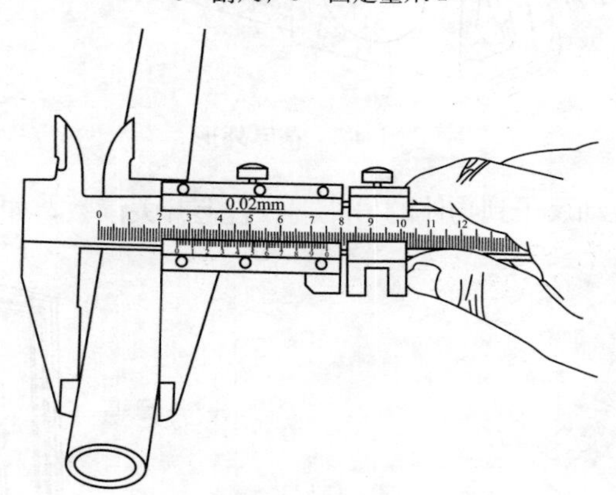

图 1-50　游标卡尺使用方法

1.4 登高工具

（1）安全带

安全带是腰带、保险绳和腰绳的总称，是用来防止发生空中坠落事故的，如图 1-51 所示。

1）安全带的使用

① 正确穿挂：首先系好左、右腿带和腿扣，两手分别穿过肩

带，并调整腿带、肩带至合适，扣好胸部纽扣，最后系好腰带，如图 1-52所示。

② 正确拴挂：

a. 腰绳必须绕过电杆，挂在圆环上。为了保证安全蹬杆前就应挂好。

b. 保险绳可以绕过电杆挂在横担上侧，也可以绕过电杆斜挂在横担上，即所谓高挂低用，如图 1-53 所示。

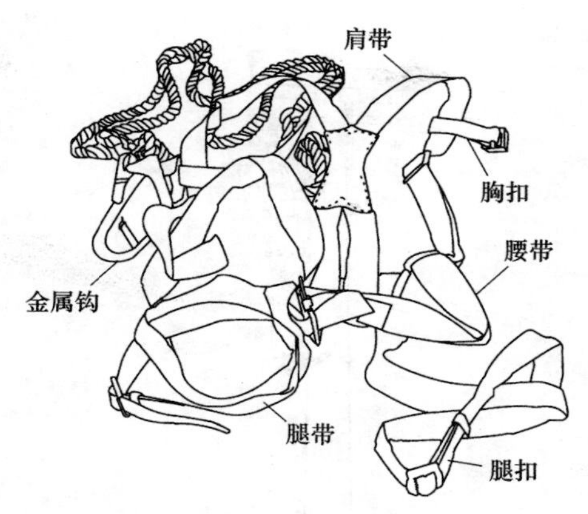

图 1-51　电工安全带外形

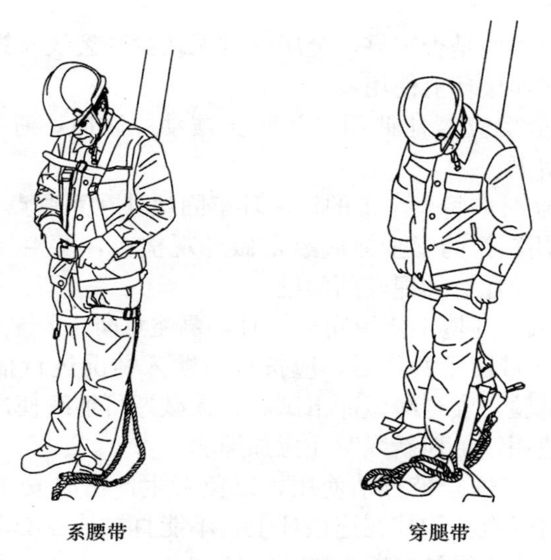

图 1-52　安全带的正确穿挂

2）使用注意事项

① 每次使用安全带时，应查看标牌及合格证，检查尼龙带有

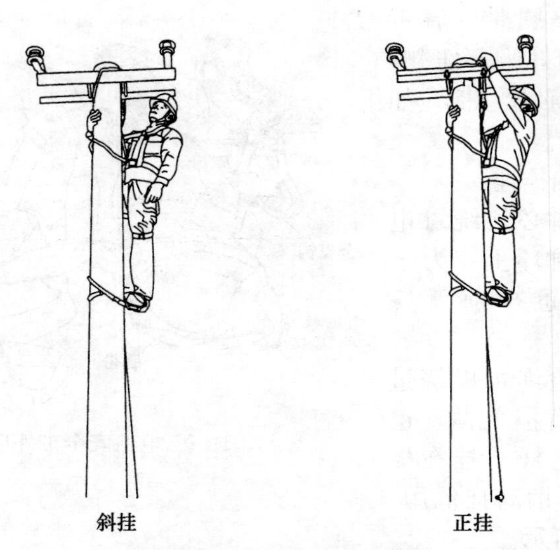

图 1-53　安全带的正确拴挂

无裂纹，缝线处是否牢靠，金属件有无缺少、裂纹及锈蚀情况，安全绳应挂在连接环上使用。

② 安全带应高挂低用，并防止摆动、碰撞，避开尖锐物质，不能接触明火。

③ 作业时应将安全带的钩、环牢固地挂在系留点上。

④ 使用频繁的安全绳应经常做外观检查，发生异常时应及时更换新绳，并注意加绳套的问题。

⑤ 在低温环境中使用安全带时，要注意防止安全带变硬割裂。

⑥ 安全带使用两年后，应按批量购入情况进行抽检，围杆带做静负荷试验，安全绳做冲击试验，无破裂可继续使用，不合格品不予继续使用，更换新绳时注意加绳套。

⑦ 不能将安全带打结使用，以免发生冲击时安全绳从打结处断开，应将安全挂钩挂在连接环上，不能直接挂在安全绳上，以免发生坠落时安全绳被割断。

⑧ 使用 3m 以上的长绳时，应加缓冲器，必要时，可以联合使用缓冲器、自锁钩、速差式自控器。

⑨ 安全带应储藏在干燥、通风的仓库内，不准接触高温、明

火、强酸、强碱和尖利的硬物，也不要暴晒。搬动时不能用带钩刺的工具，运输过程中要防止日晒雨淋。

⑩ 安全带应该经常保洁，可放入温水中用肥皂水轻轻擦，然后用清水漂净，然后晾干。

⑪ 安全带上的各种部件不得任意拆除。更换新件时，应选择合格的配件。

⑫ 安全带使用期为3～5年，发现异常应提前报废。在使用过程中，也应注意查看，在半年至1年内要试验一次。以主部件不损坏为要求，如发现有破损变质情况及时反映，并停止使用，以保证安全操作。

（2）脚扣

脚扣是用来攀登电杆的工具，主要由弧形扣环、脚套组成，分为木杆脚扣和水泥杆脚扣两种，如图1-54所示。

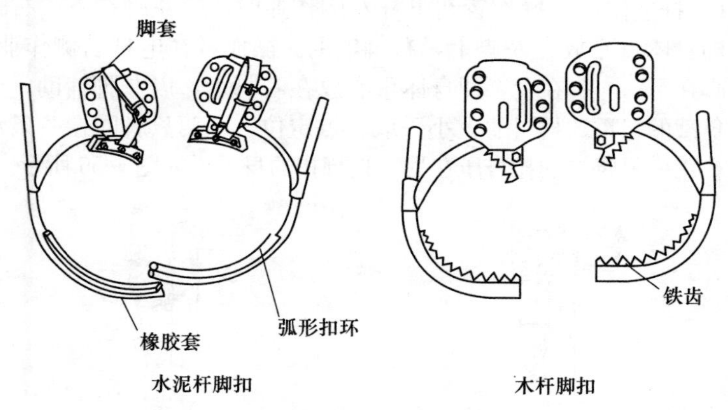

图1-54　脚扣的外形

使用方法如下：

① 上杆　在地面上套好脚扣，登杆时根据自身方便，可任意用一只脚向上跨扣，同时用与上跨脚同侧的手向上扶住电杆，换脚时，一个脚的脚扣和电杆扣牢后，再动另一只脚。以后步骤重复，直至杆顶需要作业的部位，如图1-55所示。登杆中不要使身体直立靠近电杆，应使身体适当弯曲，离开电杆。快登到顶时，要防止横担碰头。

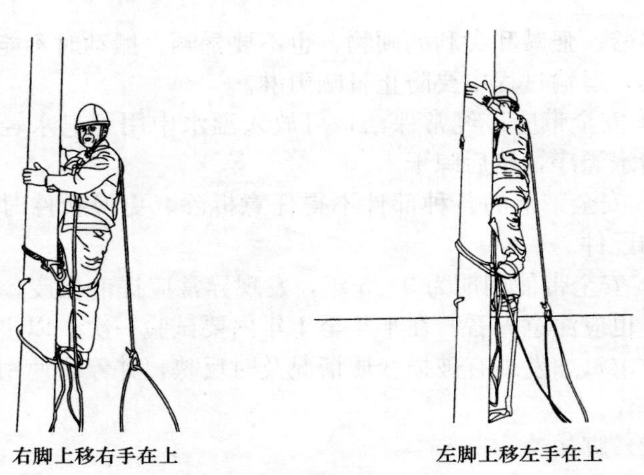

图 1-55　利用脚扣上杆

② 杆上作业　操作者在电杆左侧作业时，应左脚在下，右脚在上，即身体重心放在左脚上，右脚辅助。操作者在电杆右侧作业时，应右脚在下，左脚在上，即身体重心放在右脚上，以左脚辅助。也可根据负载的轻重、材料的大小采取一点定位，即两只脚同在一条水平线上，用一只脚扣的扣身压在另一只脚扣的身上，如图 1-56 所示。

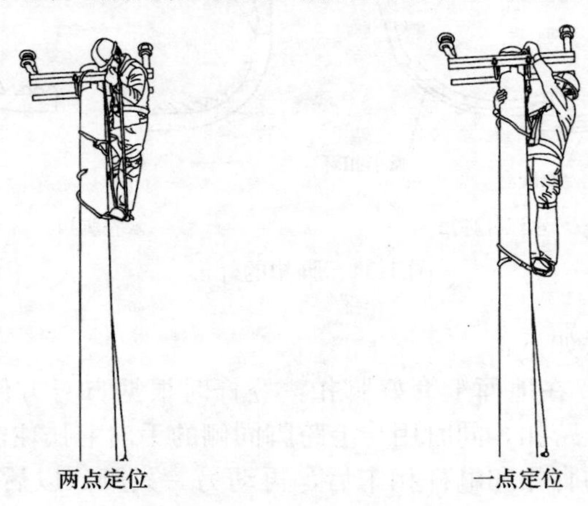

图 1-56　利用脚扣杆上作业

③ 下杆　下杆时先将置于电杆上方的（或外边的）脚先向下跨扣，

同时将与向下跨脚扣之脚的同侧手向下扶住电杆，然后再将另一只脚向下跨，同时另一只手也向下扶住电杆，以后步骤重复，直至着地。

(3) 梯子

梯子是常用的登高工具之一，分单梯、人字梯（合页梯）、升降梯等几种，用毛竹、硬质木材、铝合金等材料制成，如图1-57所示。

使用方法：上梯子时无论哪只脚先动，对应的手都要同时移动并扶稳，操作时如果左手用力，则左脚踩实，右腿跨过梯子横档，右脚踩稳；下梯子时，移哪只脚就相应移哪只手，并抓牢，如图1-58所示。

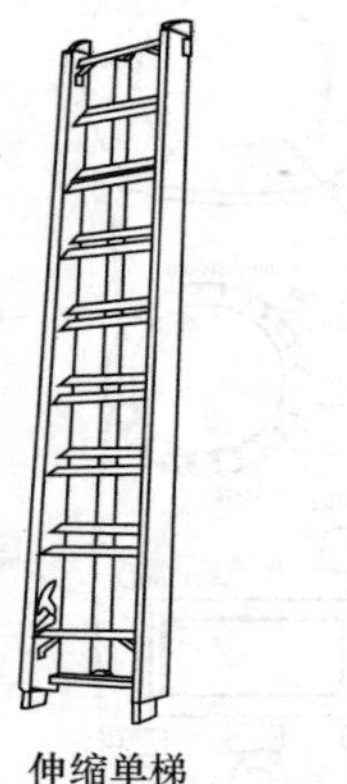

图1-57　电工常用梯子

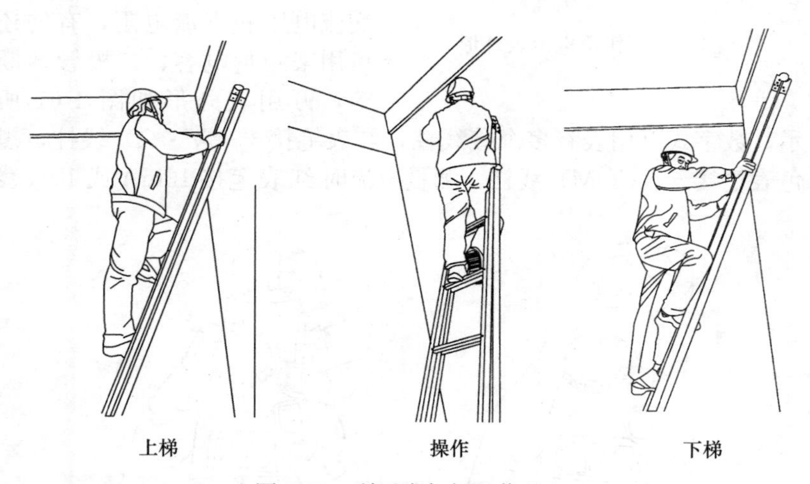

图1-58　利用脚扣杆上作业

1.5 常用电工仪表

(1) 钳形电流表

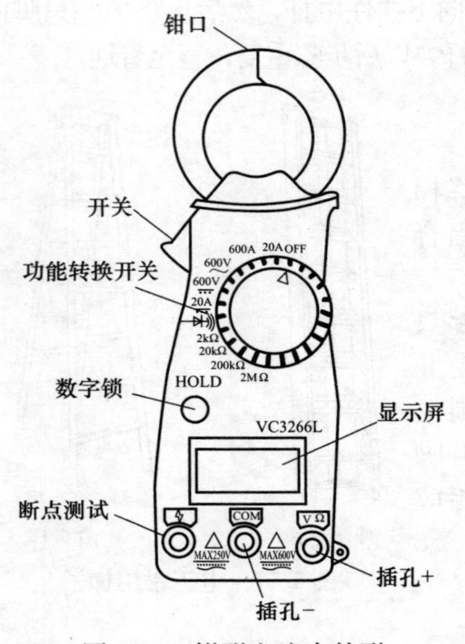

图 1-59　钳形电流表外形

钳形电流表利用电磁感应原理制成，主要用来测量电流，有的还具有与万用表相同的功能。其外形如图 1-59 所示。

电流测量方法：打开钳口，将被测导线置于钳口中心位置，合上钳口即可读出被测导线的电流值，如图 1-60 所示。

测量较小电流时，可把被测导线在钳口多绕几匝，这时实际电流应除以缠绕匝数。

（2）万用表

万用表主要用来测量直流电流、直流电压、交流电流、交流电压和直流电阻，有的还可用来测量电容、二极管通断等，万用表外形如图 1-61 所示。数字式万用表有多个接线柱，红表笔接＋（V·Ω）线柱，黑色表笔接－（COM）线柱，测量电流时红表笔接 10mA 或 10A 线

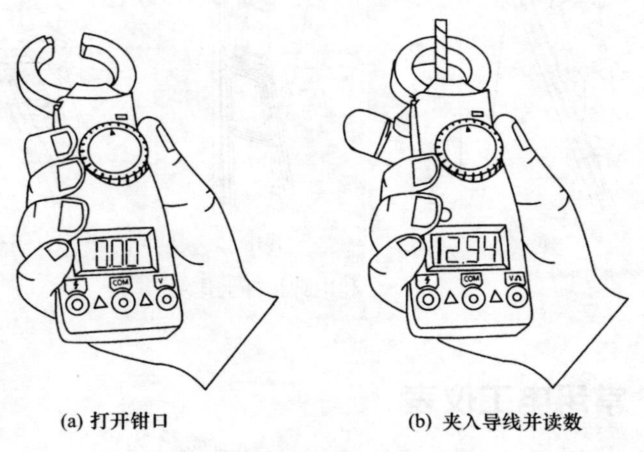

(a) 打开钳口　　(b) 夹入导线并读数

图 1-60　钳形电流表使用方法

柱。测量中应选择测量种类，然后选择量程。如果不能估计测量范围时，应先从最大量程开始，直至误差最小，以免烧坏仪表。

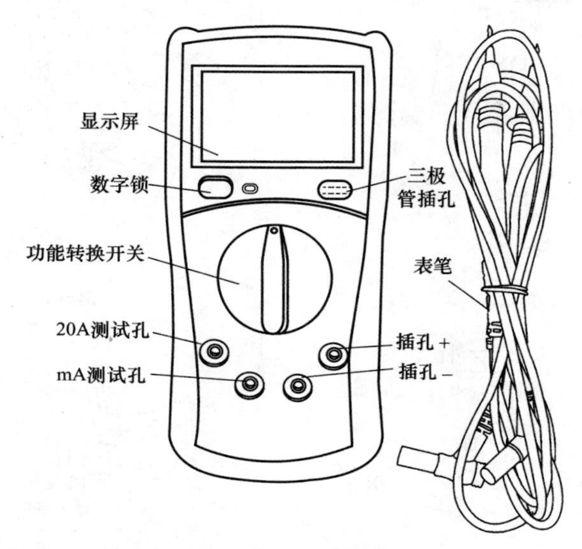

图 1-61　万用表外形

数字万用表的使用方法：先将万用表打到 2MΩ 挡，测量电位器 1、3 管脚的阻值（即电位器两固定端间的电阻值），看是否与标称值相符；再将转轴向一侧旋到头，测量中心滑动端和电位器任一固定端的电阻值，应该一侧为零，另一侧为最大值；然后旋转转轴，观察万用表的读数应该变化平稳。测量完毕将选择开关打到 OFF 挡，如图 1-62 所示。

（3）兆欧表

兆欧表俗称摇表、绝缘摇表，主要用于测量绝缘电阻。手动兆欧表如图 1-63 所示。

使用兆欧表时，如果接线和操作不正确，不仅会影响测量结果，而且会危及人身安全并损坏仪表。

使用注意事项如下：

① 测量时可将被测试品的通电部分接在兆欧表的 L（电路）接线柱上，接地端或机壳接于 E（接地）接线柱上，在测量电缆导

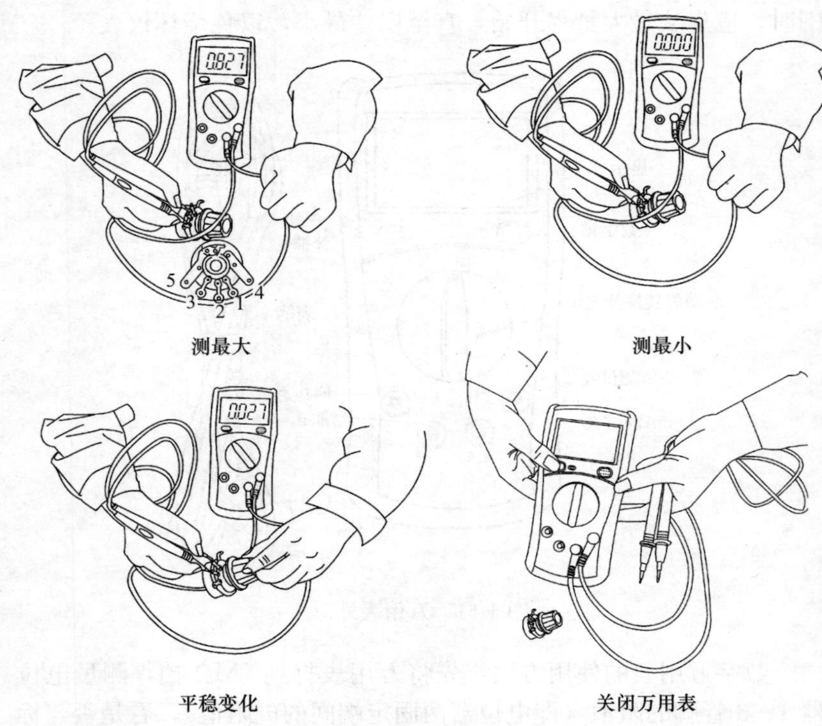

图 1-62　万用表的使用

线芯线对缆壳的绝缘电阻时，应将缆芯之间的内层绝缘物接 G 接线端（图 1-64），以消除因表面漏电而引起的误差。

② 测量前必须切断被测试品的电源，并接地短路放电，不允许用兆欧表测量带电设备的绝缘电阻，以防发生人身和设备事故。

③ 测量前应检查兆欧表是否能正常工作。将兆欧表开路，摇动发电机手柄到额定转速（120r/min），指针应指在“∞”位置，再将 L、E 两接线柱短接，缓慢摇动发电机手柄，指针应指在“0”位置。

④ 摇动手柄时，应由慢到快。当指针已指零位时，就不要再继续摇动手柄，因为这说明被试品有短路现象。

⑤ 测量完毕，需待兆欧表的指针停止摆动且被试品放电后方

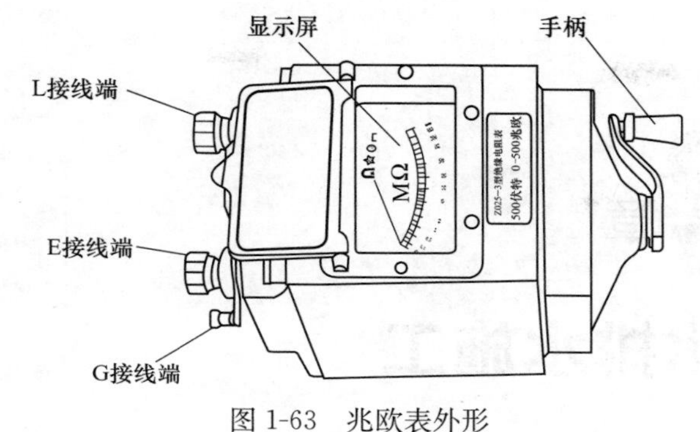

图 1-63　兆欧表外形

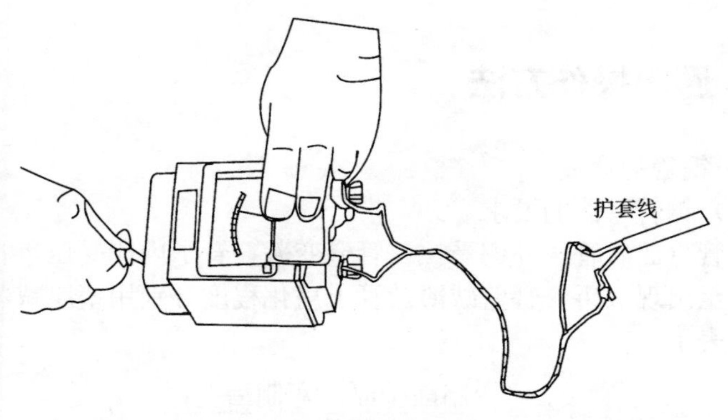

图 1-64　兆欧表的使用

可拆除，以免损坏仪表或触电。

⑥ 使用兆欧表时，应放在平稳的地方，避免剧烈振动或翻转。

第2章 给水排水施工

2.1 通用操作方法

2.1.1 钢管的弯曲

（1）钢管弯曲的要求

钢管弯曲后管子外侧受拉，管壁变薄，管子内侧受压，管壁变厚，甚至出现皱折。管壁减薄及管子扁化程度分别用壁厚减薄率和椭圆率表示。

$$壁厚减薄率=\frac{弯制前壁厚-弯制后壁厚}{弯制前壁厚}\times 100\%$$

$$椭圆率=\frac{最大外径-最小外径}{最大外径}\times 100\%$$

对于中、低压管道，壁厚减薄率不能超过15%且不能小于设计壁厚，椭圆率≤8%。对于高压管道，壁厚减薄率不超过10%，且不小于设计壁厚，椭圆率不超过5%。

钢管弯曲半径是把弯管看成圆弧，其管中心圆弧的半径常用R表示。最小的R值与管径D值及其制作方法有关，如表2-1所示。

（2）弯管方法

施工中常需要将钢管弯曲成某一角度、不同形状的弯管。弯管有冷弯、热弯两种方法。

表 2-1　弯管的最小弯曲半径值

管子类别	弯管的制作方法	最小弯曲半径(R)
中、低压钢管	热弯	$3.5D$
	冷弯	$4.0D$
	褶皱弯	$2.5D$
	压制弯	$1.0D$
	热推弯	$1.5D$
	焊制	$DN>250$,$0.75D$
		$DN\leqslant 250$,$1.0D$
高压钢管	冷、热弯	$5.0D$
	压制	$1.5D$

1）冷弯

手工弯管台如图 2-1 所示。其主要部件是两个轮子，轮子由铸铁毛坯经车削而成，边缘处都有向里凹进的半圆槽，半圆槽直径等于被弯管子的外径。大轮固定在管台上，其半径为弯头的弯曲半径。弯制时，将管子用压力钳固定，推动推架，小轮在推架中转动，于是管子逐渐弯向大轮。靠铁是防止该处管子变形而设置的。

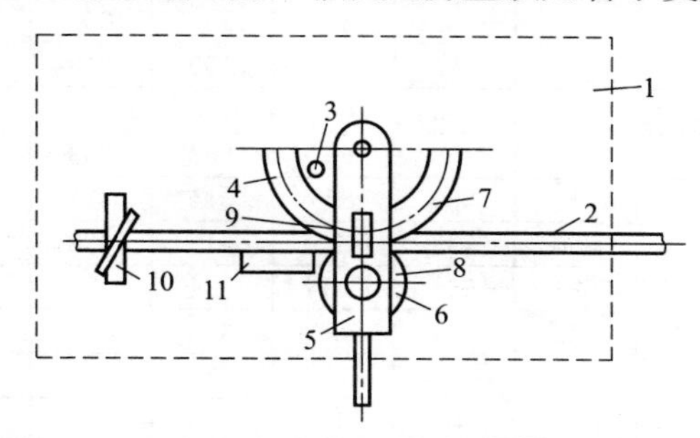

图 2-1　手工弯管台

1—管台；2—管子；3，8—销子；4—固定轮；5—推架；6—动轮；7—角度表；9—观察孔；10—压力钳；11—靠铁

2）热弯

① 充砂　管子一端用木塞塞紧，把粒径为 2～3mm 的洁净河砂加热、炒干，灌入管中。弯管量大时应搭设灌砂台，将管竖直排在台前，以便从上向内灌砂。每充一段砂，要用手锤在管壁上敲击

振实，填满后以敲击管壁砂面不再下降为合格，然后用木塞塞紧。

② 画线　根据弯曲半径 R 算出应加热的弧长 L：

$$L=\frac{2\pi R}{360}\alpha$$

式中，α 为弯曲角度。

在确定弯曲点后，以该点为中心两边各取 $L/2$ 长，用粉笔画线，这部分就是加热段。常用的弯曲长度见表 2-2。

表 2-2　管的弯曲长度　　mm

管子直径 DN	R=3.5D				R=4D			
	弯曲角度				弯曲角度			
	30°	45°	60°	90°	30°	45°	60°	90°
15	24	35	47	70	27	40	53	80
20	35	53	70	106	40	61	81	121
25	47	70	93	140	53	80	106	158
32	59	88	117	176	67	100	133	200
40	70	105	140	210	80	122	160	240
50	94	140	186	280	103	162	212	314
65	117	154	233	350	133	203	265	400
80	140	210	280	420	160	243	315	480
100	187	280	372	560	213	320	425	638
125	230	344	458	687	262	393	524	785
150	275	412	550	825	314	471	628	943
200	367	550	733	1100	419	628	838	1257
250	458	687	916	1374	524	785	1047	1571
300	550	825	1100	1649	628	943	1257	1885
350	641	962	1283	1924	733	1100	1466	2199
400	733	1100	1466	2199	838	1257	1676	2513

③ 加热　加热在地炉上进行，用焦炭或木炭作燃料。不能用煤，因为煤中含有硫，对管材起腐蚀作用，而且用煤加热会引起局部过热。为了节约焦炭，可用废铁皮盖在火炉上以减少热损失。加热时要不时转动管子，使加热段温度一致。加热到 950～1000℃时，管面氧化层开始脱落，表明管中砂子已热透，即可弯管。弯管的加热长度一般为弯曲长度的 1.1～1.2 倍，弯曲操作的温度区间为 750～1050℃，低于 750℃时不得再进行弯曲。

管壁温度可由管壁颜色确定：微红色约为550℃，深红色约为650℃，樱红色约为700℃，浅红色约为800℃，深橙色约为900℃，橙黄色约为1000℃，浅黄色约为1100℃。

④ 弯曲成形　弯曲工作在弯管台上进行。弯管台是用一块厚钢板做成的，钢板上钻有不同距离的管孔，板上焊有一根钢管作为定销，管孔内插入另一个销子，由于管孔距离不同，就可弯制各种弯曲半径的弯头。把烧热的管子放在两个销钉之间，扳动管子自由端，一边弯曲一边用样板对照，达到弯曲要求后，用冷水浇冷，继续弯曲其余部分，直到与样板完全相符为止。由于管子冷却后会回弹，故样板要较预定弯曲度多弯3°左右。弯头弯成后，趁热涂上机油，机油在高温弯头表面上沸腾而生成一层防锈层，防止弯头锈蚀。在弯制过程中如出现过大椭圆度、鼓包、皱折时，应立即停止成形操作，趁热用手锤修复。

成形冷却后，要清除内部砂粒，尤其要注意要把黏结在管壁上的砂粒除净，确保管道内部清洁。目前在工厂内制作各种弯头，采用机械热煨弯技术，加热采用氧-乙炔火焰或中频感应电热，制作规范。

热弯成形不能用于镀锌钢管，镀锌钢管的镀锌层遇热即变成白色氧化锌并脱落掉。

(3) 几种常用弯管制作

① 乙字弯制作　乙字弯又叫回管、灯叉管，如图2-2所示。它由两个小于90°的弯管和中间一段直管组成，弯曲角度为α，一般为30°、45°、60°。可按几何条件求出：

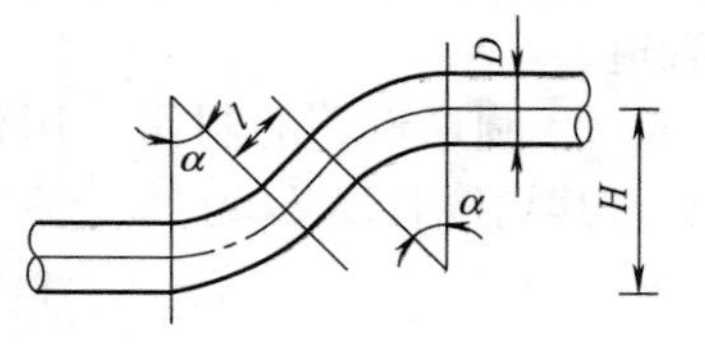

图2-2　乙字弯

$$l=\frac{H}{\sin\alpha}-2R\tan\frac{\alpha}{2}$$

当$\alpha=45°$、$R=4D$，可化简求出$l=1.414H-3.312D$。

每个弯管划线长度为$0.785R=3.14D\approx3D$。

乙字弯的划线长L：

$$L=2\times3D+1.414H-3.312D\approx2.7D+1.414H$$

乙字弯用作在室内采暖系统散热器进出口与立管的连接管时，

管径为 DN15～20mm，在工地可用手工冷弯制作。制作时先弯曲一个角度，再由 H 定位第二个角度弯曲点，因为保证两平行管间距离 H 的准确是保证系统安装平、直的关键。这样做可以避免角度弯曲不准、定位不准造成 H 不准。弯制后，乙字弯管整体要与平面贴合，没有挠起现象。

② 半圆弯的制作　半圆弯管一般由两个弯曲半径相同的60°（或45°）弯管及一个120°弯管组成，如图2-3所示。其展开长度 L 为：

$$L=\frac{3}{4}\pi R$$

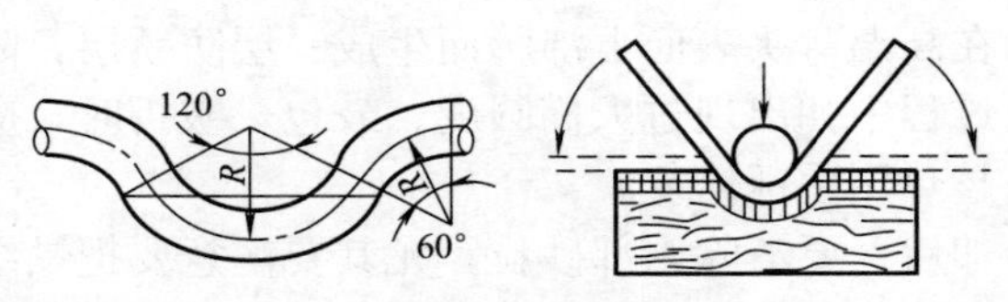

图2-3　半圆弯管的组成与制作

制作时先弯曲两侧的弯管，再用胎管压制中间的120°弯。半圆弯管用于两管交叉又在同一平面上，半圆弯管绕过另一直管的管道。

③ 圆形弯管的制作　用作安装压力表的圆形弯管如图2-4所示。其划线长度 L 为：

$$L=2\pi R+\frac{2}{3}\pi R+\frac{1}{3}\pi r+2l$$

式中，右侧第一项为一个整圆弧长；右侧第二项为一个120°弧长；右侧第三项为两边立管弯曲60°时的总弧长；l 为立管弯曲段以外直管，一般取100mm。按图2-4所示，R 取60mm，r 取33mm，则划线长度为737.2mm。

煨制此管用无缝钢管，选择稍小于圆环内圆的钢管做胎具（如选择 ϕ100mm管），用氧-乙炔火焰烘烤，先煨环弯至两侧管子夹角为60°状态，浇水后，再煨两侧立管弧管，逐个完成，使两立管在同一中心线上。

2.1.2　管子的切断

常用的切割管子方法有锯削、刀割和气割等。施工中，可根据

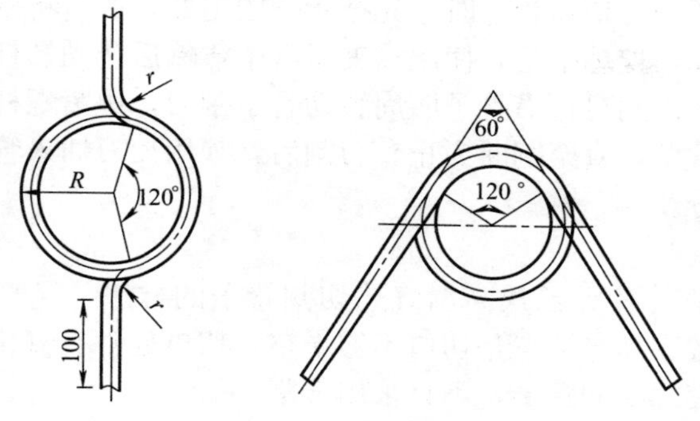

图 2-4 圆形弯管

管子的材质、管径大小和现场施工条件，来选择适合的切割方法。

（1）锯削

锯削是管道施工及维修中，用于切断钢管、有色金属管和塑料管较常用的一种方法。锯削分手工锯削与机械锯削两种。

① 手工锯削 手工锯的锯条分粗齿和细齿：使用细齿条省力但切断速度慢，适用于管壁薄、材质硬的金属管道；使用粗齿条费力但速度快，适用于有色金属管、塑料管和直径大的碳钢管。

用手工锯锯管时，将要被锯的管子固定在管子台虎钳上，用齐口样板沿管子周围划出切割线，然后用锯对准切割线进行锯削。锯削时，锯条要保持与管子轴线垂直，并在锯口处加些全损耗系统用油。锯削时应锯到管子底部，不可把剩余部分折断。

② 机械锯削 可使用往复式弓锯和圆盘式机械锯。前者可切断 DN200mm 以下的各种金属管、塑料管等。后者适用于锯削有色金属管及塑料管。

机械锯锯削时，要将管子垫稳、放平、夹紧，然后用锯条（锯盘）对准切断线锯削。管子快锯断时，要适当降低机械转动速度，注意安全。

（2）刀割

刀割是用管子割刀上的滚刀切断管子。它可切断 DN100mm 以内的钢管，具有操作简便、速度快、切口断面平整的优点，缺点是管子断口受挤压管径缩小变形。

用管子割刀切断管子时，先把管子固定好，然后将割刀的滚刀对准切割线，拧动手把，使滚轮夹紧管子，然后转动螺杆，滚刀即沿管壁切入。同时边沿管子四周转动管子割刀，边紧螺杆，滚刀不断地切入管壁，直至割断为止。刀割后，须用铰刀插入管口，刮去其缩小部分。

（3）气割

气割是利用氧-乙炔高温气焰切割管子的方法。气割的优点是速度快、效率高，缺点是切口不够平整，切口处常有氧化铁熔渣残留。需要套螺纹的管子，不宜采用气割。

气割一般适用于切断公称通径大于 100mm 的普通钢管。注意：不锈钢管、铜管、铝管等管子不宜选用气割。

气割前，首先在管子上划好线，将管子垫平、放稳；管子下方要留有空间，便于铁渣吹出和防止混凝土地面损坏。割断后要用锉刀、扁錾或手砂轮清除管口切口处的薄膜，使之平滑、干净，同时应保证管口端面与管子中心线垂直。

（4）电焊切割

切割陶土管时，用以上方法切断速度慢，且切割质量难以保证。采用电焊切割陶土管，切割方法既简便、速度快，质量又好。

操作时，首先在电焊机的零线端设 1 个电焊钳，电焊钳上夹持 1 根直径为 $\phi4\sim5$mm、较电焊条长 $100\sim200$mm 的圆钢棍，火线端的电焊钳上夹持 1 根 $\phi3\sim4$mm 的电焊条，然后按电焊条粗细调整电焊机电流，以比一般焊接钢管用的电流稍大些为宜。

切割时，从管子侧面按预先划好的切削线开始，左手握零线端电焊钳，将圆钢棍一端放到管子切割线上，右手触燃电焊条。此刻，管壁上便立即产生强烈的高温，管子表面随之被熔化成液态。继续燃烧电焊条，保持高温，便能很快地将管壁穿出一定深度的坑槽，进而出现了熔洞。这时须注意，一定要在洞壁上自上而下地燃烧电焊条，并沿着管子切割线移动电焊条，直到将管子切断为止。

管子切口质量标准与检查：一是切口表面平整，不得有裂纹、重皮、毛刺、凸凹和缩口，熔渣、氧化铁及铁屑等应清除干净；二是切口平面倾斜偏差为管子直径的 1%，但不得超过 3mm。高压钢管或合金钢管切断后，应及时标上原有标记。

2.1.3 支架的制作

管道支架的作用是支撑管道并限制管道的位移和变形。支架按用途分为活动支架和固定支架两类。固定支架主要用于固定管道，使管道不产生任何位移，固定支架要牢固地连接在结构上。热力管道上设置固定支架是为了均匀分配补偿器之间管道的伸缩量，保证补偿器正常工作。活动支架是直接承受管道及保温材料的重量，并使管道在一定温度的作用下能沿管子轴向自由伸缩。

在管道施工中，管道支架中的固定支架由设计人员确定，而活动支架是由施工人员在施工现场自行决定的。

（1）砖墙埋设和焊于混凝土柱预埋钢板上的不保温滑动支架

砖墙上埋设的不保温滑动单管支架公称直径在 25～150mm 时采用简易支架，公称直径在 200～300mm 时采用加强支架；焊于混凝土柱预埋钢板上的不保温滑动支架公称直径在 25～150mm 时采用简易支架，公称直径在 200～300mm 时采用加强支架；焊于混凝土柱预埋钢板上的不保温滑动支架公称直径在 25～150mm 时采用简易支架，双管不保温滑动支架在公称直径在 200～300mm 时也可采用夹于柱上的安装方法。常用不保温滑动支架的制作安装方法如图 2-5 所示。

（2）焊于混凝土柱预埋钢板上的保温滑动支架

混凝土柱上使用夹紧梁安装方法的单管保温支架，公称直径在 25～100mm 时采用简易支架，如图 2-6（a）所示；公称直径在 125mm 时采用加强支架，如图 2-6（b）所示；公称直径在 150mm 以上时图 2-6（b）所示的槽钢改为双槽钢并焊，管托改用槽形板。焊于混凝土柱预埋钢板上的单管保温滑动支架，公称直径在 25～125mm 时采用简易支架，公称直径在 150～300mm 时使用加强支架，管托改用槽形板。焊于混凝土柱预埋钢板上的双管保温滑动支架，公称直径在 25～32mm 时采用简易支架，公称直径在 40～100mm 时使用加强支架，如图 2-6（c）所示；公称直径在 125～300mm 时采用斜撑支架，如图 2-6（d）所示。

（3）焊于混凝土柱预埋钢板和夹于混凝土柱上的保温及不保温单管固定支架

这种支架在公称直径为 25～100mm 时采用图 2-7（a）所示结

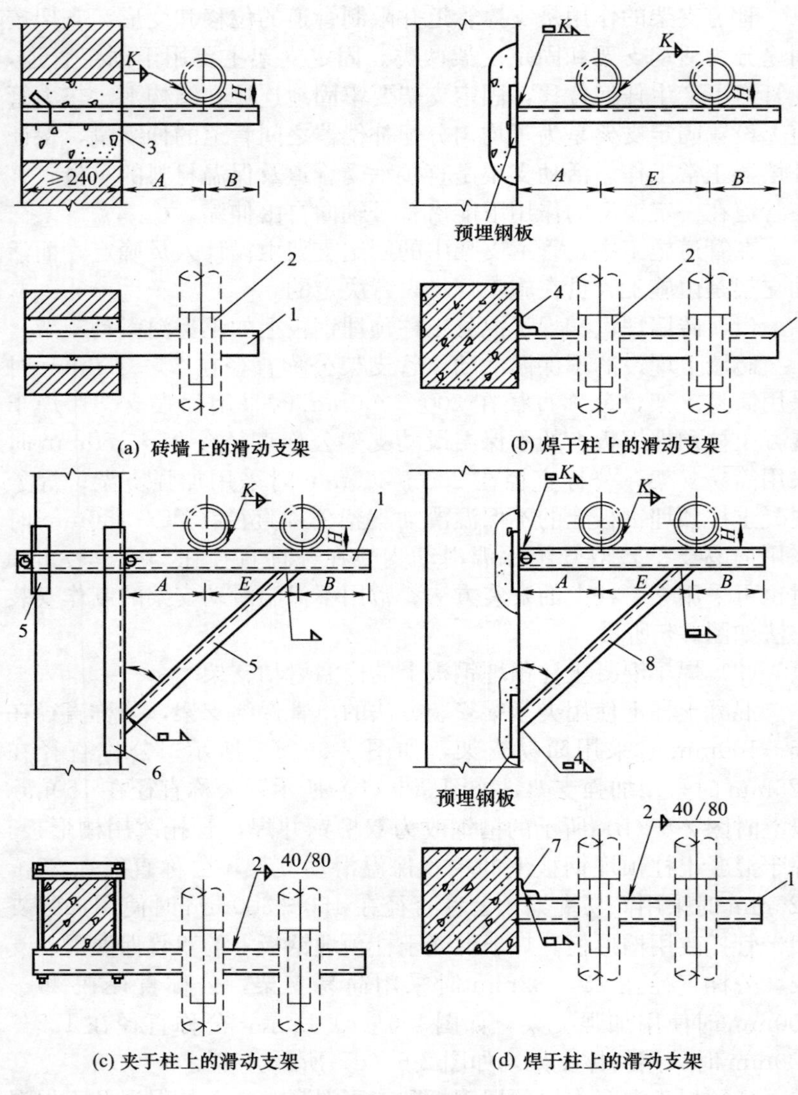

图 2-5　滑动支架

1—支架；2—弧形板；3～7—加强筋；8—斜撑

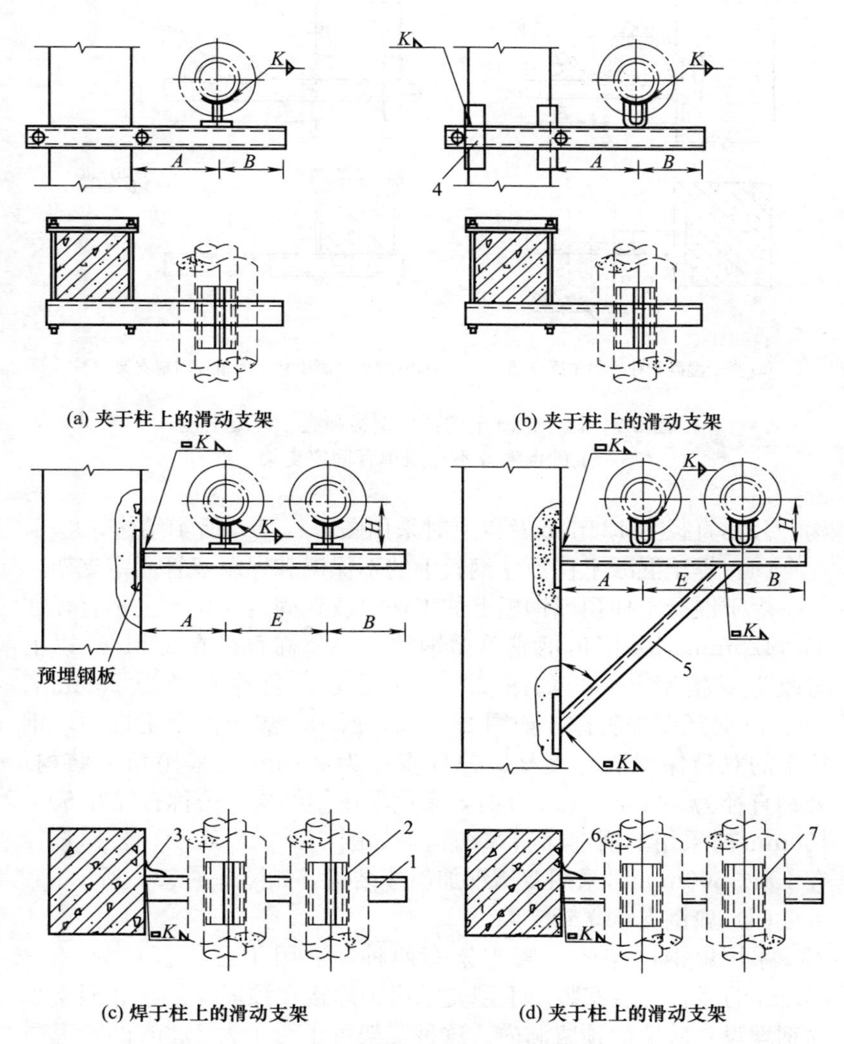

图 2-6 焊于混凝土柱预埋钢板上的保温滑动支架

1—支架；2—丁字板；3,4,6—加强角钢；5—斜撑；7—槽形板

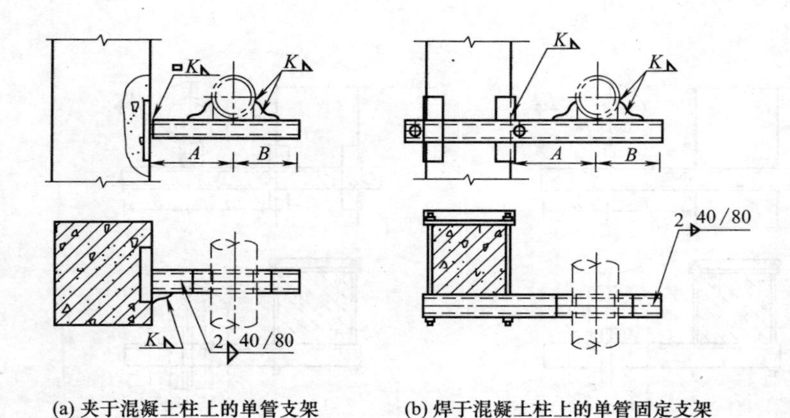

图 2-7 焊于混凝土柱预埋钢板和夹于混凝土柱上的保温及不保温单管固定支架

构，公称直径为 125mm 及以上时采用图 2-7（b）所示结构。

（4）焊于混凝土柱预埋钢板上的不保温和保温双管固定支架

焊于混凝土柱预埋钢板上的不保温双管固定支架，公称直径在 25～125mm 时采用角钢或单槽钢结构，公称直径在 150mm 以上时改为双槽钢并焊，如图 2-8（a）所示；公称直径为 250mm、300mm 时还要加斜撑，如图 2-8（b）所示。焊于混凝土柱预埋钢板上的双管保温固定支架，公称直径为 25mm 时采用角钢结构；公称直径为 32mm、40mm 时，采用单槽钢结构；公称直径在 50～100mm 时采用单槽钢加斜撑结构，如图 2-8（c）所示；公称直径在 150～300mm 时采用双槽钢加斜撑结构，如图 2-8（d）所示。

（5）扁钢支承立管支架

采用扁钢制作的立管支架有两种，适用于公称直径为 15～80mm 的竖直管道安装。Ⅰ型支承扁钢焊接在预埋件上，Ⅱ型支承扁钢埋设在砖墙的预留洞内。这种支架可承受不大于 3m 的管道质量。支架结构如图 2-9 所示。

支承角钢埋设在砖墙的预留洞内时，支架的制作方法如图2-10 所示。

（6）弯管固定托架

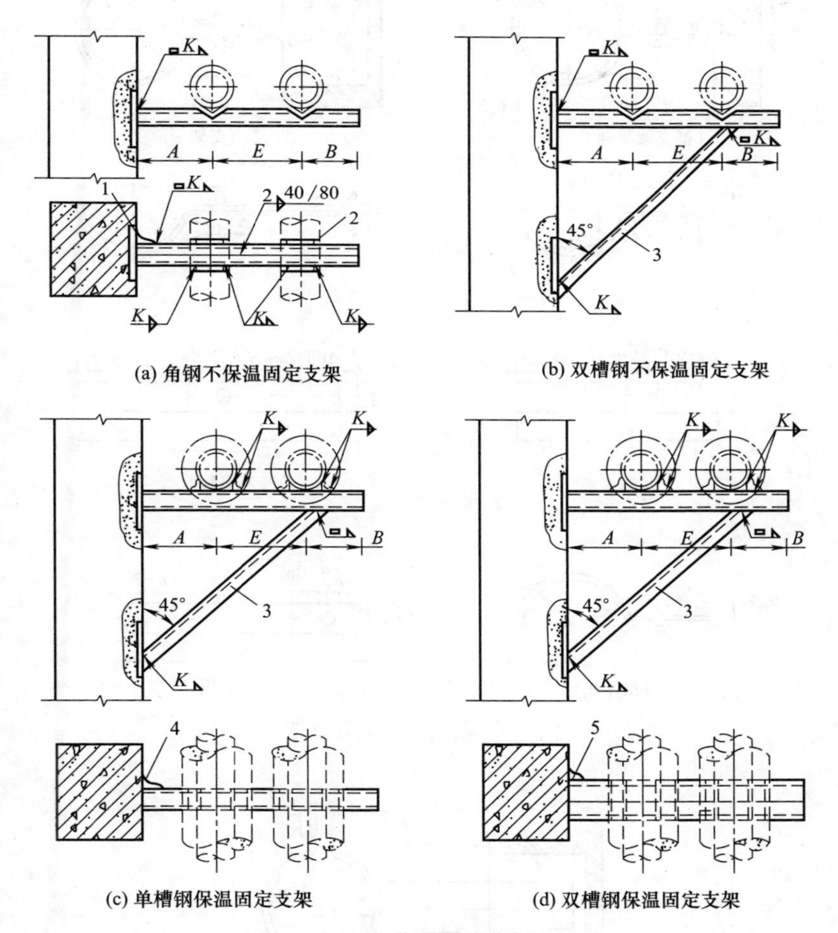

(a) 角钢不保温固定支架

(b) 双槽钢不保温固定支架

(c) 单槽钢保温固定支架

(d) 双槽钢保温固定支架

图 2-8　焊于混凝土柱预埋钢板上的不保温和保温双管固定支架

1,4,5—加强角钢；2—固定角钢；3—斜撑

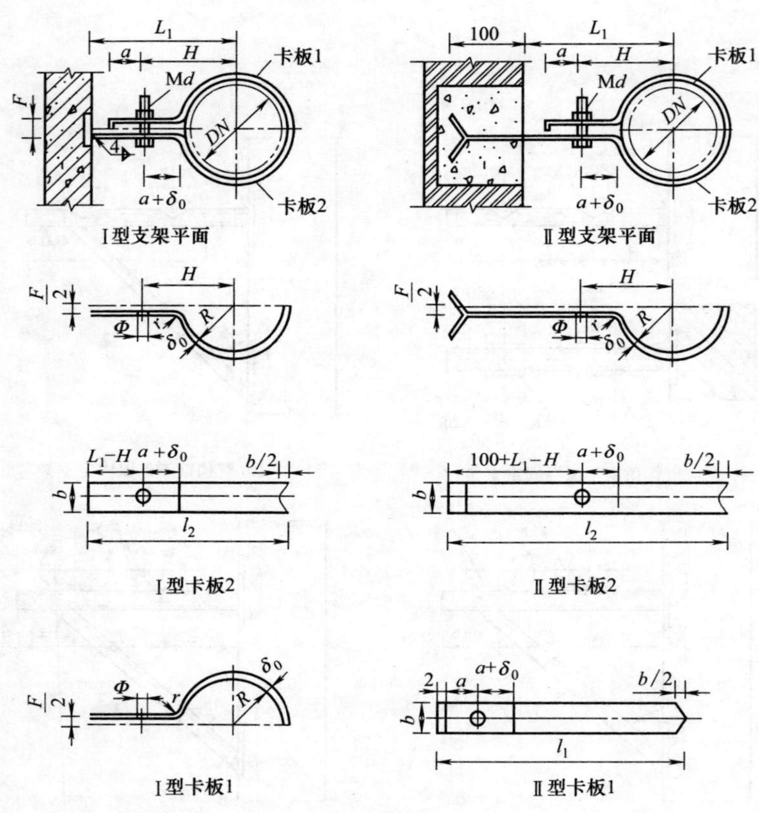

图 2-9　扁钢支承立管支架

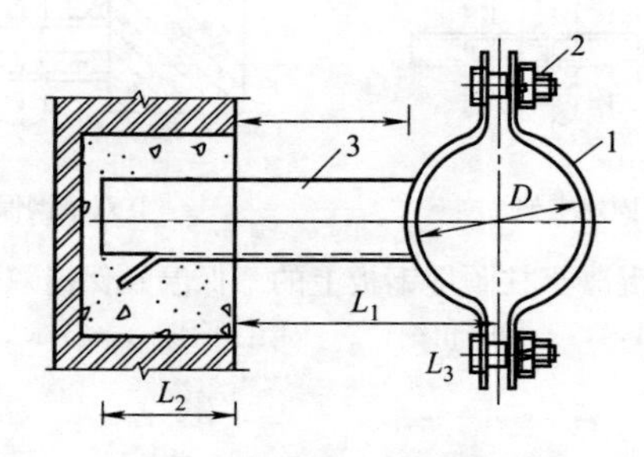

图 2-10　角钢支承立管支架

1—扁钢管卡；2—固定螺栓；3—支承角钢

当水平管道向上垂直弯曲成为立管敷设时，除在立管上安装支承立管支架外，在弯管处还要用固定托架将立管托住。弯管用固定托架的结构形式如图 2-11 所示。

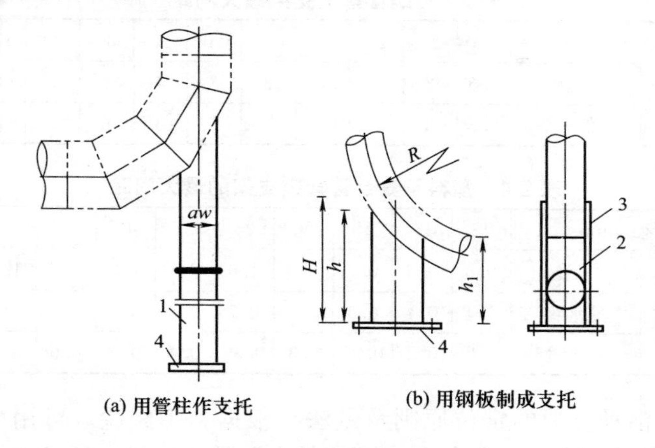

(a) 用管柱作支托　　(b) 用钢板制成支托

图 2-11　弯管用固定托架

1—管柱；2—腹托；3—侧板；4—柱脚板

2.1.4　支架安装

（1）支架的安装位置与数量

① 支架的定位方法　安装支架时，可从墙面向外量出 1m，定出水平管道两端点的支架位置，根据管道设计坡度和两端点的间距，计算出两点间的支架间的高度差，在墙上按标高及支架高度差打入钎子定出这两点。然后在钎子上系一根线并且拉直，经目测无挠度后，按各管道的最大支架间距，定出支架的数量，再根据此线，定出各支架的标高，画出每一个支架的具体位置。

两支架间的高度差的计算公式为：

$$H=IL$$

式中　H——支架间的高度差，mm；

I——管道设计坡度；

L——支架间距，mm。

② 管道支架的安装间距　支架间距应按设计要求进行安装。当设计无规定时，应按施工及验收规范进行施工。

一般的钢管和塑料管及复合管管道水平安装的支架最大间距，参见表 2-3 和表 2-4。

表 2-3　钢管管道支架最大间距

公称通径/mm		15	20	25	32	40	50	65	80	100	125	150
支架最大间距/m	保温管	1.5	2	2	2.5	3	3	4	4	4.5	5	6
	不保温管	2.5	3	3.5	4	4.5	5	6	6	6.5	7	8

表 2-4　塑料及复合管管道支架的最大间距

管径/mm		14	16	18	20	25	32	40	50	63	75
水平管支架最大间距/m	主管	0.5	0.6	0.7	0.9	1.0	1.1	1.3	1.6	1.8	2.0
	冷水管	0.4	0.4	0.5	0.6	0.7	0.8	0.9	1.0	1.1	1.2
	热水管	0.2	0.2	0.25	0.3	0.35	0.4	0.5	0.6	0.7	0.8

③ 活动支架的定位原则及做法　根据施工经验，可用“墙不作架，托稳转角，中间等分，不超最大”的原则确定活动支架的安装位置。具体做法是：

“墙不作架”：指架空管道穿越建筑物内隔墙时，不能把墙体作为活动支架，而应从墙面两侧各向外量出 1m，以确定墙体两侧的活动支架位置。

“托稳转角”：指对管道的转角处（如弯头、伸缩器）应特别重视给予支撑。具体做法为自管道转弯的墙角、伸缩器穿墙角各向外量 1m，以定位活动支架。

“中间等分，不超最大”：指在穿越墙和转弯处活动支架定位后，剩余的管道长度上，按不超活动支架最大间距值的原则，均匀设置活动支架。

（2）支架的安装方法

支架的安装包括支架构件的预制加工、现场安装两个工序。因为支架构件都有国标图集，可按图集要求集中预制。现场施工工序较为复杂的是托架的安装。根据施工要求，支托架的安装方法有：膨胀螺栓固定安装、埋墙安装、抱柱安装、预埋铁件安装。

1）膨胀螺栓固定支架安装

① 按支架位置划线，定出锚固件的安装位置，用冲击电钻，

在膨胀螺栓的安装位置处钻孔，孔径与套管外径相同，孔深为套筒长度加 15mm，并与墙面垂直。

② 将膨胀螺栓插入孔内，再用扳手拧紧螺母，螺栓的锥形尾部便将开口套管尾部胀开，使螺栓和套管紧固在孔内。

③ 在螺栓上安装型钢横梁，用螺母紧固在墙上。

2）砖墙埋设支架安装

① 先拉线定位画出支托架的位置标记，用錾子和锤子打凿孔洞，埋设洞口不宜过大。

② 清除洞内砖石碎块，用水将孔洞中冲洗湿润。

③ 用水灰（体积比）1∶2 的水泥砂浆或细石混凝土填入孔洞，将已做过防腐的支架横梁末端锯成开脚劈叉，栽入墙洞内长度不小于 120mm，用碎石卡紧支架后再填实水泥砂浆，使洞口表面略低于墙面，便于装修面层时找平。型钢横梁伸出部分长度方向应水平，顶面应与管子中心线平行。

④ 用水平尺将支架横梁找平找正，不允许出现扭曲或偏斜等缺陷。

⑤ 浇水养护不少于 5 天。

3）夹于柱上支架安装

① 先在独立的柱子上划线，定出支架顶面安装高度，并清除支架与柱子接触处的粉刷层。

② 用双头螺栓将支架横梁和夹柱角钢箍固定在柱子上。

③ 调整安装高度，并用水平尺找平，然后拧紧螺母。

4）预埋铁件焊接支架安装

① 安装前应将预埋钢板或钢结构型钢表面需施焊处的油漆、铁锈或砂浆清除干净。

② 在预埋钢板或钢结构型钢上划线，定出支架的安装位置。

③ 采用焊条电弧焊将支架横梁口点焊固定，用水平尺和锤子来找平找正，最后完成全部焊接。检查有无漏焊、欠焊或焊接裂纹等缺陷，若有则应及时清除。

（3）支架安装的技术要求

① 固定支架、活动支架安装的允许偏差应符合表 2-5 所示的规定。

表 2-5　支架安装的允许偏差　mm

检查项目	支架中心点平面坐标	支架标高	两固定支架间的其他支架中心线	
			距固定支架 10m 处	中心处
支架最大允许偏差	25	−10	5	25

② 对冷冻管道、不锈钢管道、塑料管道等与碳素结构钢支架相接触的部位，必须进行防腐处理或加垫非金属柔性垫料，如软聚氯乙烯板、橡胶石棉板等。

③ 保温管的高支座在横梁或混凝土滑托上安装时，应向热膨胀的反方向偏斜 1/2 伸长量安装。横梁上应焊有防滑板，防止高支座滑落到横梁上。

④ 无热位移的管道，其吊杆应垂直安装。有热位移的管道，吊杆应在热位移相反方向，按 1/2 伸长量偏斜安装。

⑤ 固定支架应在补偿器预拉伸前固定。在无补偿位置而有位移的直线管段上，不得安装一个以上的固定支架。

⑥ 导向支架或滑动支架应洁净、平整，不得有歪斜和卡涩现象。其安装位置应从支承面中心向位移反方向偏移 1/2 伸长量，保温层不得妨碍热位移伸缩。

⑦ 补偿器两端的支架设置：方形补偿器两侧的第一个支架，宜设在距方形补偿器弯头弯曲起点 0.5～1.0mm 处，应为滑动支架，不得设导向支架或固定支架，以保证补偿器伸缩时，管道横向滑动的膨胀应力不会集中到支架上；第二个支架为导向支架，保证管道沿轴向位移；方形补偿器两侧的支架安装顺序为滑动支架、导向支架和固定支架。

⑧ 弹簧支架宜装在有垂直膨胀伸缩而无横向伸缩之处。安装时必须保证弹簧能够自由伸缩。弹簧吊架宜安装在横向和纵向均有伸缩之处。

弹簧支、吊架的弹簧安装高度，应按设计要求调整，并做好记录。弹簧的临时固定件，应待系统安装试压施工完毕后方可拆除。

2.1.5　管道连接

(1) 螺纹连接的方法、填料及工具

螺纹连接时的填充材料，管子输送介质温度在 120℃以内时，可使用油麻丝和铅油做填料；当输送介质温度在－180～250℃时，也可用聚四氟乙烯生料带（简称生料带或生胶带）。

1）短螺纹与阀门连接

① 将油麻丝从管螺纹第 2、3 牙开始沿螺纹按顺时针缠绕，然后再在麻丝表面上均匀地涂抹一层铅油，如图 2-12 所示。

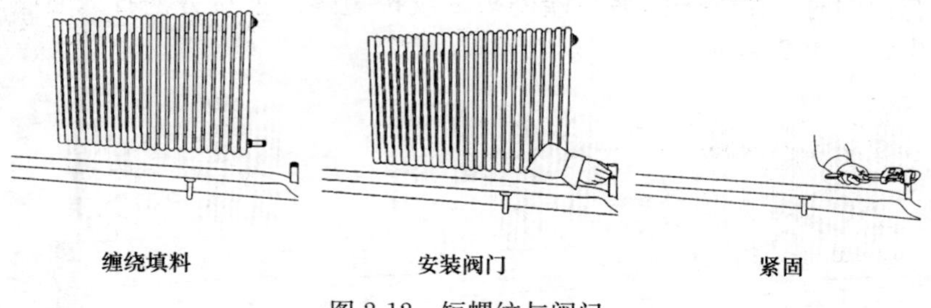

图 2-12　短螺纹与阀门

② 用手将阀门（管件）螺纹拧入管端螺纹 2～3 牙，再用管子钳夹住靠管端螺纹阀门端部，按顺时针方向拧紧阀门。

2）阀门与短螺纹的连接

① 将另一管段的带螺纹端缠好填料，并拧入已连接好的阀门中 2～3 牙，如图 2-13 所示。

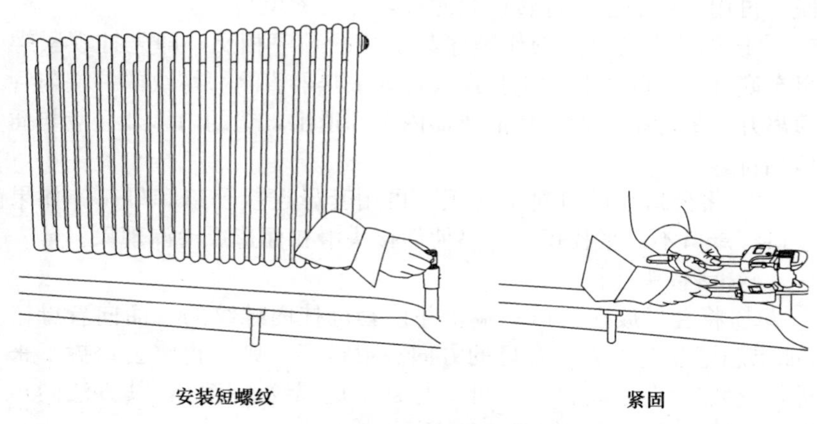

图 2-13　阀门与短螺纹连接

② 一手用管子钳夹住已经拧紧的阀门一端保持阀门位置不变，另一只手再用管子钳慢慢拧需拧紧的管段。

3）长螺纹连接

① 安装前，在短螺纹的一端缠好填料，并应预先将锁紧螺母拧到长螺纹的底部。

② 不要缠填料，将长螺纹全部拧入散热器内，然后往回倒出，与此同时，使管子的另一端的短螺纹按短螺纹连接方法拧入管箍中，如图 2-14 所示。

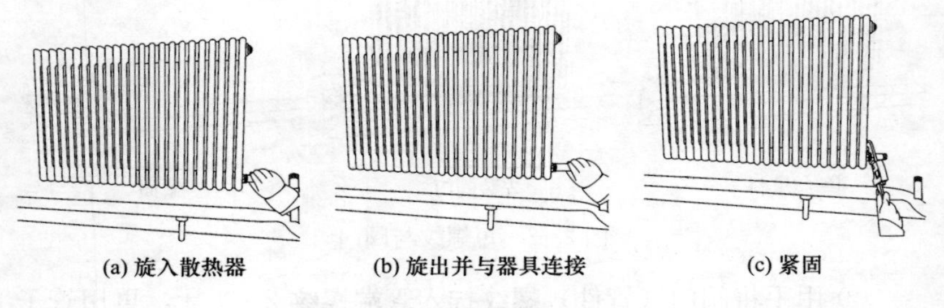

图 2-14 长螺纹与散热器连接

③ 最后拧转长螺纹根部的锁紧螺母，使锁紧螺母靠近散热器。当锁紧螺母与散热器有 3～5 mm 间隙时，在间隙中缠以适量的麻丝或石棉绳，缠绕方向要与锁紧螺母旋紧的方向相同，以防填料松脱，再用合适的扳手拧转锁紧螺母，并压紧填料。

④ 拆长螺纹时，操作顺序与安装的顺序相反，即先拧锁紧螺母至底部，去除填料，把长螺纹拧入散热器直至短螺纹的一端与管箍离开，最后把长螺纹从散热器内全部退出，垫的内、外径应与插口相符。

⑤ 将公口和母口对平对正，再用套母连接公口和母口。如果公口、母口不对平找正，容易使活接头滑扣而造成渗漏现象。

4）活接头连接

① 将套母放在公口一端，并使套母挂内螺纹的一面向着母口（如果忘记装套母或将套母的方向放颠倒了，则还得将公口拆下来进行返装），分别将公口、母口与管子短螺纹连接好，其方法同短螺纹连接方法一样，如图 2-15 所示。

② 在锁紧套母前，在公口处加上石棉纸板垫或胶板垫。

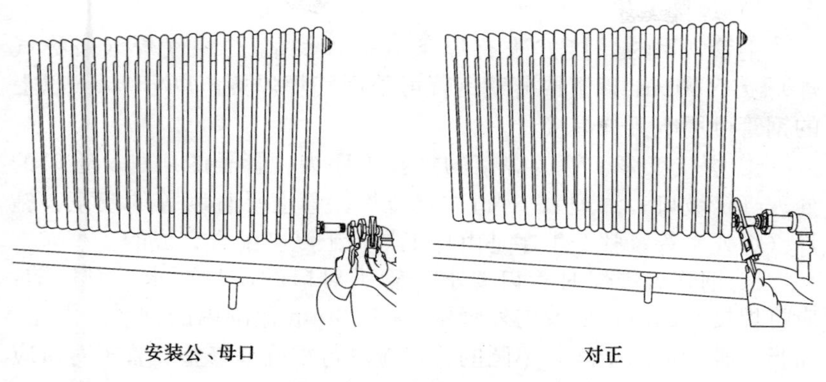

图 2-15　活接头连接

5）螺纹连接的质量要求

按介质性质选用填料麻或聚四氟乙烯生料带，麻和生料带应按顺时针方向从管头往里缠绕，要求螺纹接口端部洁净，在管螺纹根部应有外露螺纹。不管哪种填料在连接中都只能使用一次，若螺纹拆卸，则应重新更换。

拧紧螺纹时，应选用适合的管子钳。用小管子钳拧大管径达不到拧紧目的；用大管子钳拧小管径，会因用力控制不准而使管件破裂。不准用套管加长钳把进行操作。使用管子钳时要左手夹稳管子钳的头部，待与管子或管件咬紧后，右手压钳把，紧到要求的程度。拧紧配件时不仅要求上紧，还必须注意管件阀门的方向，不允许因拧过头而用倒拧的方法找正。

（2）焊接连接

1）焊接连接特点

钢管焊接连接是将两对接管子的接口处及焊条加热至金属熔化状态，使两个被焊管接口成为一个整体的连接方法，它是管道安装工程中应用最广泛的连接法。焊接的主要优点是：管子的焊接接口牢固耐久，不易渗漏，接头强度和严密性高，不需要接头配件，成本低，使用中不需要经常管理。焊接的缺点是：其接口是不可拆卸的固定接口，需拆卸时必须把管子切断。接口的操作工艺较复杂，须由焊工用焊接设备来完成。

2）焊接工艺

钢管常用的焊接方法有焊条电弧焊和氧-乙炔气焊（俗称气焊）。*DN*40mm 以下或薄壁钢管可采用气焊焊接；*DN*50mm 以上的钢管可用电弧焊焊接。

① 焊接工序　管道焊接的主要工序为：管子的切割、管口的处理（铲坡口、清理）、对口、定位焊、管道平直度等的校正、施焊（焊死）等。整个工序是由焊工与管工默契配合完成的。

② 钢管对接焊时管口要求　管子对口的质量要求：对口前，应将焊接端的坡口面及内外管壁 15～20mm 范围内的铁锈、泥土、油脂等脏物清除干净，不圆的管口应进行整圆或修整。管子对口应做到内壁平齐。内壁错边量应符合下列规定：

a. 等厚对接焊缝不应超过管壁厚度的 10%，且不大于 1mm。

b. 不等厚对接焊缝不应超过薄壁管管壁厚度的 20%，且不大于 2mm。

c. 管子、管件组对时，应检查坡口的质量，坡口表面上不得有裂纹、夹层等缺陷。

管壁较厚的管子对焊时，管端应采用 V 形坡口。对接时多转动几次管子，使错口值和间隙均匀。管子组对好后，先用定位焊固定然后施焊。焊缝焊接完毕应自然缓慢冷却，不得用冷水骤冷。

③ 焊缝位置要求

a. 钢板卷管，管子纵向焊缝应排列在两条直线上，焊缝之间的距离应大于 3 倍的管壁厚度，且不小于 100mm。

b. 钢板卷管，同一筒节上两相邻纵缝之间的距离应不小于 300mm。

c. 在管道弯曲的地方，环焊缝中心线距管子弯曲起点不应小于管子外径且不小于 100mm，与支吊架边缘的距离不应小于 50mm。

d. 管道两相邻对接焊缝中心线间的距离为：公称通径小于 150mm 时，不应小于管子外径；公称通径大于或等于 150mm 时，不应小于 150mm。

e. 不宜在焊缝及其边缘上开孔，如必须开孔时，则应对 1.5

倍开孔直径范围内的焊缝全部进行无损探伤。

焊接质量检查包括外观检查、无损探伤、强度试验及严密性试验几方面。

（3）粘接

粘接是通过胶黏剂在胶黏的两个物件表面产生的粘接力将两个相同或同材料的物件牢固地粘接在一起，具有施工简便、价格低廉的优点。工程上应用粘接较广泛的塑料管有聚氯乙烯管、聚丙烯管两种。其粘接方式有承插粘接和平口粘接两种。

① 承插粘接　承插粘接黏合强度较好，耐压较高，公称通径在200mm以下的塑料管，多采用这种连接形式。塑料管及管件的承口一般生产厂供货时均已成型，若生产厂供货不带承口，则可在现场制作，扩口口径大小可根据具体接口形式决定。

承口的制作方法：首先将管端修整，使管口平面与管子中心线垂直，并清除管口上的毛刺。将管子的承口端加工成30°的内坡口，插口端加工成30°的外坡口，然后将管加热（加热方法有蒸汽加热、油加热、电加热等）到130℃左右，使其受热均匀软化，用模具插入管端，使其扩大为需要的承口，成型后再将模具倒出即可。

接头粘接有冷态粘接和热态粘接两种。

冷态粘接：先将开好坡口的管端、承口内表面的油污擦干净，再用丙酮仔细擦拭。待干净后再在管端外表面和插口内面涂抹0.2～0.3mm厚的由质量分数为20%的过氯乙烯树脂和质量分数为80%的丙酮相混合的胶黏剂，同时将管端插入承口内即可，如图2-16所示。

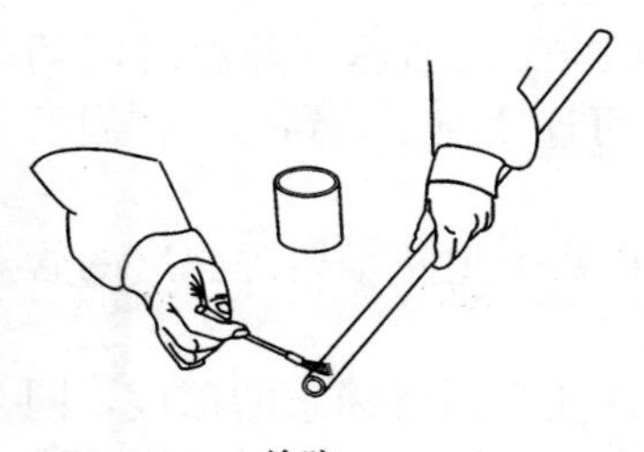

涂胶

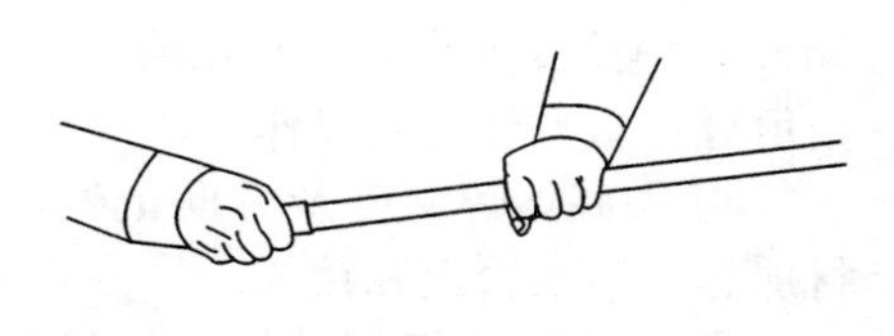

插入承口

图2-16　塑料管的冷态粘接

热态粘接是将承口端加热软化同时粘接的方法。其方法是：将承口端加热到软化后，再把事先用丙酮擦拭过的插口迅速插入承口内，插入之前，必须在插口外表及承口内表面涂抹胶黏剂，插入找正后浇水冷却，并将被挤出的胶黏剂擦除干净即可。

② 平口粘接　平口管与平口管粘接时，将两管平口端用酚醛胶泥粘接在一起，外包软板条粘接后硬化。这种连接总长度不得超过 4m。

直管与筒体连接是将直管插入筒体上的开孔里，然后用酚醛胶泥粘接。当筒体的直径小于 100mm 时，只需外部粘接；大直径筒体或要求较高时，可采用双面粘接。

（4）热熔连接

① 切断管材，必须使端面垂直于管轴线。管子切割用的工具是专用管子割刀。剪切 $DN\leqslant 25$mm 的小口径管材时，边剪边旋转，以保证切口面的圆度；必要时可使用细齿锯，但切割后管材断面应除去毛边和毛刺。

② 用卡尺与笔在管端测量并标绘出热熔深度，热熔深度应符合表 2-6 的规定长度。量长度时要准确。

表 2-6　粘接接口管道插入承口深度

公称外径/mm	20	25	32	40	50	63
插入长度/mm	16.0	18.5	22.0	26.0	31.0	37.5
公称外径/mm	75	90	110	125	140	160
插入长度/mm	43.5	51.0	61.0	68.5	76.0	86.0

③ 管材与管件连接端面必须无损伤、清洁、干燥、无油。

④ 熔接弯头或三通时，按设计要求，应注意其方向，在管件和管材的直线方向，用辅助标志标出其位置。

⑤ 热熔工具接通普通单相电源（220V）加热，升温时间约 6min，焊接温度自动控制在约 260℃，可连续施工，到达工作温度指示灯亮后方能开始操作。

⑥ 做好熔焊深度及方向记号，在机头上把整个熔焊深度的管材加热，包括管道和接头。

⑦ 无旋转地把管端导入加热套内，插入到所标志的深度，同时，无旋转地把管件推到加热头上，到规定标志处。加热时间应满足表 2-7 的规定。

⑧ 达到加热时间后，立即把管材与管件从加热套与加热头上同时取下，迅速无旋转地直线均匀插入到所标深度，使接头处形成均匀凸缘。

表 2-7　热熔连接技术要求

公称直径/mm	热熔深度/mm	加热时间/s	加工时间/s	冷却时间/min
20	14	5	4	3
25	16	7	4	3
32	20	8	4	4
40	21	12	6	4
50	22.5	18	6	5
63	24	24	6	6
75	26	30	10	8
90	32	40	10	8
110	38.5	50	15	10

⑨ 在表 2-7 所示规定的时间内，刚熔接好的接头还可以矫正，但严禁旋转。

⑩ 工作时应避免机头和加热板烫伤，或烫坏其他材料，保持机头清洁，以保证焊接质量。

（5）铝塑复合管的螺纹连接

用剪管刀将管子剪截成所要长度，将整圆器插至管底用手旋转整圆、倒角；穿入螺母及 C 形铜环，将管件内芯接头的全长压入管腔；拉回螺母和铜环，用扳手把螺母拧紧至 C 形铜环开口闭合为宜，如图 2-17 所示。

插入C形环

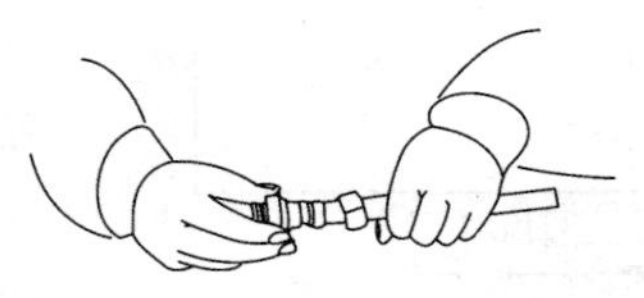

管件内芯压入管腔

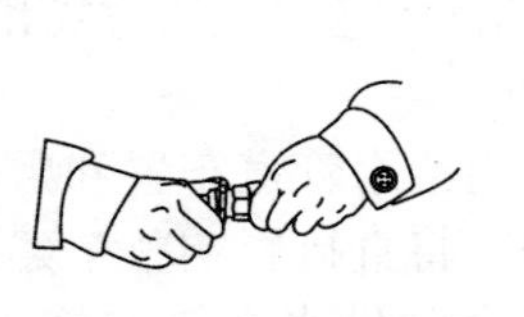

拉回C形环

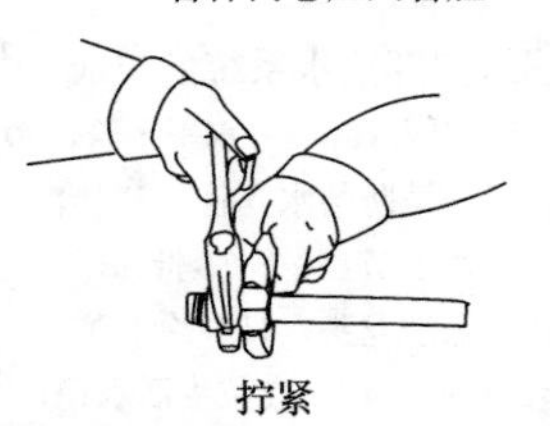

拧紧

图 2-17　铝塑复合管的连接

2.2 室内给水管道安装

2.2.1 室内给水管道的组成、布置与敷设

(1) 室内给水管道的组成

室内给水系统的任务是把水从室外管网引入室内，在保证需要的水压和满足用户对水质要求的情况下，输送足够的水量到各种卫生器具、配水嘴、生产设备和消防设备等各用水点。

室内给水系统按用途可分为三类：生活给水系统、生产给水系统和消防给水系统。三类给水系统，在实际工程中不一定单独设置，可根据具体情况，联合设置组成为：生活-生产、生产-消防、生活-消防、生活-生产-消防合并的给水系统。

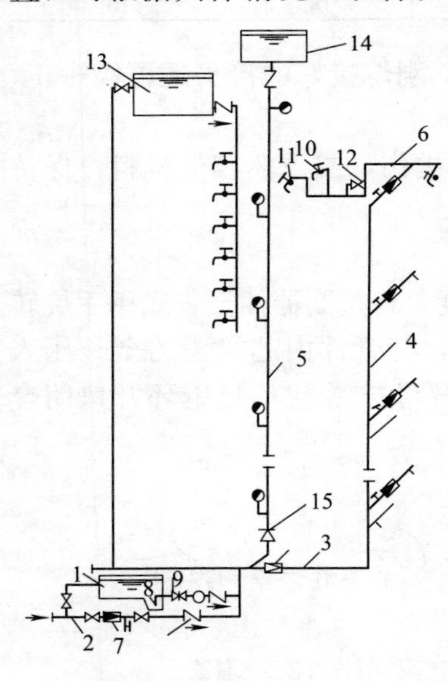

图 2-18 建筑内部给水系统的组成
1—储水池；2—引入管；3—水平干管；4—给水立管；5—消防给水立管；6—给水横支管；7—水表节点；8—喇叭口；9—水泵；10—盥洗龙头；11—冷水龙头；12—角形截止阀；13—高位生活水箱；14—高位消防水箱；15—倒流防止器

室内给水系统一般由引入管、水表节点、水平干管、立管、支管、卫生器具的配水嘴或用水设备组成，如图 2-18 所示。

此外，当室外管网中的水压不足时，尚需设水泵、水箱等加压设备。

(2) 室内给水管道的布置

室内给水方式主要决定于室外给水系统的水压和水量是否能满足室内给水系统的要求。一般可分为：直接给水方式、设有高位水箱的给水方式，设有水池、水泵的给水方式，设有水池、水泵、水箱的给水方式、设有气压给水设备的给水方式和分区给水方式。

室内给水管道布置和敷设得是否合理，将直接影响整个建筑物的供水安全和供水系统的施工安装、维护管理等。根据给水方式不同和

干管的位置不同，室内给水管道的布置方式有以下四种：

① 下行上给式　水平干管直接埋设在底层或设在专门的地沟内或设在地下室天花板下，自下而上供水，如图 2-19 所示。

② 上行下给式　水平干管明设在顶层天花板下或暗设在吊顶层内，自上而下供水，如图 2-20 所示。

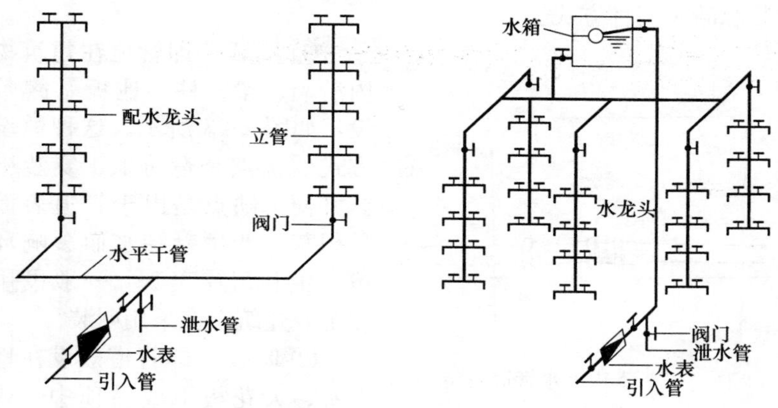

图 2-19　下行上给式给水系统　　图 2-20　上行下给式给水系统

③ 中行分给式　水平干管设在建筑物底层楼板下或中层的走廊内，向上、下双向供水，如图 2-21 所示。

④ 环状式　分为水平环状式和立管环状式两种。前者为水平干管支架连成环状，后者为立管之间连成环状，如图 2-22 所示。

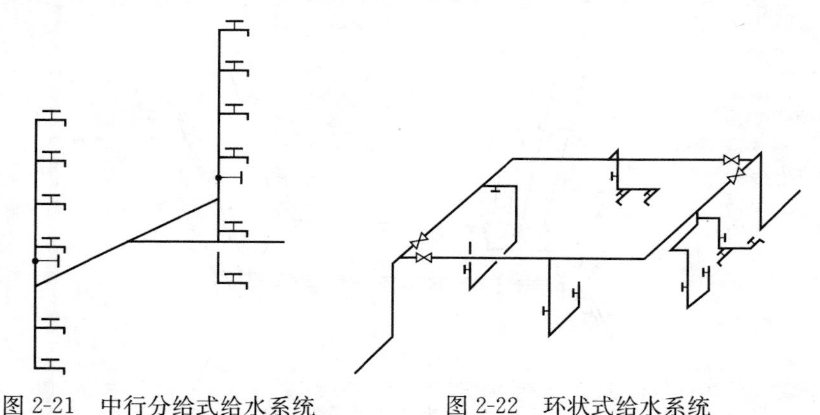

图 2-21　中行分给式给水系统　　图 2-22　环状式给水系统

管道布置力求长度最短，尽可能呈直线走向，一般与墙、梁、柱平行布置。埋地给水管道应避免布置在可能被重物压坏或设备振动处；管道不得穿过生产设备基础。

(3) 室内给水管道的敷设

根据建筑物性质和卫生标准要求不同，室内给水管道敷设分为明装和暗装两种方式。

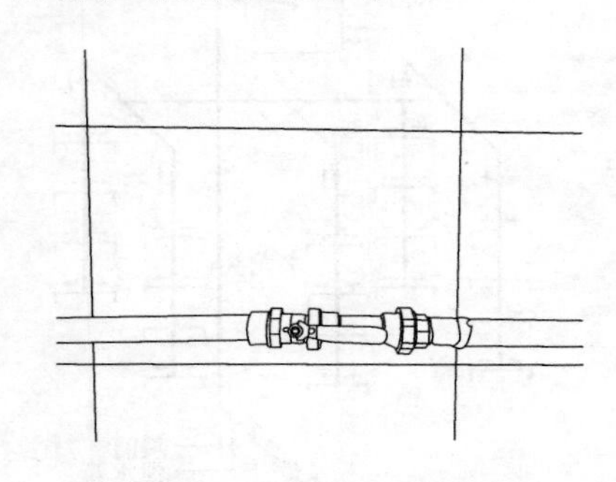

图 2-23　室内上水管道明装

① 明装　即管道在建筑物内沿墙、梁、柱、地板暴露敷设，如图 2-23 所示。这种敷设方式的优点是造价低、安装维修方便；缺点是由于管道表面易积灰、产生凝结水而影响环境卫生和房屋美观。一般民用和工业建筑中多采用明装。

② 暗装　即管道敷设在地下室、天花板下或吊顶中，或在管井、管槽、管沟中隐蔽敷设。地面内暗装方法如图 2-24 所示。这种敷设方式的优点是室内整洁、美观；缺点是施工复杂、维护管理不便、工程造价高。标准较高的民用建筑、宾馆及工艺要求较高的生产车间内一般采用暗装。暗装时，必须考虑便于安装和检修。

为了不影响建筑空间的使用和美观，给水管道不宜穿过橱窗、壁柜、木装修等。

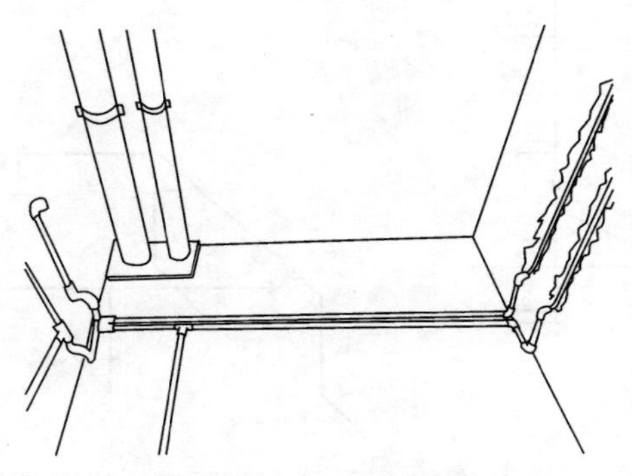

图 2-24　室内上水管道暗装

2.2.2 室内给水管道的安装

（1）安装前的准备

① 熟悉施工图　管道安装应照图施工，因此施工前要熟悉施工图，领会设计意图，如发现原设计不合理或需改进时，应与设计人员协商后进行修改，同时还应了解生产工艺概况、工艺对给排水的要求、给排水概况、管线的布置对施工的特殊要求等。

② 备料　根据施工图准备材料和设备等，并在施工前按设计要求检验材料规格、设备型号和质量，符合要求，方可使用。

③ 配合土建施工预留孔洞和预埋件　通过详细阅读施工图，了解给排水管与室外管道的连接情况，穿越建筑物的位置及做法，了解室内给排水管的安装位置及要求等，以便管道穿过基础、墙壁和楼板时，配合土建留洞和预埋套管等。预留孔洞的做法如图 2-25 所示，尺寸见表 2-8。

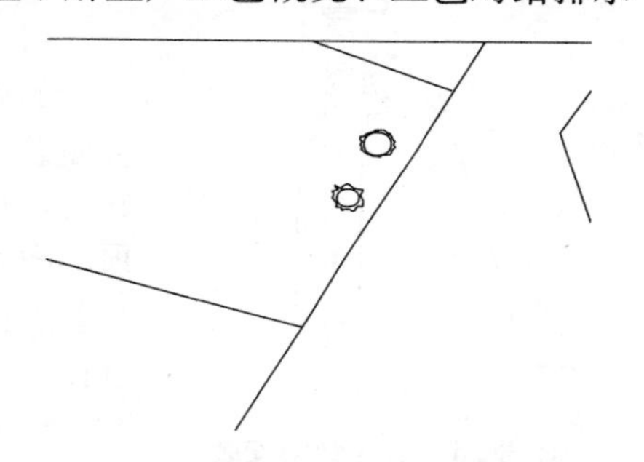

图 2-25　管道穿楼板预留孔做法

表 2-8　预留孔洞尺寸　　mm

管径	50 以下	50～100	125～150
孔洞尺寸	200×200	300×300	400×400

（2）室内给水管道的安装步骤

室内给水管道的安装一般是先安装房屋引入管，然后安装室内干管、立管和支管。

1）引入管安装

建筑物的引入管一般只设一条，应靠近用水量最大或不允许间断供水处接入。当用水点分布较均匀时，可从建筑物的中部引入。对不允许间断供水的建筑，应从室外不同侧设两条或两条以上引入管，在室内连成环状或贯通枝状双向供水。如不可能时，应采取设储水池（箱）或增设第二水源等保证安全供水措施。也可由室外环网同侧引入，但两根引入管间距不得小于 10m，并在接点间设置

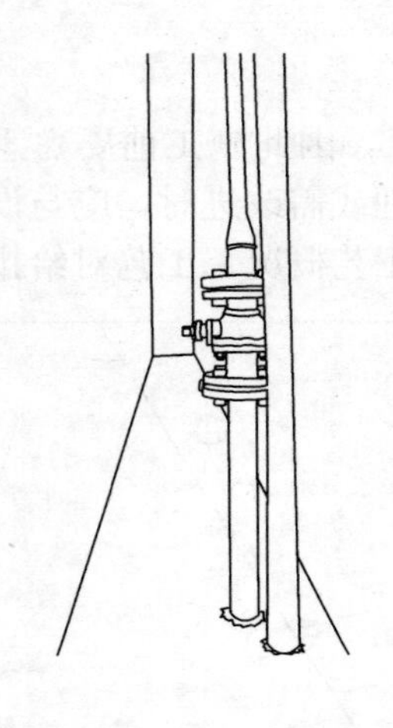
图 2-26 引入管的安装

阀门，如图 2-26 所示。

在引入管上装设水表时，水表可设在室内，也可设在室外的水表井中，水表前后应放置检修阀门。如果采用一条引入管，应绕水表设旁通管。

引入管的敷设，应尽量与建筑物外墙的轴线相垂直。为防止建筑物下沉而破坏管道，引入管穿过建筑物基础时，应预留孔洞或钢套管。保持管顶的净空尺寸不小于 150mm。预留孔与管道间空隙用黏土填实，两侧用质量比为 1∶2 的水泥砂浆封口，如图 2-27所示。引入管由基础下部进入室内的敷设方法如图 2-28 所示。

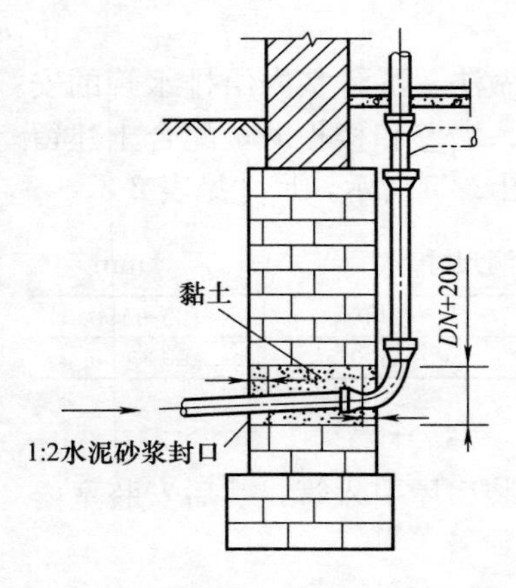

图 2-27 引入管穿墙基础图

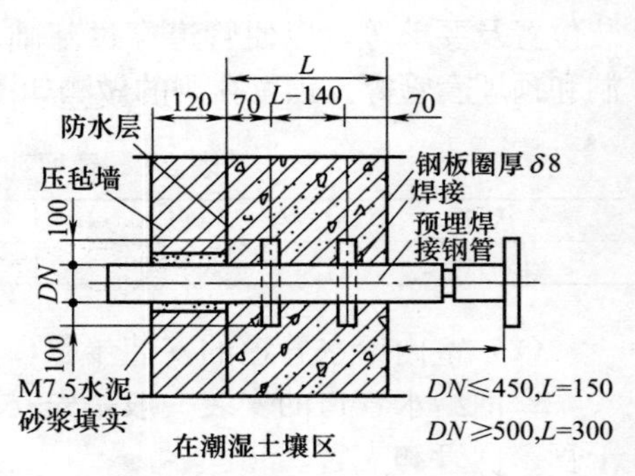

图 2-28 引入管由墙基础下部引入室内大样图

敷设引入管时，应有不小于 0.003 的坡度坡向室外。引入管的埋深，应满足设计要求，若设计无要求时，通常敷设在冰冻线以下 20mm，覆土深度不小于 0.7～1.0m，给水引入管与排水排出管的水平净距不得小于 1m。

2）干管安装

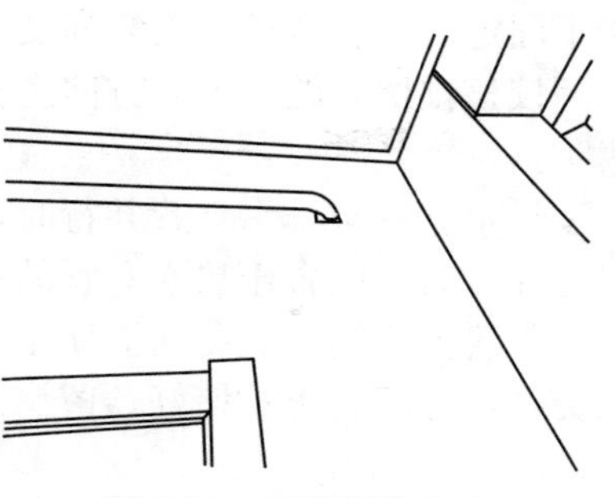

图 2-29 干管明装方法

明装管道的干管沿墙敷设时，管外皮与墙面净距一般为 30～50mm，用角钢或管卡将其固定在墙上，不得有松动现象，如图 2-29 所示。

暗装管道的干管，当管道敷设在顶棚里，冬季温度低于 0℃时，应考虑保温防冻措施。给水横管宜有 0.002 ～0.003 的坡度坡向泄水装置。

给水管道不宜穿过建筑物的伸缩缝、沉降缝。当管道必须穿过时需采取必要的技术措施，如安装伸缩节、安装一段橡胶软管、利用螺纹弯头短管等，如图 2-30 和图 2-31 所示。

3）立管安装

立管一般沿墙、梁、柱或墙角敷设。立管的外皮到墙面净距离，当管径小于或等于 32mm 时，应为 25～35mm；当管径大于 32mm 时，应为 30～50mm。

在立管安装前，打通各楼层孔洞，自上而下吊线，并弹出立管安装的垂直中心线，作为安装中的基准线，如图 2-32 所示。

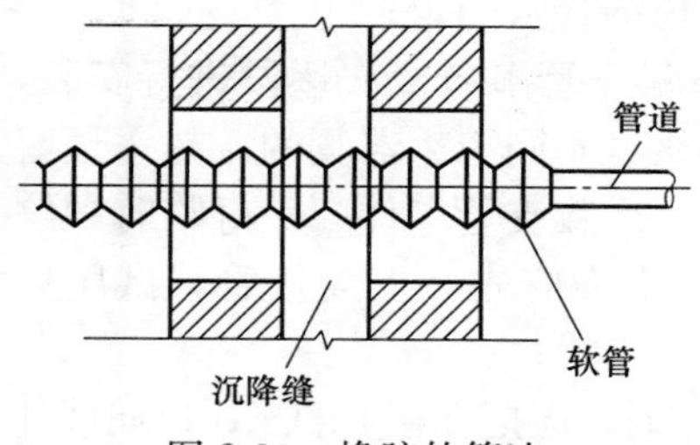

图 2-30 橡胶软管法

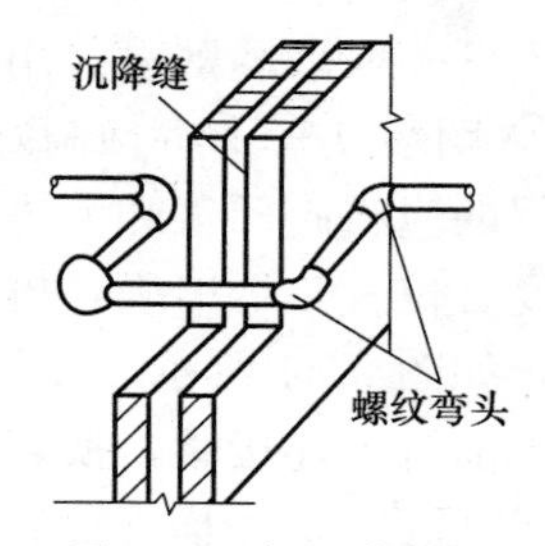

图 2-31 螺纹弯头法

按楼层预制好立管单元管段，按设计标高自各层地面向上量出横支管的安装高度，在立管垂直中心线上划出十字线，用尺丈量各横支管三通（顶层弯头）的距离，用比量法下料，编号存放以备安装使用。

每安装一层立管，均应使管子位于立管安装垂直线上并用立管卡子固定。立管卡子的安装高度一般为1.5～1.8m。

校核预留口的高度、方向是否正确，支管的甩口安好临时螺纹堵头。

给水立管与排水立管并行时，应置于排水立管的外侧；与热水立管并行时，应置于热水立管的右侧，如图2-33所示。

立管上阀门安装朝向应便于操作和检修。立管穿层楼板时，宜加套管，并配合土建堵好预留洞。

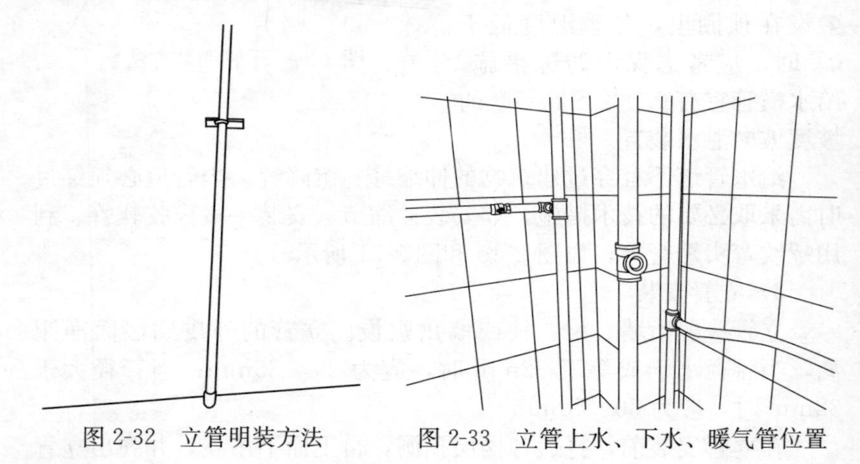

图2-32　立管明装方法　　　图2-33　立管上水、下水、暖气管位置

4）支管安装

支管一般沿墙敷设，用钩钉或角钢管卡固定。

① 明装支管　将预制好的支管从立管甩口依次逐段进行安装，有阀门的应将阀门盖卸下再安装。核定不同卫生器具的冷热水预留口高度、位置是否准确，再找坡找正后栽支管卡件，上好临时螺纹堵头，如图2-34所示。支管如装有水表应先装上连接管，试压后在交工前拆下连接管，换装上水表。

② 暗装支管　横支管暗装墙槽中时，应把立管上的三通口向墙外拧偏一个适当角度，当横支管装好后，再推动横支管使立管三通转回原位，横支管即可进入管槽中。找平找正定位后固定，如图2-35所示。

给水支管的安装一般先做到卫生器具的进水阀处，以下管段待卫生器具安装后再进行连接。

（3）新型聚丙烯（PP-R）给水管的安装方法

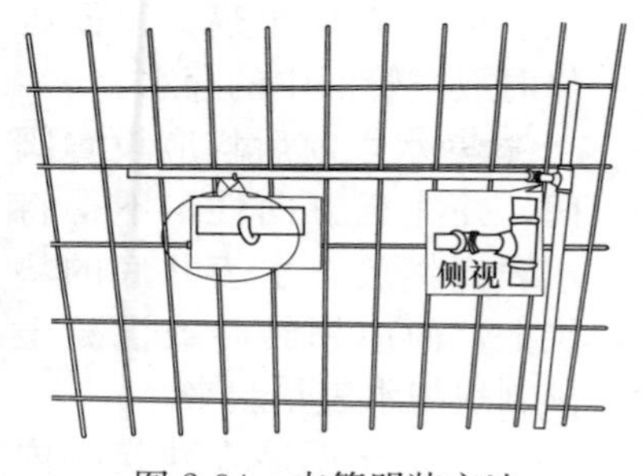

图 2-34　支管明装方法

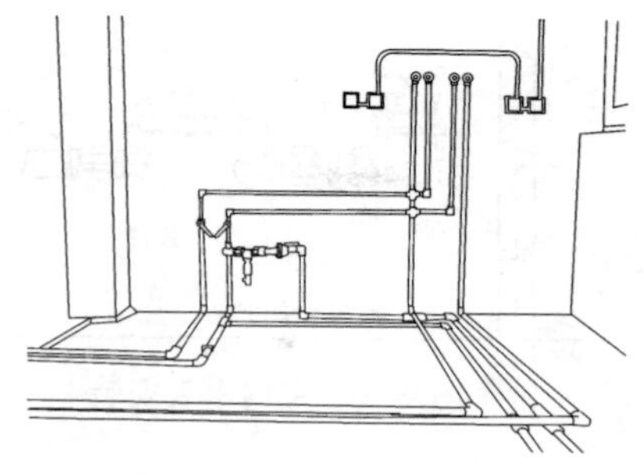

图 2-35　支管暗装方法

① 暗装敷设管道　埋嵌到墙壁、楼板等处的管道是能够防止膨胀的，使压力和拉应力都被吸收而又不损坏各种材料。

② 在竖井中安装管道　在主管的两个支管的附近应各装一个锚接物，主立管就可以在两个楼板之间竖直产生膨胀或收缩。竖井中两个锚接点之间的距离不超过 3m。也可以用其他方法来补偿膨胀现象，如从主管的分管中装设“膨胀支管”。

③ 明装敷设管道　用膨胀回路补偿膨胀，管网方向改变的各处均可利用来补偿膨胀量，在安装锚接物的位置时，要注意把管道分开成各个部分，而膨胀力又能被导向所需的方向。

（4）水表的安装

水表设置在用水单位的供水总管、建筑物引入管或居住房屋内。

给水管道中常用的水表有旋翼式和螺翼式两种。

一般情况下，公称通径小于或等于 50mm 时，应采用旋翼式水表；公称通径大于 50mm 时，应采用螺翼式水表。在干式和湿式水表中应优先选用湿式水表。

水表安装时，应满足下列要求：

① 应便于查看、维修，不易污染和损坏，不可曝晒，不可冰冻。

② 安装时应使水流方向与外壳标志的箭头方向一致，不可装反。

③ 对于不允许断水的建筑物，水表后应设单向阀，并设旁通管，旁通管的阀门上要加铅封，不得随意开闭，只有在水表修理或更换时才可开启旁通阀。

④ 为保证水表计量准确，螺翼式水表前直管长度应为 8～10 倍的水表直径，旋翼型水表前应有不小于 300mm 的直线管段。水

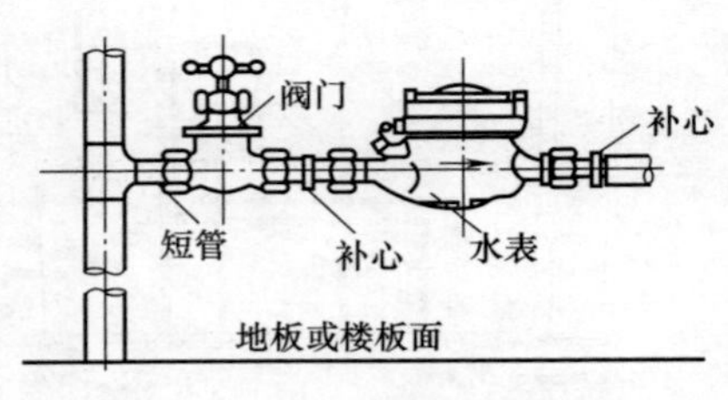

图 2-36　室内水表安装

表后应设有泄水嘴，以便维修时放空管网中的存水。

⑤ 水表前后均应设置阀门，并注意方向性，不得将水表直接放在水表井底的垫层上，而应用红砖或混凝土预制块把水表垫起来。

⑥ 对于明装在建筑物内的分户水表，表外壳距墙表面不得大于 30mm，水表的后面可以不设阀门和泄水装置，而只在水表前装设一个阀门。为便于维修和更换水表，需在水表前后安装补心或活接头，如图 2-36 所示。

（5）安装室内给水管道的注意事项

① 给水管道不得敷设在排水沟、烟道、风道内，不得穿过大便槽和小便槽，当给水立管距小便槽端部小于或等于 0.5m 时，应采取建筑隔断措施，以防管道被腐蚀。

② 室内给水管道可以埋地敷设、地沟敷设和架空敷设。若与其他管道同沟或共架敷设时，宜敷设在排水管、冷冻管的上面或热水管、蒸汽管的下面。给水管不宜与输送易燃、可燃、有害的液体或气体的管道同沟敷设。

③ 室内给水管与排水管平行埋设和交叉埋设时，管外壁的最小距离分别为 0.5m 和 0.15m。

④ 给水管道不宜穿过伸缩缝、沉降缝，必须穿过时，应采取有效的技术措施。

⑤ 给水立管穿过楼层时需加设套管，在土建施工时应预留孔洞。

⑥ 在生产厂房内，给水管道的位置不得妨碍生产操作和交通运输，不得布置在遇水能引起爆炸、燃烧或损坏的原料、产品和设备的上面。

2.3 室内排水管道安装

2.3.1 室内排水管道的组成、布置与敷设

（1）室内排水管道的组成

室内排水系统是接纳、汇集建筑物内多种卫生器具及用水设备排放的污（废）水，以及屋面的雨、雪水，并在满足排放要求的条件下，排入室外排水管网的系统。按其排水性质，室内排水系统可分为以下三类：

① 生活污水排除系统：用于排除人们日常生活中产生的污（废）水，包括生活废水和粪便污水。

② 工业废水排除系统：用于排除工业生产过程中产生的废水，包括生产废水和生产污水。

③ 雨水排除系统：用于排除建筑屋面的雨水和融化的雪水。

上述三种排水系统中排除的各类污（废）水由于受污染程度不同，水质差异较大。若分别设置管道排放，则此方式称为分流制。若将其中两类或三类合并排放，则此方式称为合流制。若将建筑排水中污染轻微的诸如洗涤废水、盥洗淋浴废水，通过中水管道系统回收，经过沉淀过滤等简单处理，然后再进入给水系统作为便器的冲洗水，或将中水系统用于小区绿地灌溉及道路洒水，则此方式称为中水制。

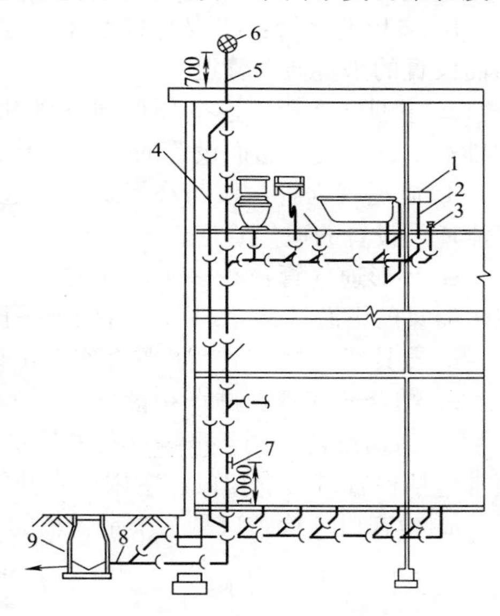

图 2-37　排水系统的组成

1—洗涤盆；2—支管；3—清扫口；4—通气立管；5—伸顶通气管；6—网罩；7—检查口；8—排出管；9—窑井

室内排水系统的组成，如图 2-37 所示。

室内排水系统由污（废）水收集器、器具排水管、排水横支管、排水立管、排出管、通气管和清通设备、抽升设备、局部污水处理构筑物组成。

① 污水收集器　污水收集器是室内排水系统的起点，用于收

集和接纳各种污（废）水，通常指的是各种卫生器具、生产排水设备及雨水斗。

② 排水管道系统　由器具排水管、排水横管、立管和排出管组成，用于输送、排除污（废）水。

③ 通气管系统　通气管系统是指建筑物内排水系统中无污水流过的与大气相通的管道。通气管具有排除管道中有害气体、减少废气对管道的腐蚀和稳定管内气压以防止卫生器具水封破坏的作用。通气管根据所设位置与作用不同，可分为：

a. 伸顶通气管：指最高层位卫生器具排水横支管以上延伸出屋顶的一段立管。

b. 专用通气管：指仅与排水主管连接，为污水主管内空气流通而设置的垂直通气管道。

c. 主通气立管：连接环形通气管和排水立管，并为排水支管和排水主管空气流通而设置的垂直管道。

d. 副通气立管：仅与环形通气管连接，为使排水横支管内空气流通而设置的通气管道。

e. 环形通气管：在多个卫生器具的排水横支管上，从初始端卫生器具的下游端接至通气立管的那一段通气管段。

f. 器具通气管：卫生器具存水弯出口端接至主通气管段。

g. 结合通气管：排水立管与通气立管的连接管段。

④ 清通设备　用于清理、疏通排水管道，保护排水系统畅通，通常包括检查口、清扫口、室内检查井等。

a. 检查口。检查口是一个带盖板的开口短管，如图 2-38 所示，设在排水立管上，可双向清通。检查口的设置，规定在立管上除建筑最高层及最低层必须设置外，可每两层设置一个。检查口设置高度一般距地面 1m，应高出该层卫生器具上边缘 0.15m，与墙面成 45°夹角。

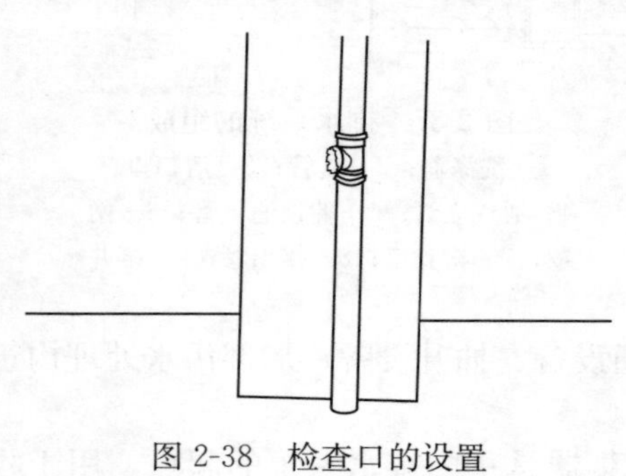

图 2-38　检查口的设置

b. 清扫口：当悬吊在楼板下面的污水横管上有两个及以上的大便器或三个及以上的卫生器具时，应在横管的起始端设清扫口，如图 2-39 所示。

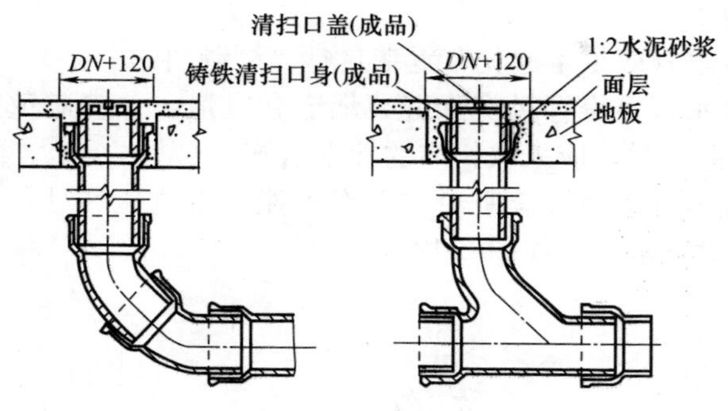

图 2-39 清扫口

c. 室内检查井：检查井为排水管道上连接其他管道以及供养护工人检查、清通和出入管道的构筑物，如图 2-40 所示。

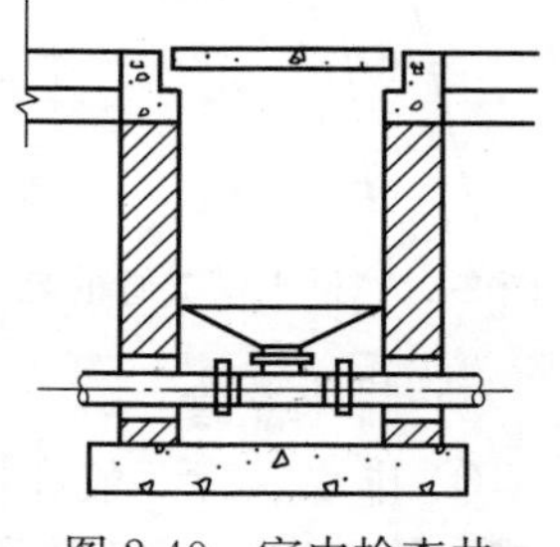

图 2-40 室内检查井

⑤ 抽升设备 当建筑物室内标高低于室外地坪，污水不能自流排至室外时，需设置污水抽升设备进行抽升后排出。如地下室、人防建筑、高层建筑的地下技术层等。常用的抽升设备有污水泵及气压扬液器等。

⑥ 局部污水处理构筑物 室内污水未经处理不允许直接排入室外排水管道，需经过局部处理后排放。常用的局部污水处理的构筑物有化粪池、隔油池、沉淀池等。

(2) 室内排水管道的布置与敷设

1) 排水横支管

① 排水横支管的敷设位置，视卫生器具排水设备位置而定，可埋地敷设、沿楼地面敷设或在楼板下悬吊敷设。如建筑或工艺有特殊要求时，可在管槽、管沟或吊顶内暗装，但必须考虑安装和检修的方便。

② 悬吊管不得布置在遇水引起燃烧、爆炸或损坏的原料、产品和设备上面，不得敷设在生产工艺或卫生有特殊要求的生产房内，不得敷设在食品和贵重商品仓库、通风小室和变配电间内，如图 2-41 所示。

③ 排水管应尽量避免布置在食堂、烹调间的上方。

④ 排水管不得穿过沉降缝、烟道和风道，并应避免穿过伸缩缝。必须穿过时，应采取相应的技术措施。

⑤ 埋地排水横管应避免布置在可能被重物压坏处。管道不得穿越生产设备基础，如图 2-42 所示。

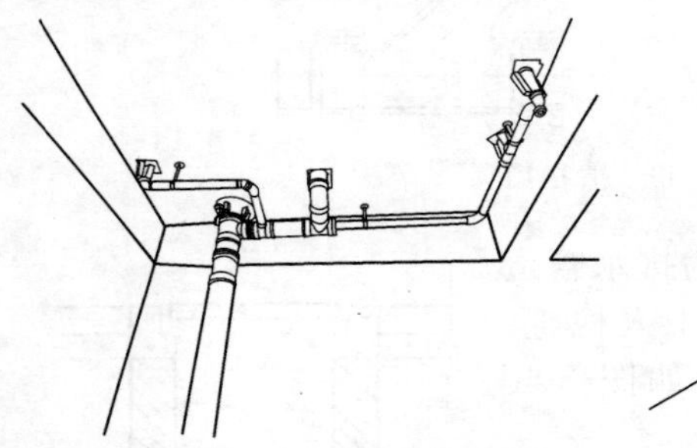

图 2-41　排水横支管的悬吊安装

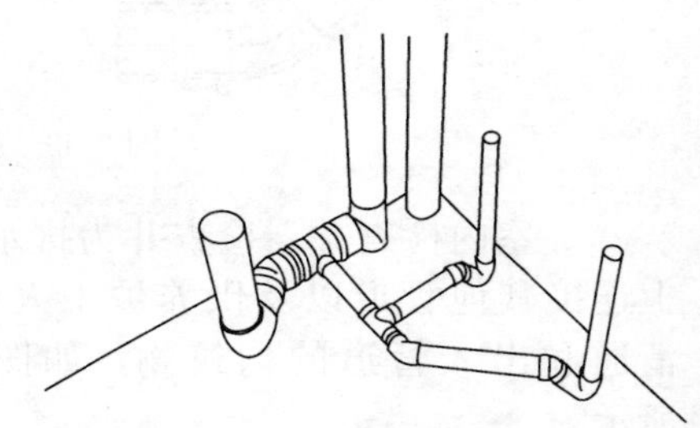

图 2-42　排水横支管的地面暗装

2）排水立管

① 排水立管一般在墙角明装，如建筑物有特殊要求时，可在管槽、管井暗装；考虑到安装和检修方便，在检查口处设检修门，如图 2-43 所示。

② 立管应设在靠近最脏、杂质最多、排水量最大的排水点处。

③ 生活污水立管应尽量避免穿越卧室、病房等对卫生、安静要求较高的房间，并应避免靠近与卧室相邻的内墙。

④ 接有大便器的污水管道系统如无专用通气立管或主通气立管时，在排出管或排水横干管管底以上 0.7m 的立管管段内不得连接排水支管，如图 2-44 所示。

3）排出管

① 排出管一般埋设在地下，必要时可敷设在地沟里。

② 排出管与室外排水管道连接时，管顶标高不得低于室外排

水管管顶标高。其连接处的水流转角不得小于 90°，当落差大于 0.3m 时，可不受角度的限制。

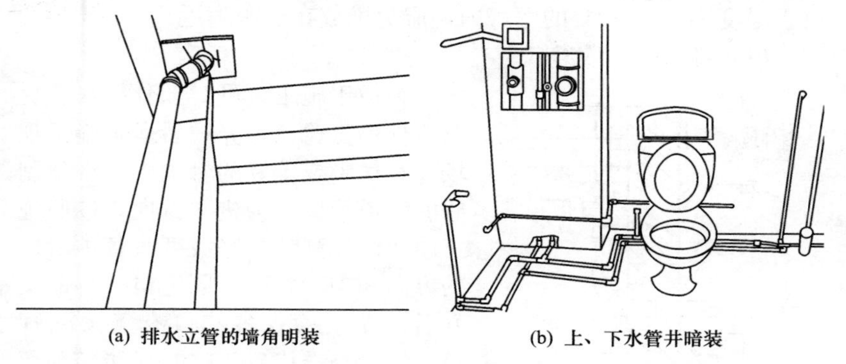

(a) 排水立管的墙角明装　　(b) 上、下水管井暗装

图 2-43　排水管的安装方法

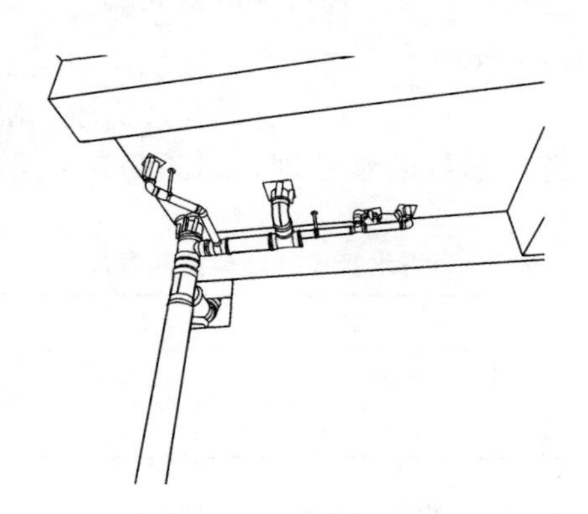

图 2-44　设有通气立管的设置

③ 在接有大便器的污水管道系统中，距立管中心线 3.0m 范围内的排出管或排水横干管上不得连接排水管道。

④ 排出管穿过地下室外墙或地下构筑物的墙壁时，应采取防水措施。

2.3.2　室内排水管道的安装

根据施工图及技术交底，配合土建完成管段穿越基础、墙壁和楼板的预留孔洞，并检查、校核预留孔洞的位置和大小尺寸是否准确。

施工现场要有能满足施工需要的材料堆放处。排水铸铁管应码放在平坦的场所，管道下面用方木垫平垫实。硬聚氯乙烯管道应存放于温度不高于40℃的库房内，避免堆放在热源附近。

（1）排出管的安装

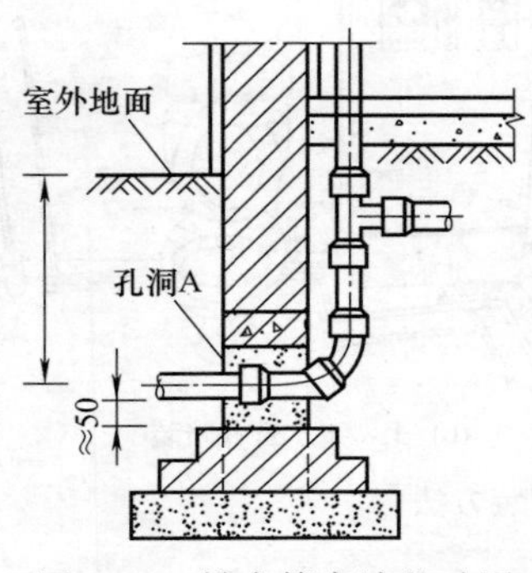

图2-45　排水管穿墙基础图

为便于施工，可对部分排水管材及管件预先捻口，养护后运至施工现场。在房中或挖好的管沟中，将预制好的管道承口作为进水方向，按照施工图所注标高，找好坡度及各预留口的方向和中心，捻好固定口。待铺设好后，灌水检查各接口有无渗漏现象。经检查合格后，临时封堵各预留管口，以免杂物落入，并通知土建填堵孔洞，按规定回填土。

管道穿过房屋基础或地下室墙壁时应预留孔洞，并应做好防水处理，如图2-45所示。预留孔洞尺寸见表2-9。

表2-9　排水管穿基础预留孔洞尺寸　mm

管　径	50～100	125～150	200～250
孔洞A尺寸(长×宽)	300×300	400×400	500×500
孔洞A穿砖墙(长×宽)	240×240	360×360	490×490

为了减小管道的局部阻力和防止污物堵塞管道，通向室外的排出管在穿过墙壁或基础必须下返时，应用两个45°弯头连接。排水管道的横管与横管、横管与立管的连接，应采用45°三通或45°四通和90°斜三通或90°斜四通。

排出管应与室外排水管道管顶标高相平齐，并且在连接处的排出管的水流转角不应小于90°。排出管与室外排水管道连接处应设检查井，检查井中心至建筑物外墙的距离不宜小于3m。检查井也可设在管井中。

生活污水和地下埋设的雨水排水管的坡度应符合要求。

（2）排水立管的安装

排水立管通常沿卫生间墙角敷设，排水立管穿楼板的安装法如图 2-46 所示。对于现浇楼板应预留孔洞，预留孔洞位置及尺寸可见表 2-10。

表 2-10　排水管穿基础预留孔洞尺寸　mm

管　径	50	75	100	150
管轴线与墙面距离	100	110	130	150
楼板预留洞尺寸(长×宽)	100×100	200×200	200×200	200×200

安装立管时，应两人上下配合，一人在上层楼板上用绳拉，一人在下面托，把管子移到对准下层承口时将立管插入，下层的人要把甩口（三通口）的方向找正，随后吊直。这时，上层的人用木楔将管临时卡牢，然后捻口，堵好立管洞口。

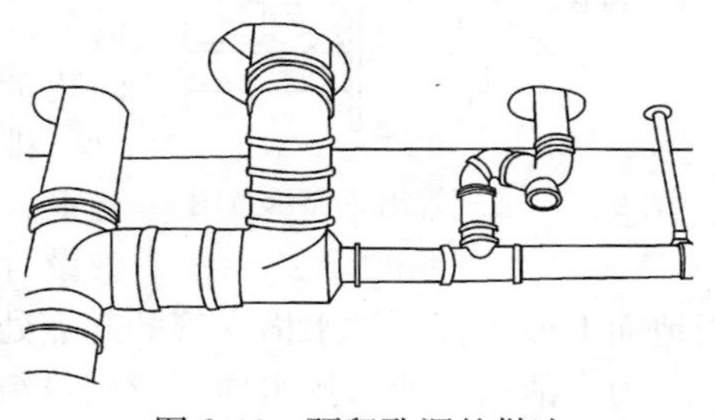

图 2-46　预留孔洞的做法

现场施工时，立管可先预制，也可将管材、管件运至各层进行现制。

（3）排水支管的安装

安装排水支管时，应根据各卫生器具位置排料、断管、捻口养护，然后将预制好的支管运到各层。安装时需两人将管托起，插入立管甩口（三通口）内，用铁丝临时吊牢，找好坡度、找平，即可打麻捻口，配装吊架，其吊架间距不得大于 2m。然后安装存水弯，找平找正，并按地面甩口高度测量卫生器具短管尺寸，配管捻口、找平找正，再安卫生器具。注意要临时堵好预留口，以免杂物落入。

（4）通气管安装

通气管应高出屋面 0.3m 以上，并且应大于最大积雪厚度，以防止雪掩盖通气管口。对于平屋顶，若经常有人逗留，则通气管应高出屋面 2.0m。通气管上应做铁丝球（网罩）或透气帽，以防杂物落入。

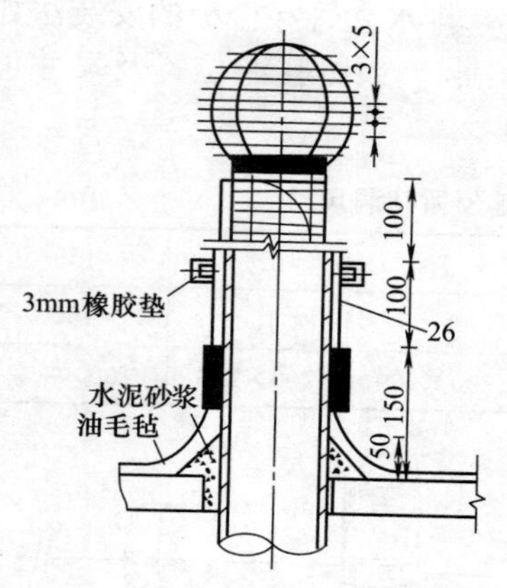

图 2-47　通气管出屋面示意图

通气管的施工应与屋面工程配合好，一般做法如图 2-47 所示。通气管安装好后，把屋面和管道接触处的防水设施处理好。

(5) 清通设备

排水立管上设置的检查口中心距地面一般为 1m，并应高出该层卫生器具上边缘 150mm。检查口安装的朝向应以使清通时操作方便为准。暗装立管，检查口处应安装检修门。

排水横管上的清扫口应与地面相平。当污水横支管在楼板下悬吊敷设时，可将清扫口设在其上面楼板地面上或楼板下排水横支管的起点处。

为了清通方便，排水横管清扫口与管道相垂直的墙面距离不得小于 200mm；若排水横管起点设置堵头代替清扫口，则与墙面距离不得小于 400mm。

(6) 安装室内排水管道的注意事项

1) 立管安装注意事项

① 立管上应该设检查口，其中心距地面 1m 并高于该卫生器具上边缘 150mm，检查口的朝向应便于检修，检查口盖的垫片选用厚度不小于 3mm 的橡胶板。

② 安装立管时一定要注意将三通的方向对准横管的方向，以免在安装横管时由于三通的偏斜而影响安装质量。三通中心高度由横管的长度和坡度决定，距离楼板 250～300mm。

2) 横管安装的注意事项

① 一般横接口较多，各接口处不得产生拱塌、扭曲和歪斜现象。保证三通中心和弯头中心在同一轴线上，严禁产生倒坡。

② 吊卡一定要按横管管径选用，不得大管用小卡或小管用大卡。吊杆必须选用可调节吊架以保证横管的安装坡度。吊杆吊卡要垂直，下端不得偏向主管方向，以防横管受力后从立管承口中拔出(图 2-48)。

③ 预制成组合件的横管，待接口凝固后再吊装。吊装时不得碰撞，以防接口松动。

3）支立管安装的注意事项

① 支立管不得有反坡和扭曲现象，应保证支立管的坡度和垂直度。

② 应根据卫生器具的种类决定支立管露出地坪的长度，严禁地漏高出地坪和小便池落水高出池底。

③ 管道安装后，应拆除一切临时支架（如吊管用的铁丝或打在墙上的錾子）。

2.3.3 硬聚氯乙烯排水管道的安装

硬聚氯乙烯管道的连接方法有螺纹连接和粘接两种。管道的吊架、管卡可用定型注塑材料，也可用其他材料。

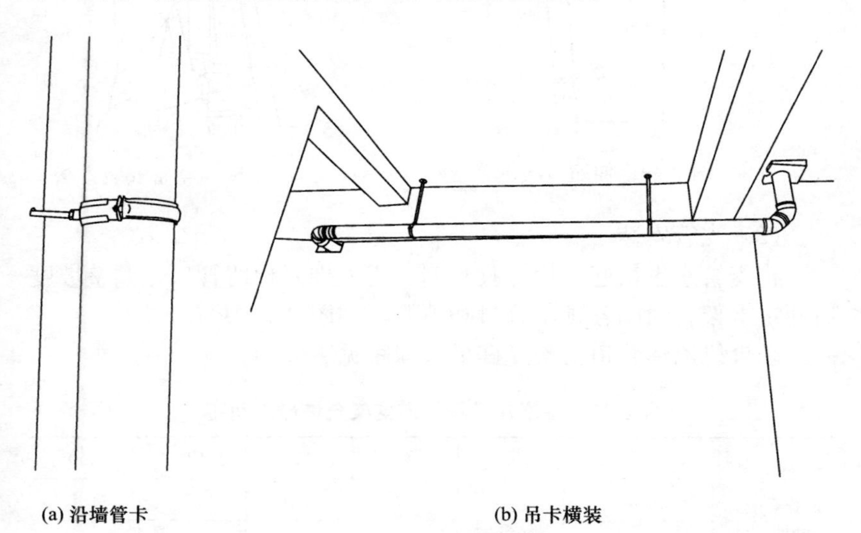

(a) 沿墙管卡 (b) 吊卡横装

图 2-48 塑料管的固定方法

硬聚氯乙烯埋地管道安装时应在管沟底部用 100～150mm 的砂垫层，安放管道后要用细砂回填至管顶上至少 200mm。当埋地管穿越地下室外墙时，应采取防水措施。

（1）立管安装

当层高小于或等于 4m 时，应每层设置一个伸缩节；当层高大于4m时，应按计算伸缩量来选伸缩节数量。安装时先将管段扶正，将管子插口插入伸缩节承口底部，并按要求预留出间隙，在管端划出标记，再将管端插口平直插入伸缩节承口橡胶圈内，用力均匀，找直、固定立管，完毕后即可堵洞。住宅内安装伸缩节的高度为距地面 1.2m，伸缩节中预留间隙为 10～15mm，如图 2-49 所示。

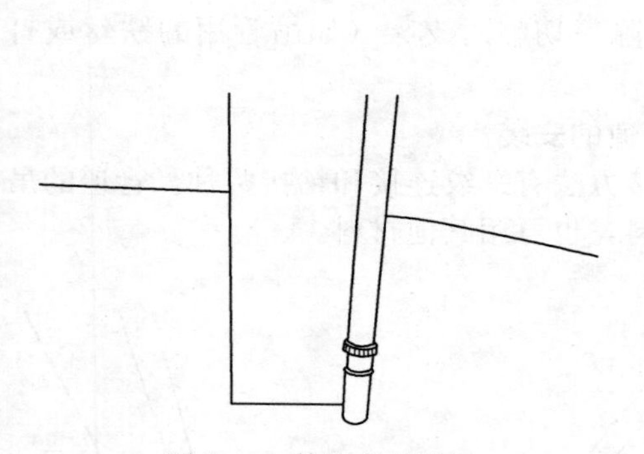

图 2-49　伸缩节的设置

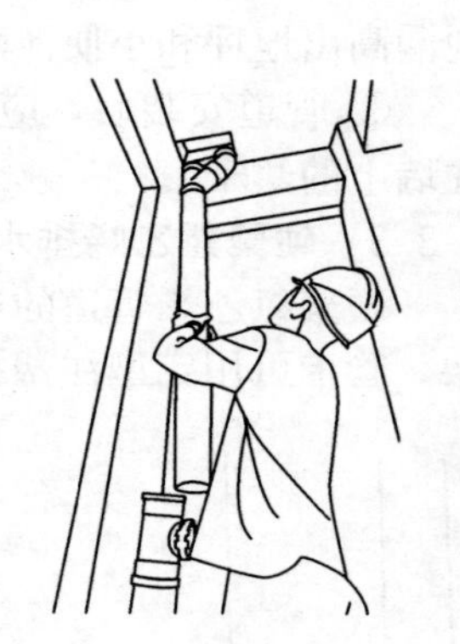

图 2-50　立管安装方法

（2）支管安装

将支管水平吊起，涂抹胶黏剂，用力推入预留管口，调整坡度后固定卡架，封闭各预留管口和填洞，如图 2-50 所示。

硬聚氯乙烯管道支架允许最大间距见表 2-11。

表 2-11　硬聚氯乙烯管道支架允许最大间距

管径/mm		50	75	110	125	160
支吊架最大间距/m	横管	0.5	0.75	1.10	1.30	1.6
	立管	1.2	1.5	2.0	2.0	2.0

注：立管穿楼板和屋面处 2 个固定支撑点。

排水塑料管与排水铸铁管连接时，捻口前应将塑料管外壁用砂布、锯条打毛，再填以油麻、石棉水泥进行接口。

室内排塑管道安装完毕后，要对安装质量和安装尺寸进行检查和复核，并做系统灌水试验。

2.4 卫生器具安装

2.4.1 卫生器具安装的一般知识

(1) 卫生器具的用途和材质要求

卫生器具是用来洗涤、收集和排除生产及生活中的污（废水）的设备，是室内排水系统的重要组成部分。为防止排水管道中的有害气体进入室内污染环境，卫生器具下部一般需装设存水弯。

卫生器具的作用与排水管道不同，其基本要求是：卫生器具的材质应耐磨、耐腐蚀、耐老化，具有一定的强度，不含对人体有害的成分；表面光滑，不易积污纳垢，沾污后易清洗；要便于安装和维修，用水量小和噪声小；存水弯要保持有足够水封深度等。

卫生器具广泛采用陶瓷、不锈钢、搪瓷生铁、水磨石等材料制造。其结构、形式各不相同，选用时应根据卫生器具的用装设地点、维护条件、安装等要求而定。

(2) 常用卫生器具的分类

卫生器具按其作用可分为以下几类。

1) 便溺用卫生器具

包括大便器、小便器、大便槽和小便槽等。便溺用卫生器具设在公共建筑宅、旅馆的卫生间内，主要用于收集和排放粪便污水。

2) 盥洗、淋浴用卫生器具

包括洗面器、盥洗槽、浴盆、淋浴器等。

① 洗面器装置在盥洗室、浴室、卫生间供洗漱用，大多用带釉陶瓷制成。形状有矩形、三角形、椭圆形，架设方式有墙架式、柱架式、台式三种。

立柱式洗面器亦称柱脚式洗面器，排水存水弯暗装在立柱内，外表美观。

台式洗面器一般为圆形或椭圆形，嵌装在大理石或瓷砖贴面的台板上。

② 盥洗槽大多装设在公共建筑的盥洗室和工厂生活间内，可做成单面长方形和双面长方形，常用钢筋混凝土水磨石制成。

③ 浴盆一般设在卫生间或公共浴室内，供人们洗浴之用。材质一般用陶瓷、搪瓷、铸铁或水磨石，外形呈长方形。

④ 淋浴器大量用于公共浴室、卫生间及体育场馆等处的洗浴设备。具有占地少、造价低、清洁卫生等优点。淋浴器分为管件组装式和成品式两类。

3）洗涤用卫生器具

洗涤用卫生器具包括洗涤盆、污水盆等。洗涤用卫生器具供人们洗涤器皿之用，装设于家庭厨房、公共食堂等处。洗涤盆供洗涤餐具和食物用。污水盆装置在公共厕所或盥洗室中，供洗拖布和倒污水用。

4）其他专用卫生器具

其他专用卫生器具包括地漏、化验盆等。

地漏主要设置在卫生间、盥洗室、浴室及其他需排除地面污水的室内。地漏用铸铁管或塑料管制作，规格有 ϕ50mm、ϕ75mm、ϕ100mm 三种。地漏应装在室内地面最低处，并且地面应有不少于 0.01 的坡度坡向地漏，以利于排除地面积水。

化验盆设置在化验室或实验室内，盆本身为陶瓷制品，下部自带水封，不需另设存水弯。

2.4.2 通用做法

（1）安装高度与安装最小间距要求

1）安装高度

卫生器具安装前应检查外观，其安装高度应符合设计要求，如无设计要求，可参见表 2-12 所示的要求。允许偏差：单独器具 ±10mm、成排器具 ±5mm。连接卫生器具的排水管管径应符合设计要求。

2）安装最小间距

① 大便器至对面墙壁的最小净距应不小于 460mm。

② 大便器与洗面器并列，从大便器的中心至洗面器的边缘的距离应不小于 350mm，至边墙面的距离不小于 380mm。

③ 洗面器设在大便器对面，两者净距不小于 760mm。洗面器边缘至对面墙壁应不小于 460mm，如图 2-51 所示。

④ 洗面器至镜子底部的距离为 200mm。

表 2-12　卫生器具的安装高度　mm

<table>
<tr><th rowspan="2">序号</th><th rowspan="2" colspan="3">卫生器具的名称</th><th colspan="2">卫生器具安装高度</th><th rowspan="2">备　注</th></tr>
<tr><th>居住和公共建筑</th><th>幼儿园</th></tr>
<tr><td rowspan="2">1</td><td rowspan="2">污水盆（池）</td><td colspan="2">架空式</td><td>800</td><td>800</td><td rowspan="2">—</td></tr>
<tr><td colspan="2">落地式</td><td>500</td><td>500</td></tr>
<tr><td>2</td><td colspan="3">洗涤盆（池）</td><td>800</td><td>800</td><td rowspan="4">自地面至器具上边缘</td></tr>
<tr><td>3</td><td colspan="3">洗面器和洗手盆（有塞、无塞）</td><td>800</td><td>500</td></tr>
<tr><td>4</td><td colspan="3">盥洗槽</td><td>800</td><td>500</td></tr>
<tr><td>5</td><td colspan="3">浴盆</td><td>≤520</td><td>—</td></tr>
<tr><td rowspan="2">6</td><td rowspan="2">蹲式大便器</td><td colspan="2">高水箱</td><td>1800</td><td>1800</td><td>自台阶面至高水箱底</td></tr>
<tr><td colspan="2">低水箱</td><td>900</td><td>900</td><td>自台阶面至低水箱底</td></tr>
<tr><td rowspan="3">7</td><td rowspan="3">坐式大便器</td><td colspan="2">高水箱</td><td>1800</td><td>1800</td><td>自地面至高水箱底</td></tr>
<tr><td rowspan="2">低水箱</td><td>外露排出管式</td><td>510</td><td>—</td><td rowspan="2">自地面至低水箱底</td></tr>
<tr><td>虹吸喷射式</td><td>470</td><td>370</td></tr>
<tr><td>8</td><td>小便器</td><td colspan="2">挂式</td><td>600</td><td>450</td><td>自地面至下边缘</td></tr>
<tr><td>9</td><td colspan="3">小便槽</td><td>200</td><td>150</td><td>自地面至台阶面</td></tr>
<tr><td>10</td><td colspan="3">大便槽冲洗水箱</td><td>≤2000</td><td>—</td><td>自台阶面至水箱底</td></tr>
<tr><td>11</td><td colspan="3">妇女卫生盆</td><td>360</td><td>—</td><td rowspan="2">自地面至器具上边缘</td></tr>
<tr><td>12</td><td colspan="3">化验盆</td><td>800</td><td>—</td></tr>
</table>

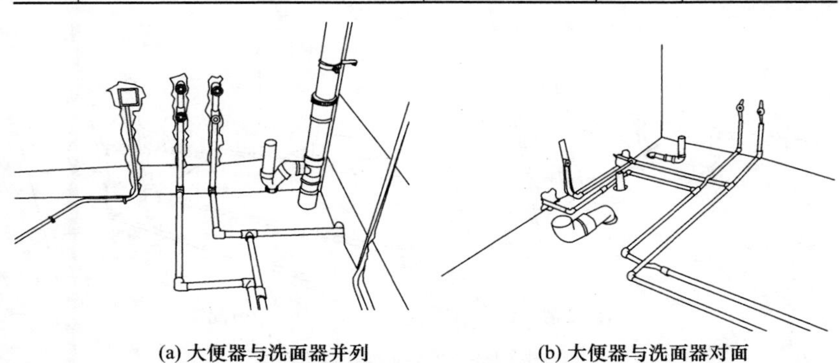

(a) 大便器与洗面器并列　　(b) 大便器与洗面器对面

图 2-51　大便器与洗面器的相对位置

3）水管距离

冷、热水支管无论明装还是暗装间距均为 70mm，如图 2-52 所示，立管在脸盆的左侧，冷水支管距地平面应为 380mm。

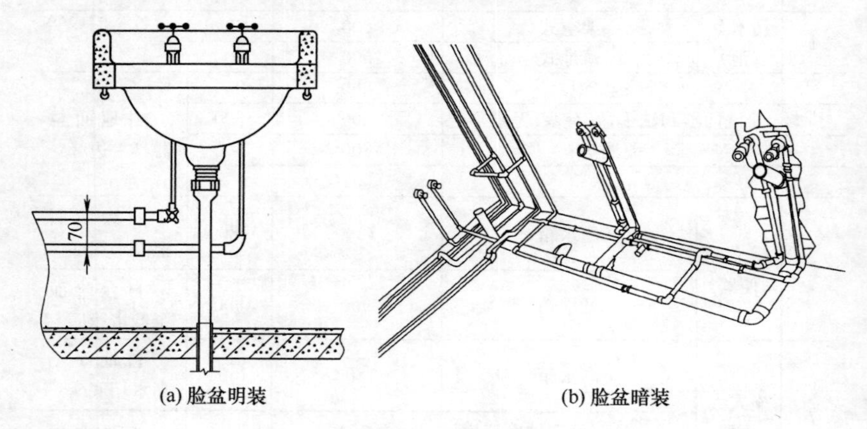

(a) 脸盆明装　　(b) 脸盆暗装

图 2-52　冷热水管距离

注：冷热水立管距排水管距离在左侧时为 80mm，在右侧时为 50mm

（2）水管暗装方法

① 镂槽　根据卫生器具预留安装位置，为了节省空间，可在墙上用钎子镂槽，槽的高度应略高于水管伸出墙的位置［图 2-53（a）］。

② 配管　注意冷、热水管的距离要求，固定点距离按有关规定进行［图 2-53（b）］。

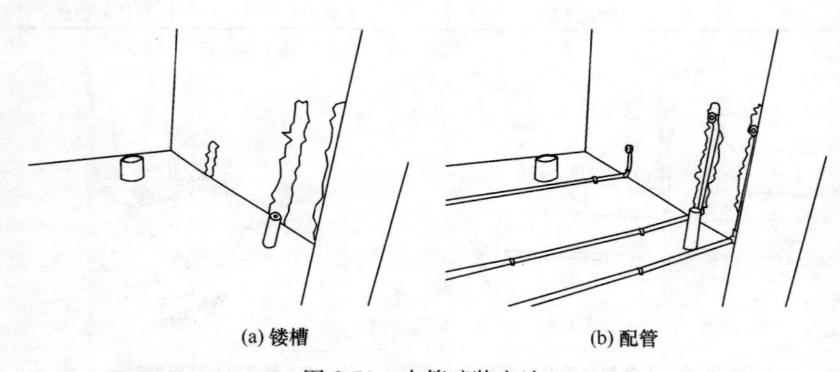

(a) 镂槽　　(b) 配管

图 2-53　水管暗装方法

(3) 室内给水系统试压

1) 注水

① 将室内给水引入管外侧管端用堵板堵严，在室内各配水设备不安装情况下，将敞开管口堵严，打开管路中各阀门，在试压管道系统的最高点处设置排气阀。

② 连接临时试压管路，向系统直接注水，待最高排气阀出水时关闭。过一段时间后，继续向系统内灌水，排气阀出水无气泡，表明管道系统已注满水［图 2-54 (a)］。

2) 升压及强度试验

拆除临时管道，快速接上试压泵，先缓缓升至工作压力，停泵检查各类管道接口、管道与设备连接处，当阀门及附件各部位无渗漏、无破裂时，可分 2～4 次将压力升至试验压力（给水管道试验压力均为工作压力的 1.5 倍，但不得小于 0.6MPa）。待管道升至试验压力后，停泵并稳压 10min，对金属管及复合管，压力降不大于 0.02MPa，塑料管在试验压力下稳压 1h，压力降不大于 0.05MPa，表明管道系统强度试验合格［图 2-54 (b)］。

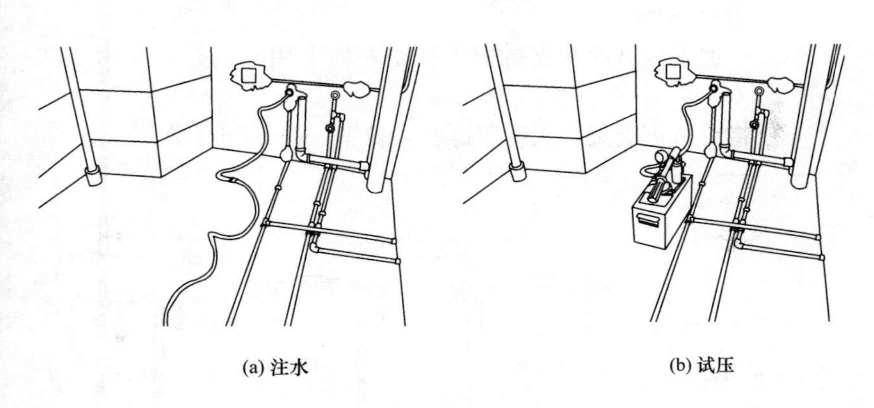

(a) 注水　　(b) 试压

图 2-54　试压方法

2.4.3　洗面器的安装

(1) 台上洗面器的明装

1) 配管

配管的方法同水管暗装，如图 2-55 所示。安装高度见表 2-13。

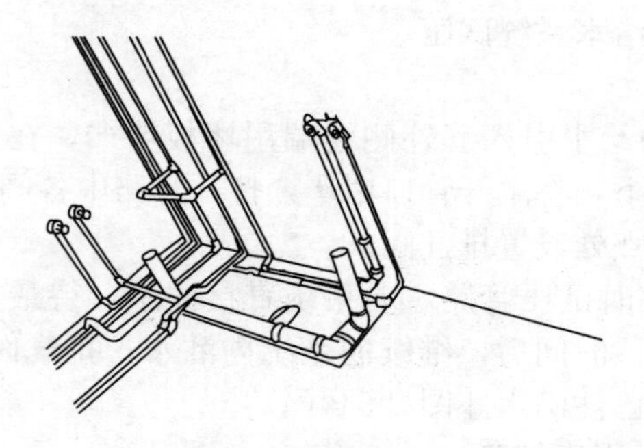

图 2-55　台上洗面器明装配管

表 2-13　洗面器的安装高度　　mm

卫生器具的名称	卫生器具安装高度		备　注
	居住和公共建筑	幼儿园	
洗涤盆(池)	800	800	自地面至器具上边缘
洗面器和洗手盆(有塞、无塞)	800	500	

2）安装步骤

① 根据安装高度和支持板上孔距在墙上用电锤打孔［图 2-56(a)］。

② 将支持板支架穿入膨胀螺栓，拧紧［图 2-56（b)］。

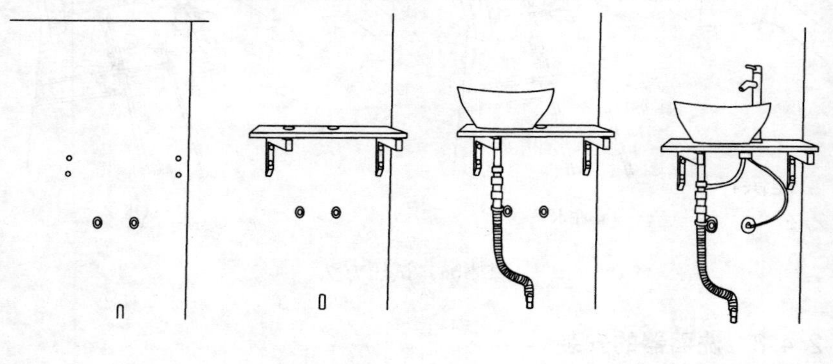

图 2-56　台上洗面器明装步骤

③ 将洗面器放在支持板上，两孔对正，安装下水管并插入预留管密封［图 2-56（c)］。

④ 将水龙头固定在支持板预留孔上，用蛇皮管连接冷、热水［图 2-56（d)］。

（2）台上洗面器暗装

① 暗装台上洗面器时，给、排水管都一起镂槽下到墙内，注意水管距离不够时可以用石棉物隔离，如图 2-57 所示。

② 安装方法与明装基本相同，注意存水弯与排水管连接时，应缠两圈油麻再用油灰密封，如图 2-58 所示。

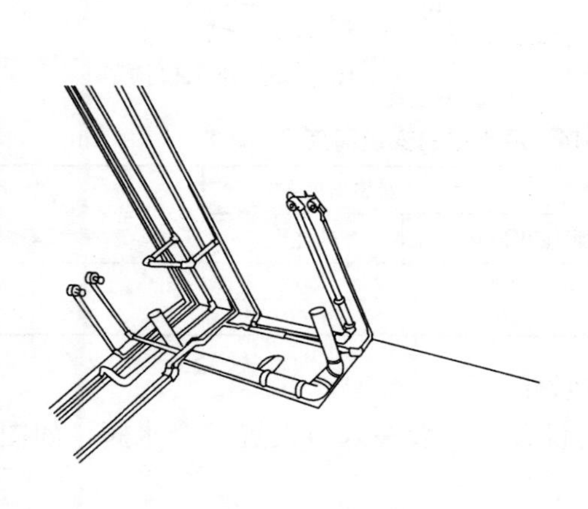

图 2-57　台上洗面器暗装水管预埋

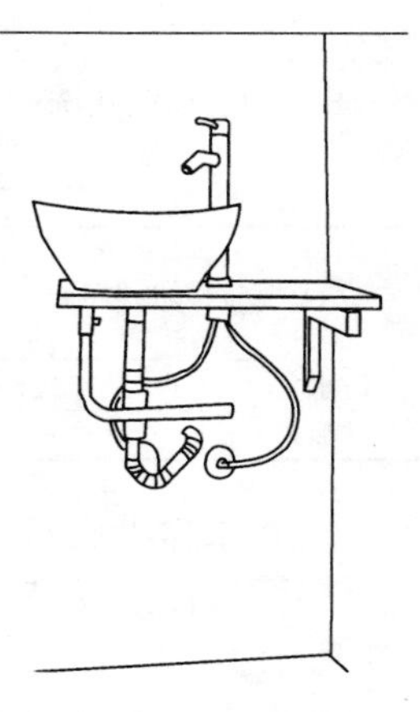

图 2-58　暗装水管

（3）挂壁式洗面器暗装

安装方法与台上洗面器基本相同，异径接头由塑料管件生产厂家提供，如图 2-59 所示。

2.4.4　污水盆的明装

（1）排水口预留

根据安装位置预留排水口，待土建抹平地面。如图 2-60 所示，安装高度见表 2-14。

（2）安装步骤

① 将底座放在地面上，放正、安稳，如果不平时，可用水泥砂浆填充，并将底座抹在一起。

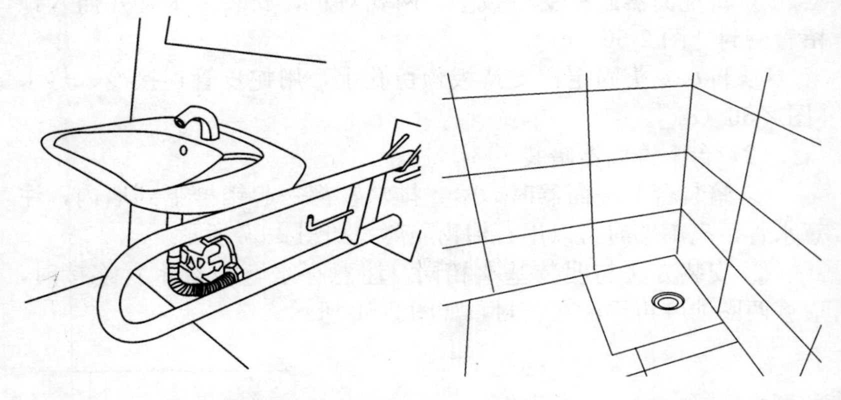

图 2-59　挂壁式洗面器暗装　　　　图 2-60　排水口预留

表 2-14　污水盆的安装高度　　　mm

卫生器具的名称		卫生器具安装高度		备　注
		居住和公共建筑	幼儿园	
污水盆（池）	架空式	800	800	—
	落地式	500	500	

② 将水盆沿底座凹槽放正。

③ 配管注意支持点的设置，一般在入口设置一个水阀，如图2-61所示。

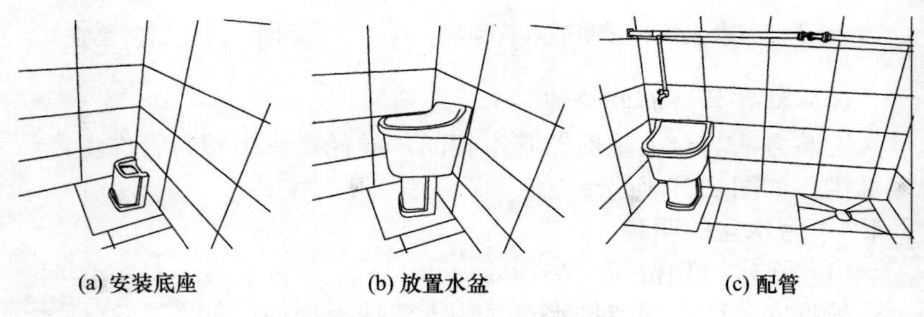

(a) 安装底座　(b) 放置水盆　(c) 配管

图 2-61　污水盆安装步骤

2.4.5　大便器的安装

（1）蹲式大便器的安装

① 抹油麻和腻子　先在预留的排水支管甩口上安装橡胶碗并

抹油麻和腻子（一台阶P形存水弯在土建施工中已经安装好）。

② 安装大便器 采用水泥砂浆稳固大便器底，其底座标高应

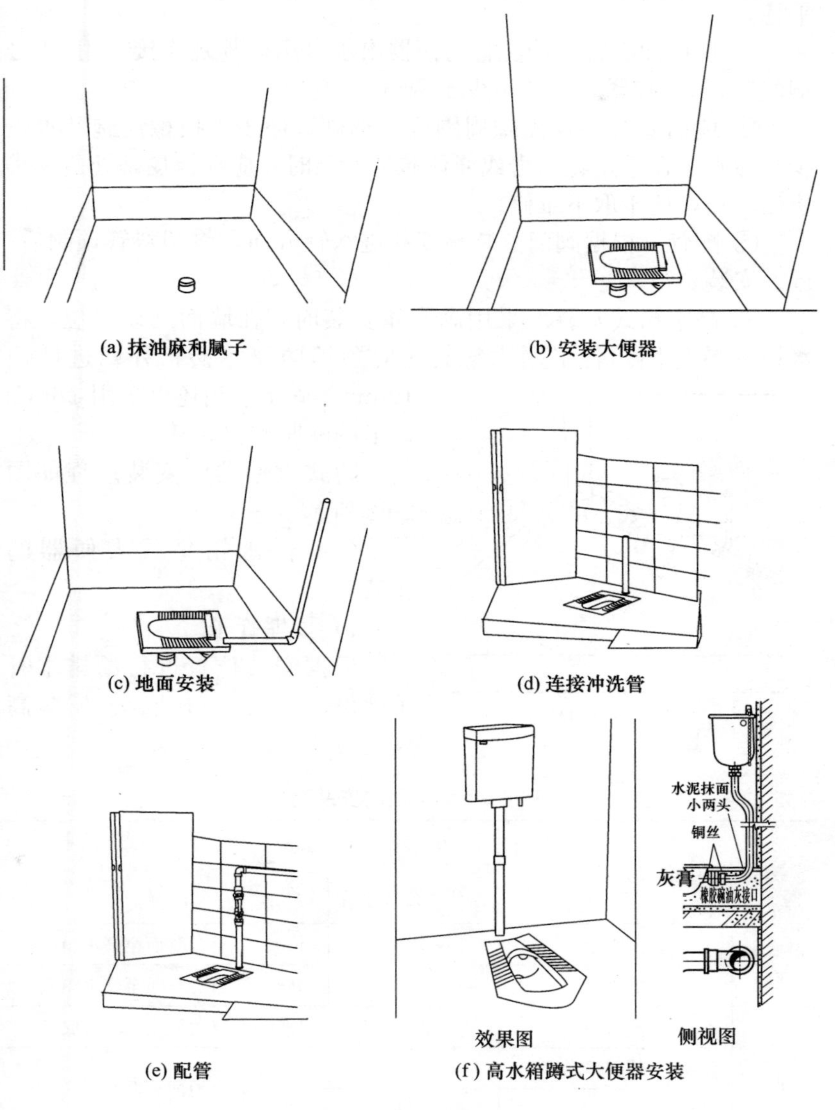

(a) 抹油麻和腻子　(b) 安装大便器　(c) 地面安装　(d) 连接冲洗管　(e) 配管

效果图　侧视图

(f) 高水箱蹲式大便器安装

图 2-62 蹲式大便器安装

控制在室内地面的同一高度，将排水口插入排水支管甩口内，用油麻和腻子将接口处抹严抹平。用水平尺对便器找平找正，调整平稳。

③ 连接冲洗管　冲洗管与便器出水口用橡胶碗连接，用14号铜丝错开90°拧紧，绑扎不少于两道。

④ 地面安装　橡皮碗周围应填细砂，便于更换橡皮碗及吸收少量渗水。在采用花岗岩或通体砖地面层时，应在橡皮碗处留一小块活动板，便于取下维修。

⑤ 配管　根据阀门安装高度和进水管方向，将塑料管预制后，逐一安装。

⑥ 高水箱式安装　采用高水箱安装时，在墙面画线定位，将水箱挂装稳固。若采用木螺钉，应预埋防腐木砖，并凹进墙面10mm。固定水箱还可采用ϕ6mm以上的膨胀螺栓。

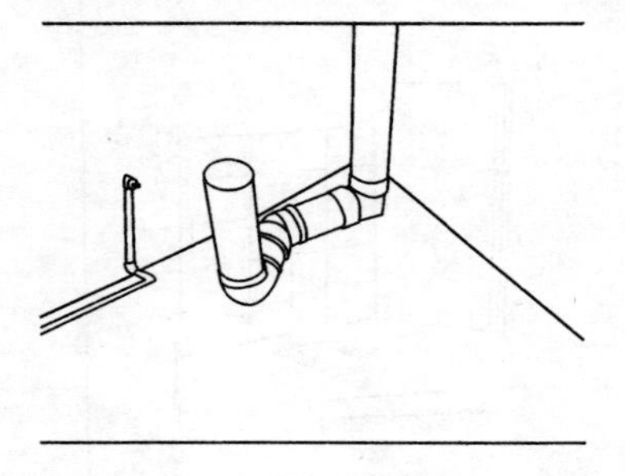

图2-63　预埋管子

蹲式大便器的安装过程如图2-62所示。

（2）低水箱坐式大便器的安装

1）预埋管子

根据安装位置进行给排水管子敷设，如图2-63所示。安装高度见表2-15。

表2-15　大便器的安装高度　mm

卫生器具的名称			卫生器具安装高度		备　注
			居住和公共建筑	幼儿园	
蹲式大便器	高水箱		1800	1800	自台阶面至高水箱底
	低水箱		900	900	自台阶面至低水箱底
坐式大便器	高水箱		1800	1800	自地面至高水箱底
	低水箱	外露排出管式	510	—	自地面至低水箱底
		虹吸喷射式	470	370	

2）安装步骤

① 缩口内外都要涂抹密封胶［图 2-64（a)］。

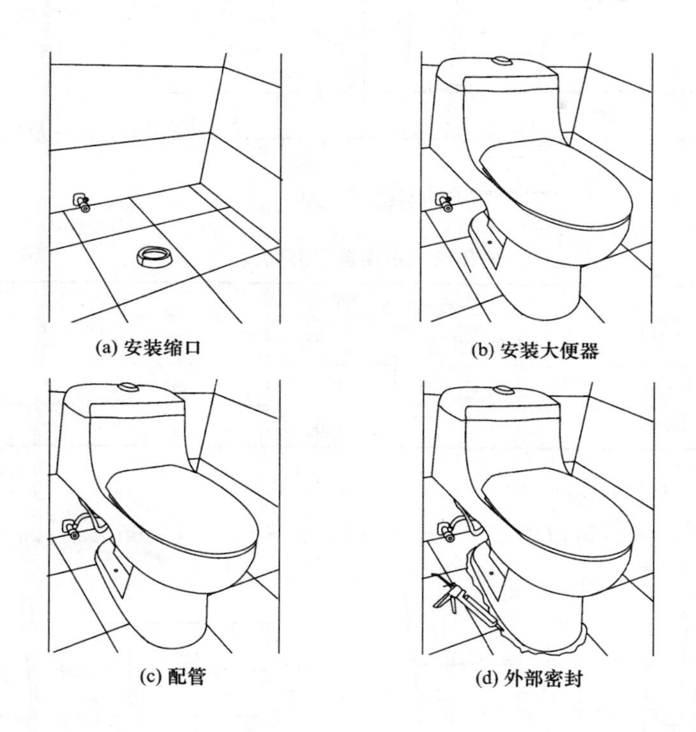

图 2-64　坐式大便器的安装

② 将坐便器排出管口和排水甩头对准，找正找平，使坐便器落座平稳［图 2-64（b)］。

③ 大便器与上水管常用蛇皮管连接［图 2-64（c)］。

④ 用玻璃胶封闭底盘四周［图 2-64（d)］。

2.4.6　小便器的安装

（1）挂壁式小便器的明装

1）预埋

根据安装位置，将排水甩头布置好，由土建抹平地面，如图 2-65 所示。安装高度见表 2-16。

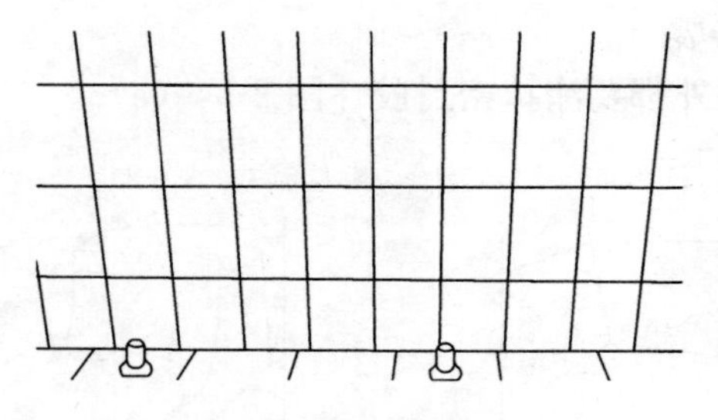

图 2-65　预埋

表 2-16　小便器安装高度　　mm

小便器的名称	卫生器具安装高度		备　注
	居住和公共建筑	幼儿园	
挂式小便器	600	450	自地面至下边缘
小便槽	200	150	自地面至台阶面

2）安装步骤

① 反水弯可以做成P形，也可做成S形［图 2-66（a）］。

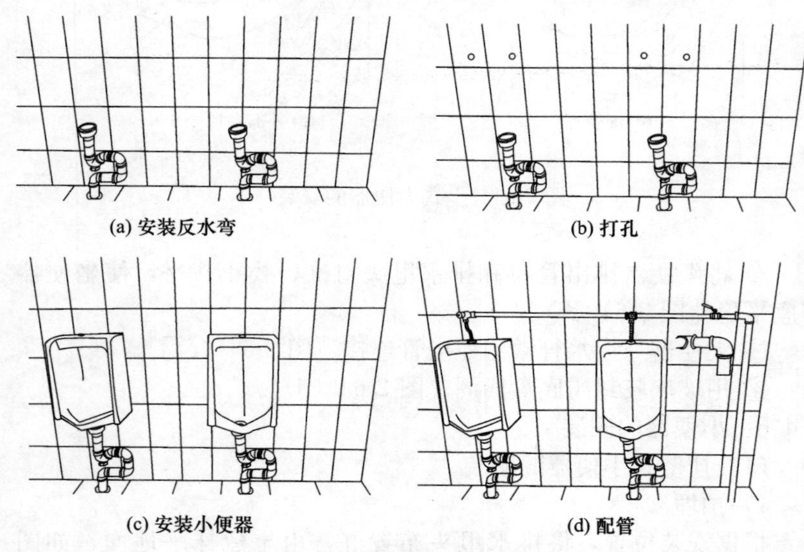

(a) 安装反水弯　(b) 打孔　(c) 安装小便器　(d) 配管

图 2-66　挂壁式小便器明装

② 根据安装位置用水钻在墙上打固定孔，条件允许时，可以预埋托钩［图 2-66（b）］。

③ 将小便器挂在托钩上，下侧用螺栓紧固［图 2-66（c）］。

④ 在分支进水处设置一个阀门，在各小便器入水口设置一个延时缓冲阀［图 2-66（d）］。

（2）挂壁式小便器的暗装

土建做装饰墙面时，水暖工配合安装铜法兰和与其连接的钢管，并安装与小便器出水管相连接的塑料管，如图 2-67 所示。

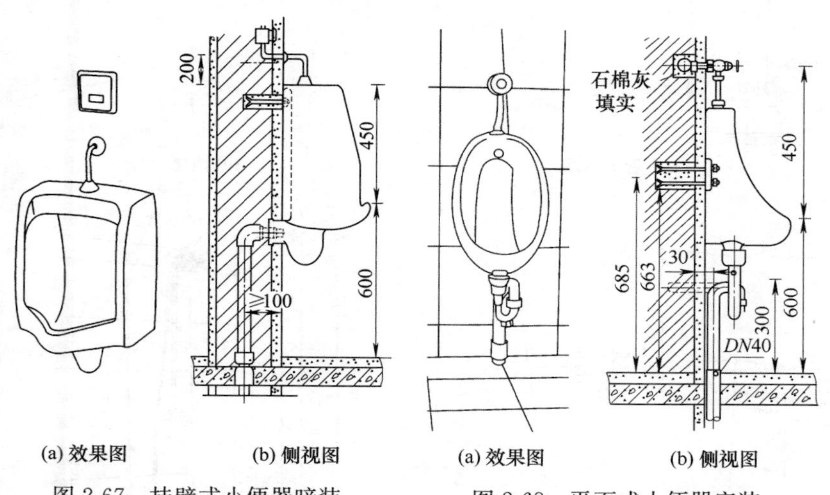

(a) 效果图　(b) 侧视图

图 2-67　挂壁式小便器暗装

(a) 效果图　(b) 侧视图

图 2-68　平面式小便器安装

（3）平面式小便器安装

参照挂壁式的安装方法，如图 2-68 所示。

2.4.7　淋浴器的安装

（1）管子敷设

安装后阀门距地面高度为 1.15m，并注意冷、热水管的间距。

（2）预埋

预留内螺纹长度以镶贴后平齐为宜。

（3）阀门安装

用活接头与冷、热水的阀门连接。

（4）安装喷头

混合管上端应设一单管卡。先连上螺母，调整喷头高度和方向，最后拧紧螺母。

淋浴器的安装如图 2-69 所示。

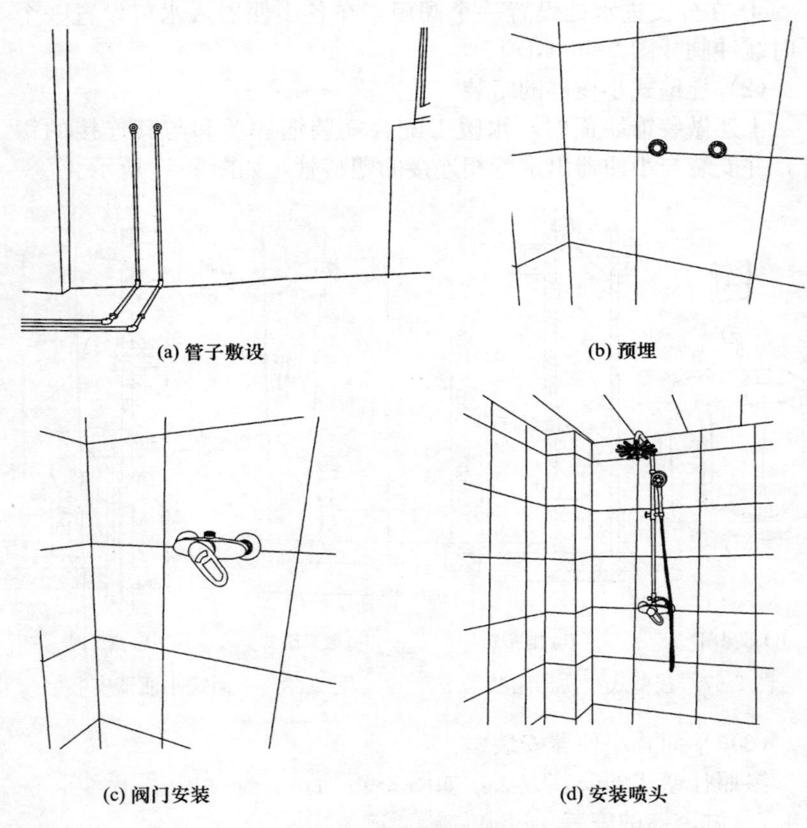

图 2-69 淋浴器的安装

2.5 室内采暖管道的安装

2.5.1 热水采暖系统的组成与布置

（1）热水采暖系统的组成

室内热水采暖系统是由热水锅炉、供水管道、集气罐、回水管道、膨胀水箱及循环水泵组成，如图 2-70 所示。

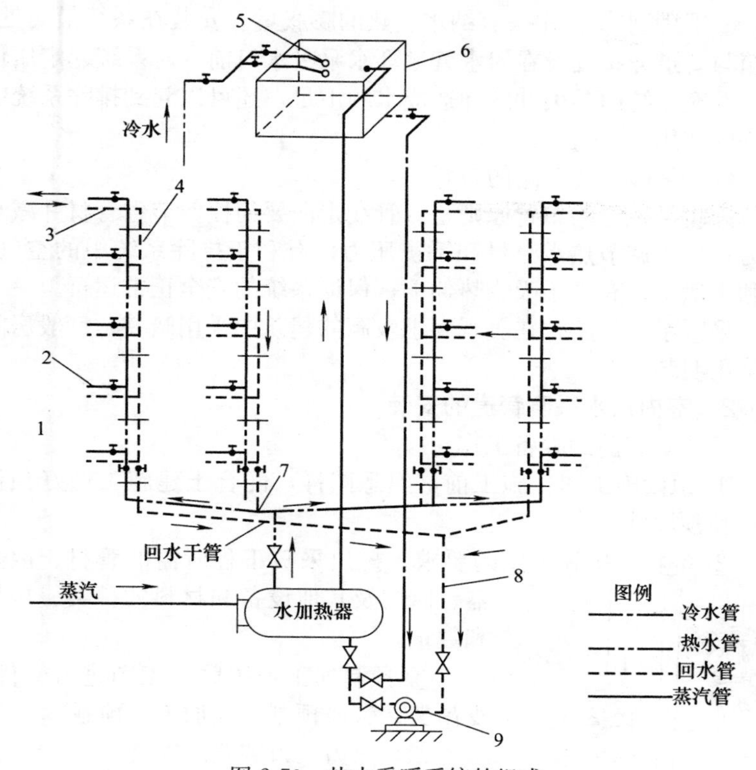

图 2-70　热水采暖系统的组成

1—配水立管；2—配水支管；3—回水支管；4—回水立管；5—浮球阀；6—给水箱；7—配水干管；8—回水总管；9—循环水泵

室内采暖管道主要是指热力入口、主立管、横干管、立管和连接散热器的支管。

① 热水锅炉：将冷水加热成热水。

② 供水管：锅炉至散热器之间的管道。热水沿供水干管进入立管，然后由供水支管流入散热器。

③ 散热器：将热量散入室内。

④ 回水管：散热器至锅炉之间的管道。由散热器出来的回水经支管、立管进入回水干管，然后经水泵加压打入锅炉。

⑤ 集气罐：排除系统中空气的装置。

⑥ 膨胀水箱：用来容纳水受热的膨胀量。安装在系统最高处，水箱与管道连接处设在回水管循环水泵吸水口前，对系统起定压作用。补充系统因漏失和冷却造成水的不足，还可以起到排除系统中空气的作用。

（2）采暖系统管路的布置

采暖系统管路布置原则是：管线走向要简捷，节省管材并减小阻力；便于调节热水流量和平衡压力；有利于排除系统中的空气；有利于泄水；有利于吸收热伸缩；保证系统的安全正常运行。

采暖系统管路，在美观要求较高的建筑中采用暗装，一般房间均采用明装。

2.5.2 室内热水采暖管道的安装

（1）安装前的准备工作

① 识读施工图：施工前，熟悉图样，配合土建施工做好预留孔洞和预埋件工作。

② 备料：按施工图的要求，提出采暖工程所需的管材、散热器、阀门及其他设备和材料的种类、规格和数量。

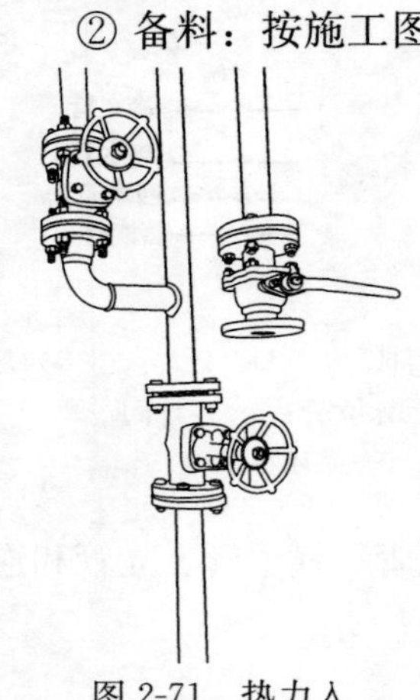

图 2-71 热力入口装置安装

③ 预制加工：按照施工图进行管件、支吊架、管段预制等项加工、预制。

（2）热力入口装置的安装

① 测绘定位 如图 2-71 所示，根据管道入口甩头位置及高度，用量尺确定供、回水总管的安装位置及支托架位置、高度，确定总入口各组件的安装位置，并作记号。按热水系统入口装置示意图中的标注尺寸进行下料、切断、坡口及焊接法兰、煨制弯头和焊接仪表表座。

② 入口装置的组装 入口的压力表、温度计、测压板及热水入口的流量计和除污器按图 2-71 中所表示的位置划线，预留出丝堵及旋塞的位置，逐一进行组装。阀门、减压孔板、过滤器均采用法兰连接；管道采用焊接；仪表采用螺纹连

接。均按相应工艺标准进行操作。

(3) 管道安装

总管安装应按相应工艺标准进行焊接，并且在除锈防腐的基础上进行保温处理。

(4) 附件安装

1) 压力表安装

① 压力表与表管之间应装设旋塞阀，以便吹洗管路和更换压力表。压力表应垂直安装，安装高度为2.5m以下。

② 压力表应安装有表弯，表弯为钢管时，其内径应不小于10mm。

③ 压力表安装完后应在表盘上或表壳上划出明显的标志，标出最高工作压力。

2) 温度计安装

直形内标式温度计应安装在热力入口装置的水平管上，其螺纹部分应涂白铅油，密封垫应涂机油石墨。温度计的标尺应朝向便于观察的方向，底部应加入导热性能良好、不易挥发的全损耗系统用油，并且将感温包插至管中心。

3) 调压板安装

减压孔板只允许在整个采暖系统经过冲洗干净后再进行安装。安装时夹在两片法兰的中间，两侧加石棉橡胶垫片。

4) 阀门安装

排污闸阀采用法兰连接，其开关手柄应朝向外侧，以保证操作方便。

5) 除污器安装

除污器一般设置在热水采暖系统的入口供水总管上，锅炉循环水泵吸入口前以及调压装置前或其他小孔阀前。除污器的安装步骤是:

① 除污器装置在组装前应找准进、出口方向，不得安反。

② 除污器装置上的型钢支架，必须避开排污口，并配合土建在排污口的下方设置排水坑。

③ 除污器安装时，管道为焊接，阀门为法兰连接，应按相应工艺标准进行操作。

④ 立式除污器顶部应设置排气阀，底部排污阀应用旋塞或闸阀。

（5）干管的安装

① 定位放线及支架安装　采暖干管的定位是以建筑物纵、横轴线控制走向，通常确定安装平面的位置见表 2-17。干管应具有一定的坡度，通常为 0.003，不得小于 0.002。当干管与膨胀水箱连接时，干管应做成向上的坡度。通常干管坡向末端装置。干管的高位点设排气装置，如图 2-72 所示；低位点设泄水装置，如图 2-73 所示。

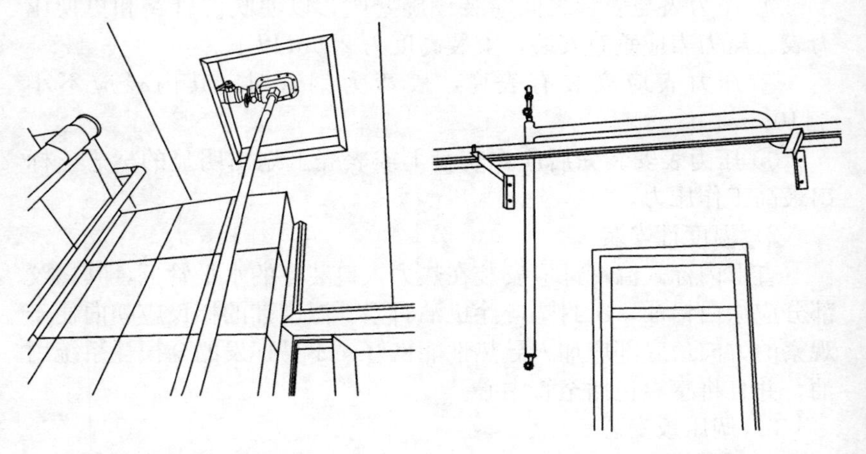

图 2-72　排气装置设置　　　　图 2-73　泄水装置设置

根据施工图的干管位置、走向、标高和坡度，弹出管子安装的坡度线。如未留孔洞时，应打通干管穿越的隔墙洞，弹出管子安装坡度线。在坡度线下方，按设计要求画出支架安装孔洞位置。

表 2-17　预留孔洞尺寸及管道与墙净距　　mm

<table>
<tr><th colspan="2">管道名称及规格</th><th>管外壁与墙面最小净距</th><th>明装留孔尺寸长×宽</th><th>暗装墙槽尺寸宽×深</th></tr>
<tr><td rowspan="2">供热主干管</td><td>$DN\leqslant80$</td><td rowspan="2">—</td><td>300×250</td><td rowspan="2">—</td></tr>
<tr><td>$DN=100\sim125$</td><td>350×300</td></tr>
<tr><td rowspan="4">供热立管</td><td>$DN\leqslant25$</td><td>25～30</td><td>100×100</td><td rowspan="4">130×130
150×130
200×200</td></tr>
<tr><td>$DN=32\sim50$</td><td>35～50</td><td>150×150</td></tr>
<tr><td>$DN=70\sim100$</td><td>55</td><td>200×200</td></tr>
<tr><td>$DN=125\sim150$</td><td>60</td><td>300×300</td></tr>
<tr><td rowspan="2">散热器支管</td><td>$DN\leqslant25$</td><td>15～25</td><td>100×100</td><td>60×60</td></tr>
<tr><td>$DN=32\sim40$</td><td>30～40</td><td>150×130</td><td>150×100</td></tr>
</table>

② 管子上架与连接　在支架栽牢并达到设计强度后，即可将管子上架就位。所有管口在上架前，均用直角尺检测，以保证对口的平齐。采用焊接连接的干管，对口应不错口并留 1.5～2.0mm 间隙，定位焊后调直最后焊死。焊接完成后即可校核管道坡度，无误后进行固定。采用螺纹连接的干管，在螺纹头处涂上铅油、缠好麻，一人在末端抬平管子，一人在接口处把管对准螺纹，慢慢转动入螺纹，用管子钳拧紧适度。装好支架 U 形卡，再安装下一节的管段，以后照此进行连接。

③ 干管通过建筑物的安装　钢管过建筑物的安装方法，如图 2-74 所示。塑料管过建筑物的安装方法，如图 2-75 所示。

管道安装后，检查标高、预留口等是否正确，然后调直，用水

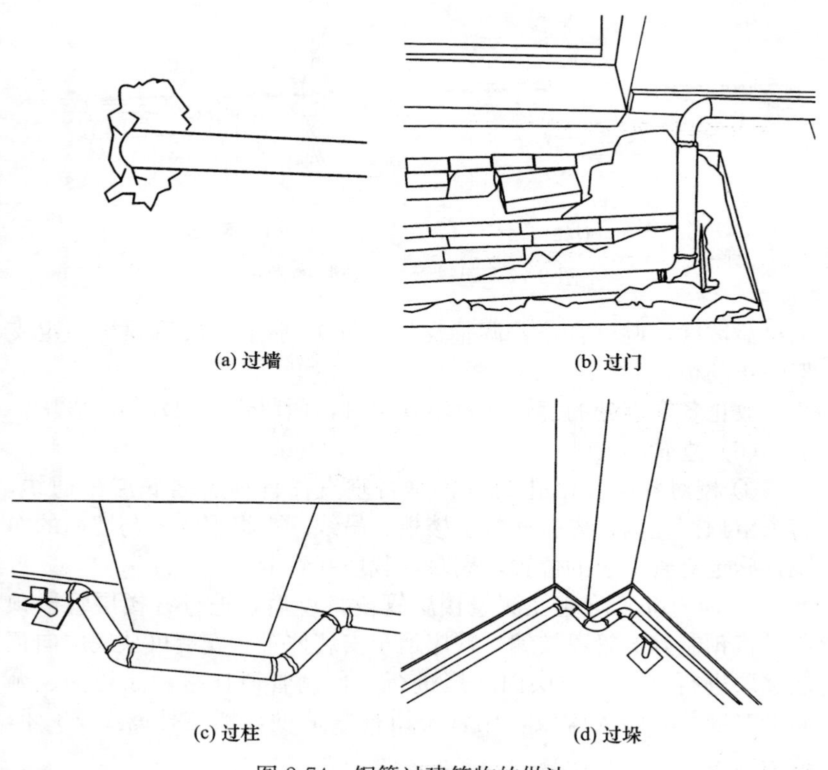

(a) 过墙　(b) 过门

(c) 过柱　(d) 过垛

图 2-74　钢管过建筑物的做法

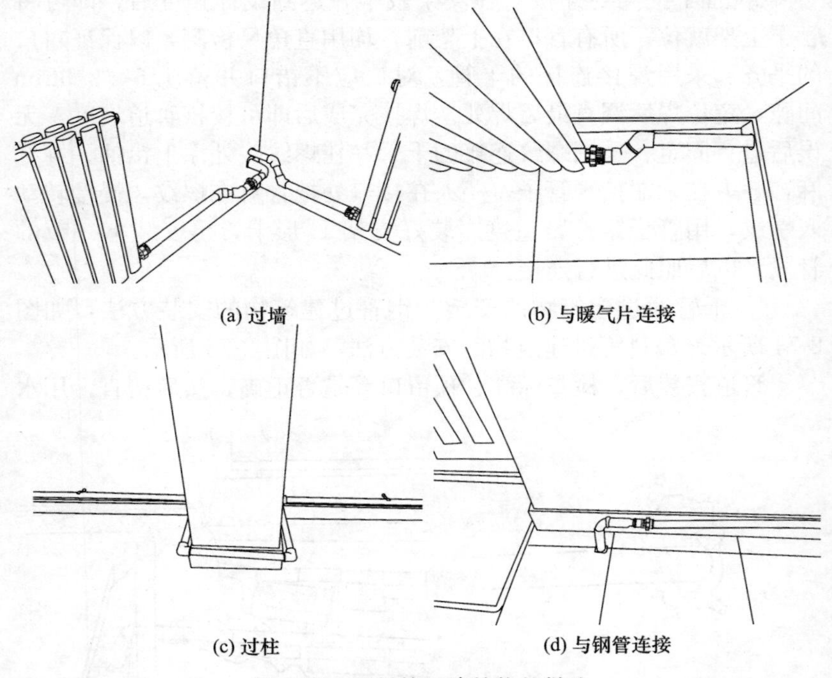
(a) 过墙
(b) 与暖气片连接
(c) 过柱
(d) 与钢管连接

图 2-75　塑料管过建筑物的做法

平尺对坡度，调整合格，调整支架螺栓 U 形卡，最后焊牢固定支架的止动板。

放正各穿墙处的套管，封填管洞口，预留管口加好临时管堵。

（6）立管的安装

① 校对各层预留孔洞位置是否垂直，自顶层向底层吊通线，若未留预留孔洞，先打通各层楼板、吊线。再根据立管与墙面的净距，确定立管卡子的位置，剔眼，栽埋好管卡。

② 所有立管均应在测量楼层管段长度后，进行各楼层管段预制，将预制好的管段按编号顺序运至安装位置。安装可从底层向顶层逐层进行（或由顶层向底层进行）预制管段连接。涂铅油、缠麻，对准管口转入螺纹，用管子钳拧紧适度，螺纹外露 2～3 牙，清除麻头。

每安装一层管段时，先穿入套管，对于无跨越管的单管串联式系统，应和散热器支管同时安装。

③ 检查立管的每个预留口标高、方向、半圆弯等是否准确、平正。将事先栽好的管卡松开，把管放入管卡内拧紧螺栓，找好垂直度，扶正钢套管，填塞孔洞使其套管固定。

④ 立管与干管连接采用在干管上焊上短螺纹管头的方法，以便于立管的螺纹连接，具体连接方法如图 2-76 所示。

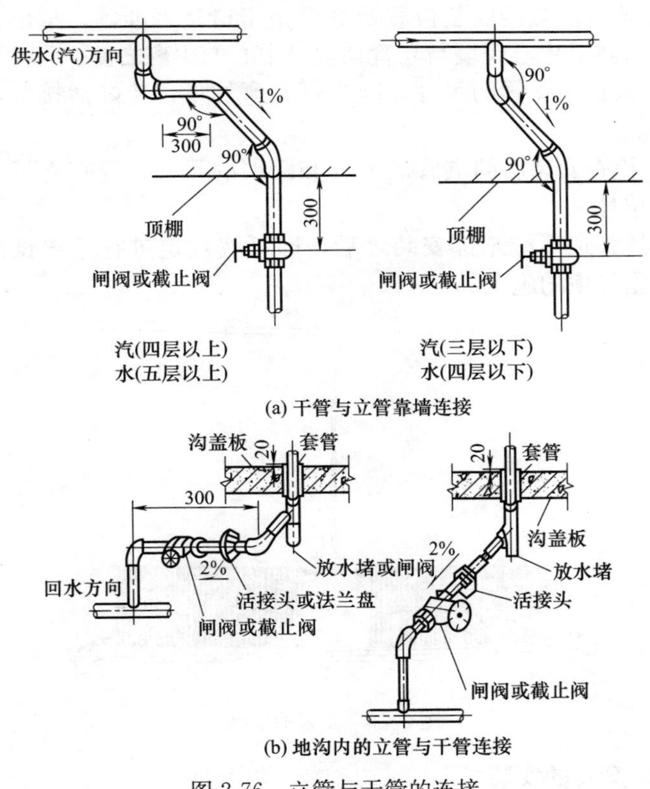

图 2-76 立管与干管的连接

立管一般明装，布置在外墙墙角及窗间墙处。当层高小于或等于 5m 时，立管的管卡每层须安 1 个，管卡距地面 1.5～1.8m；层高大于 5m 时，立管的管卡每层不少于 2 个，两管卡均匀安装。

（7）支管的安装

散热器支管上一般都有乙字弯。安装时均应有坡度，以便排出散热器中的空气和放水。当支管全长小于或等于 500mm 时，坡度值为 5mm；大于 500mm 时，坡度值为 10mm。当一根立管连接两根支管时，其中任一根超过 500mm，其坡度值均为 10mm。当散热器支管长度大于 1.5m 时，应在中间安装管卡或托钩，如图 2-77 所示。安装步骤如下：

① 检查散热器安装位置及立管预留口是否准确。量出支架尺寸，即散热器中心距墙与立管预留口中心的距离之差。

② 按量出支管的尺寸，减去灯叉弯的量，装好活接头，连接散热器。

③ 检查安装后的支管的坡度和距墙的尺寸，复查立管及散热器有无位移。

上述管道系统全部安装之后，即可按规定进行系统试压、防腐、保温等项的施工。

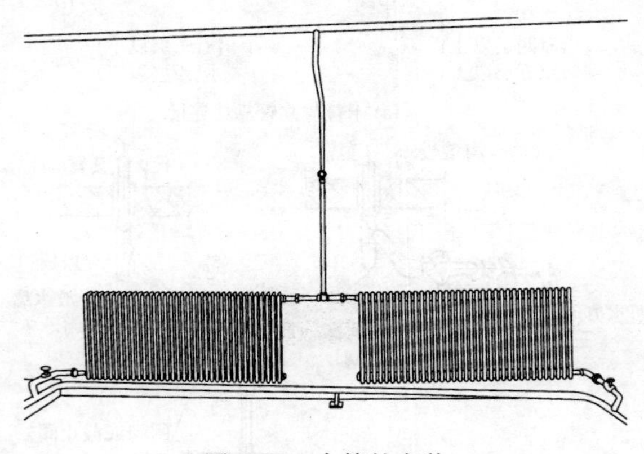

图 2-77　支管的安装

（8）套管的安装

采暖管道穿过墙壁和楼板时，一般房间采用镀锌铁皮套管，厨房和卫生间应用钢套管。套管直径大小的选择原则是：当导管直径小于或等于 65mm 时，套管直径比导管直径大两号；当套管直径小于或等于 80mm 时，则大一号。安装穿楼板的套管时，套管上端应高出地面20mm，套管下端与楼板面相平。安装穿墙套管时，两端应与墙壁装饰面平。套管安装前，要求套管内应刷一道防锈漆。若预埋套管时，要求套管中心线应上下一致，在一条垂直线上。

2.5.3 散热器安装

（1）散热器的类型

散热器根据材料来分，常用的散热器有铸铁散热器、钢制散热器和铝制散热器三种。

铸铁散热器结构简单、耐腐蚀、使用寿命长、造价低，但承压能力低、金属耗量大、安装运输不方便。钢制散热器金属耗量小、占地面积小、承压能力高，但容易腐蚀、使用寿命短。铝制散热器外形美观、质量轻、耐腐蚀、承压能力高、传热性能好，但材质软，运输、施工易碰损且价格昂贵。

（2）散热器的安装要求

散热器一般采用明装，对房间装修和卫生要求较高时可以暗装，但会影响散热器的放热效果，不利于节能。如确需暖气罩来美化居室，可以将活动的百叶窗框罩倒置过来，使百叶翅片朝外斜向，有利热空气顺畅上升，提高室内温度。

散热器的一般安装要求如下：

① 散热器安装必须牢固平稳、端正美观，其支承件（托钩、卡件、支座）必须有足够的数量和强度。

② 散热器垂直中心线与窗口中心线基本一致，同一房间内所有散热器的安装高度一致。

③ 散热器应平行于墙面安装，散热器中心与墙表面的距离应符合要求。

④ 散热器与支管的连接处，应设活接头以便拆卸。

⑤ 落地安装的柱型散热器足片数量规定：15片以下时，安装2个足片；15～24片时，安装3个足片；25片以上的安装4个足片；足片分布均匀。

⑥ 片式散热器组对数量一般不宜超过下列数值：

a. 细柱形散热器（每片长度为50～60mm）25片。

b. 粗柱形散热器（每片长度为82mm）20片。

c. 长翼形散热器（60 型的每片长度为 280mm）6 片。

d. 其他片式散热器每组的连接长度不宜超过 1.6m。

⑦ 设有放气阀的散热器，热水采暖的应安装在散热器顶部；低压蒸汽采暖的，应安装在散热器下部 1/3～1/4 高度处。

⑧ 散热器安装在钢筋混凝土墙上时，应先在墙上预埋铁件，然后将托钩和卡件焊在预埋件上。

⑨ 散热器底部距地面距离一般不小于 150mm，当散热器底部有管道通过时，其底部离地面净距一般不少于 250mm。

⑩ 安装长翼型、圆翼型散热器时，应使其吊翼片的一面朝墙里挂装；圆形散热器组对时应使其加强筋在同一直线上，并使加强筋处于垂直的上下位置上，以保证美观。

⑪ 圆翼型散热器安装时，应每根设 2 个托钩支承。当热媒为热水时，两端应使用偏心法兰接管，使供水管偏上、回水管偏下连接；热媒为蒸汽时，进汽管用正心法兰，凝结水管用偏心法兰偏下安装。

(3) 柱型散热器安装

1) 挂壁安装

① 先检查固定卡或托架的规格、数量和位置是否符合要求。

② 参照散热器外形尺寸表及施工规范，用散热器托钩定位画线尺、线坠，按要求的托钩数，分别定出上下各托钩的位置，放线、定位、作出标记。

③ 托钩位置定好后，用錾子或冲击钻在墙上按画出的位置打孔洞。固定卡孔洞的深度不少于 80mm，托钩孔洞的深度不少于 120mm，现浇混凝土墙的深度不少于 100mm。

④ 用水冲洗孔洞，在托沟或固定卡的位置上定点挂上水平挂线，栽牢固定卡或托钩，使钩子中心线对准水平线，经量尺校对标高准确无误后，用水泥砂浆抹平压实。

柱型散热器挂壁安装步骤如图 2-78 所示。

2) 落地安装

将带足片的散热器抬到窗下安装位置稳装就位，用水平尺找正找直。检查足片量是否与地面接触平稳。散热器的右旋螺纹一侧朝立管方向，将固定卡的螺栓在散热器上拧紧。

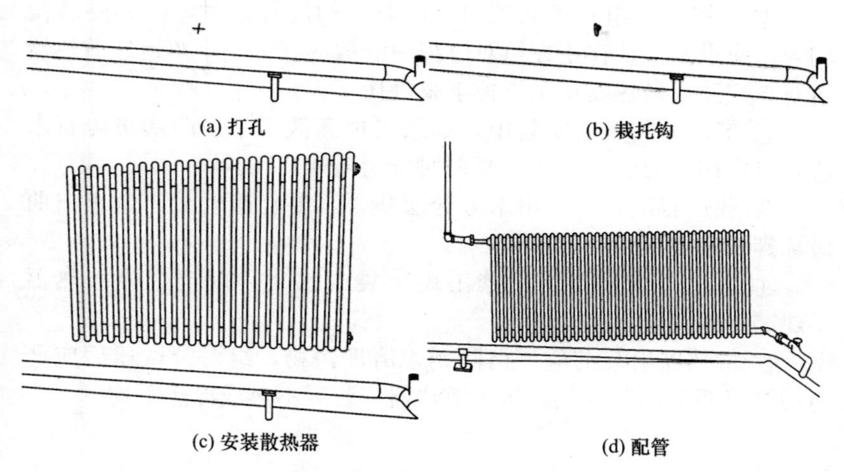

图 2-78 柱型散热器挂壁安装

如果散热器安装在轻质结构墙上，设置托架时，先预制托架，待安装托架后，将散热器轻轻抬起落座在托架上，用水平尺找平找正、找直、垫稳，然后拧紧固定卡。安装步骤如图 2-79 所示。

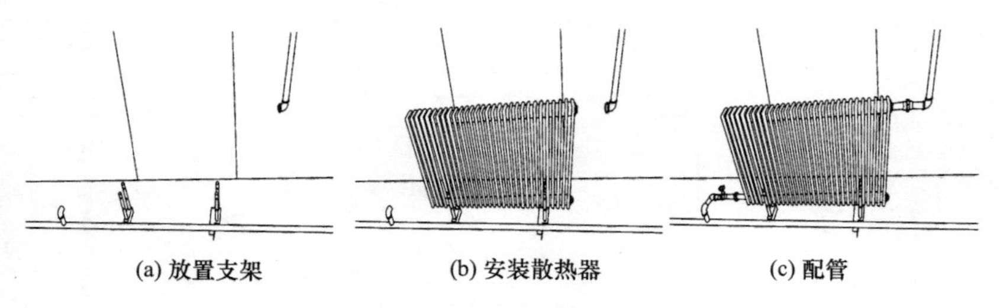

图 2-79 柱型散热器落地安装

（4）散热器跑风安装

① 按设计图样要求，将需要安装跑风的螺纹堵头卸下来放在台钻上打 $\phi 8.4$mm 的孔，在台虎钳上用 1/8 丝锥攻螺纹。

② 将螺纹丝堵头抹好铅油，套上石棉橡胶垫，在散热器上用管子钳上紧。在跑风的螺纹上抹铅油缠麻丝，拧在螺纹堵头上，用扳子上至松紧适度。放风孔向外斜45°。

（5）安装散热器的注意事项

① 在平台上组对散热器时，用对丝钥匙拧紧时，用力要缓慢均匀。应设专人扶住正在组对过程中的散热器。用小车运送散热器组对，应防止散热器从车上掉下来砸伤工人。

② 带足的散热器安装中，如果出现高低不平，严禁垫砖石木块，可以用锉刀锉平找正，必要时可用垫铁找正。

③ 散热器组对后，用木方分层垫平，要轻搬轻放，防止扭曲破坏螺纹造成漏水。

④ 散热器安装后，严禁出现气袋或水袋，以至造成散热器不热。

⑤ 散热器组装前应严格除锈，清理污物，组对及试压后应严防污物堵塞散热器内腔，防止散热器安装后不热或冷热不均。

第3章

10kV以下架空线路

3.1 架空线路的结构

3.1.1 架空线路的组成

架空电力线路主要由基础、电杆、横担、金具、绝缘子、导线和拉线组成，如图3-1所示。

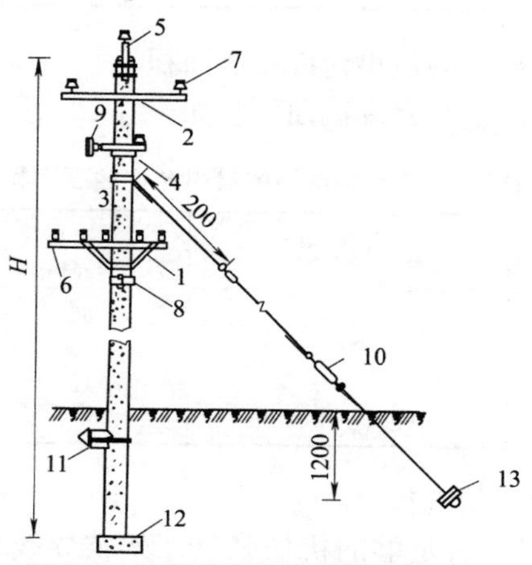

图3-1 钢筋混凝土电杆装置示意图

1—低压五线横担；2—高压二线横担；3—拉线抱箍；4—双横担；5—高压杆顶；6—低压针式绝缘子；7—高压针式绝缘子；8—棒式绝缘子；9—悬式绝缘子及碟式绝缘子；10—花箍绝缘子；11—卡箍；12—底盘；13—拉线盘

3.1.2 架空导线的种类与选择

(1) 常用架空导线的型号及用途

常用架空导线的型号及用途如表 3-1 所示。

表 3-1 常用架空导线的型号及用途

名称		型号	截面面积范围/mm^2	主要用途
铝绞线		LJ	10～600	用于档距较小的一般配电线路
铝合金绞线	热处理型 非热处理型	HLJ HL_2J	10～600	用于一般输配电线路
钢芯铝绞线	普通型 轻型 加强型	LGJ LGJQ LGJJ	10～400 150～700 150～400	用于输配电线路
防腐钢芯铝绞线	轻防腐 中防腐 重防腐	LGJF $LGJF_2$ $LGJF_3$	25～400	用于有腐蚀环境的输配电线路，轻、中、重表示耐腐蚀能力的大小
铜绞线		TJ	10～400	用于特殊要求的输配电线路
镀锌钢绞线		GJ	2～260	用于农用架空线或避雷线

(2) 架空裸导线的最小允许截面面积

架空裸导线的最小允许截面面积如表 3-2 所示。

表 3-2 架空裸导线的最小允许截面面积 mm^2

导线种类	低压(1kV 以下)	高压(1kV 以上)	
		居民区	非居民区
铝及铝合金	16	35	25
钢芯铝线	16	25	16
铜线	6 (单股直径 3.2mm)	16	16

(3) 架空导线的选择

① 架空导线应有足够的机械强度。架空导线本身有一定的重量，在运行中还要受到风雨、冰雪等外力的作用，因此必须具有一定的机械强度，为了避免断线事故的发生，铝导线的截面面积一般不宜小于 16mm^2。中性线的截面面积不应小于相线截面的 1/2。

② 架空导线的允许载流量应满足负荷的要求。架空导线的实际负荷电流应小于导线的允许载流量。

③ 架空线路的电压损失不宜过大。由于导线具有一定的电阻，电流通过架空导线时会产生电压损失，导线越细、越长，或负荷电流越大，电压损失就越大，线路末端的电压就越低，甚至不能满足用电设备的电压要求。因此在选择架空线路导线截面面积时，一般应保证线路的电压损失不超过5%。

3.1.3 电杆的种类

电杆是用来支持架空导线的。把它埋设在地上，装上横担及绝缘子，导线固定在绝缘子上。电杆应有足够的机械强度、造价低及寿命长等条件。

（1）电杆按材料分类

电杆按材料分类如表3-3所示。

表3-3 电杆按材料分类

名称	优 点	缺 点	用 途
木杆	重量轻、价廉、制造安装方便，耐雷击	机械强度低且易腐烂	目前已较少使用
钢筋混凝土杆	挺直、耐用和价廉，不易腐蚀	笨重，运输和组装较困难	广泛用于110kV以下架空线路
钢杆	机械强度大，使用年限长	消耗钢材量大，价高且易生锈	用于居民区35kV或110kV的架空线路
铁塔	机械强度大，使用年限长	消耗钢材量大，价高且易生锈	用于110kV和220kV的架空线路

（2）电杆按受力分类

电杆按受力情况的不同，一般可分为直线杆（即中间杆）、耐张杆（即分段杆）、转角杆、终端杆、分支杆、跨越杆六种电杆，其用途如表3-4所示。

表3-4 电杆按受力分类及用途

杆型	用 途	有无拉线	图 示
直线杆（即中间杆）	能承受导线、绝缘子、金具及凝结在导线上的冰雪重量，同时能承受侧面的风力。广泛应用，占全部电杆数的80%以上	无拉线	

续表

杆型	用　途	有无拉线	图　示
耐张杆（即分段杆）	能承受一侧导线的拉力，当线路出现倒杆、断线事故时，能将事故限制在两根耐张杆之间，防止事故扩大。在施工时还能分段紧线	采用四面拉线或顺线路方向人字拉线	
转角杆	用于线路的转角处，能承受两侧导线的合力。转角在15°～30°时，宜采用直线转角杆；转角在30°～60°时，应采用转角耐张杆；转角在60°～90°时，应采用十字转角耐张杆	采用导线反向拉线或反合力方向拉线	
终端杆	用于线路的始端和终端，承受导线的一侧拉力	采用导线反向拉线	
分支杆	用作线路分接支线时的支持点。向一侧分支的为“T”形分支杆；向两侧分支的为“十”字形分支杆	采用在支线路的对分方向拉线	
跨越杆	用作跨越河道、公路、铁路、工厂或居民点等地的支持点，故一般需加高	采用人字拉线	

3.1.4　横担的种类

横担是为安装绝缘子、开关设备、避雷器等用的。3～10kV高压配电线路最好采用陶瓷横担，低压配电线路一般采用木横担或铁横担。横担的长度是根据导线的根数、相邻电杆间档距的大小和线间距离决定的。

横担的类型如表3-5所示。

表 3-5 横担的类型

类型		优缺点	图示
木横担		易加工，价格低廉，有良好的防雷效果，但易腐蚀，近年来已不用	
铁横担		用角铁制成，具有坚固耐用和安装方便的优点，但易生锈，需镀锌或刷樟丹油和灰色油漆各一遍	
瓷横担	马蹄形瓷横担	有良好的电气绝缘性能，导线可不用绝缘子而直接绑扎在槽内，但冲击碰撞易破碎	
	圆形瓷横担		

3.1.5 绝缘子（瓷瓶）的种类

绝缘子是用来固定导线的，并使导线之间、导线与横担、电杆和大地之间绝缘。所以对绝缘的要求主要是能承受与线路相适应的电压，并且应当具有一定的机械强度。

绝缘子的类型和用途如表 3-6 所示。

表 3-6 绝缘子的类型和用途

类型		用途	型号	图示
针式绝缘子（立瓶）	高压	用于 3kV、6kV、10kV 及 35kV 高压配电线路的直线杆和直线转角杆上	P-□ □ W 表示弯脚 T 表示用于铁担 M 表示用于木担 额定电压，kV	
	低压	用于 1kV 以下低压配电线路上		
碟式（茶台）	高压	用于 3kV、6kV、10kV 配电线路上	ED-□ 数学表示规格 数学小规格大 E 为高压 ED 为低压	
	低压	用于 1kV 以下低压配电线路上		

续表

类　型	用　途	型　号	图　示
悬式绝缘子	能承受较大的拉力，用于 35kV 以上线路或 10kV 线路的耐张、转角和终端杆上。使用时由多只串联起来，电压越高串得越多	XP-□-□ 没字母表示球形连接 C 表示槽形连接 机电破坏负荷及其数值，$\times 10^4$N	

① 针式绝缘子的外形如图 3-2 所示。

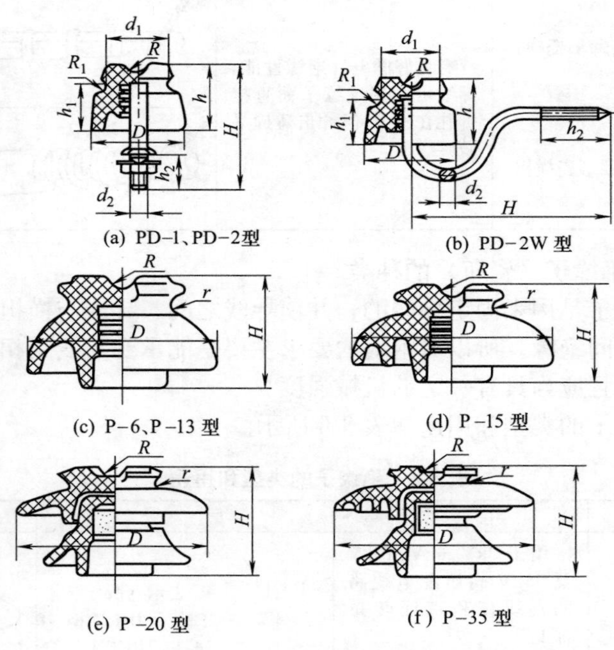

图 3-2　针式绝缘子的外形尺寸

② 碟式绝缘子外形如图 3-3 所示。

③ 悬式绝缘子的外形如图 3-4 所示。

3.1.6　金具的种类

（1）悬垂线夹

悬垂线夹的型号为 XGL-□型。型号中字母及数字的含义为：X—悬垂线夹；G—固定；U—U 形螺钉式；□（数字）—适用导线

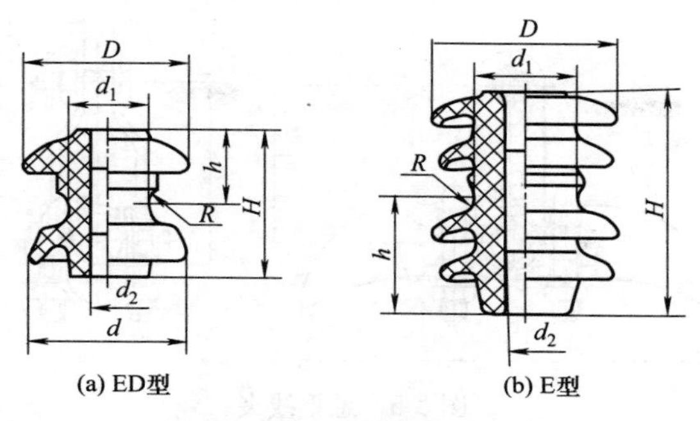

图 3-3　碟式绝缘子外形尺寸

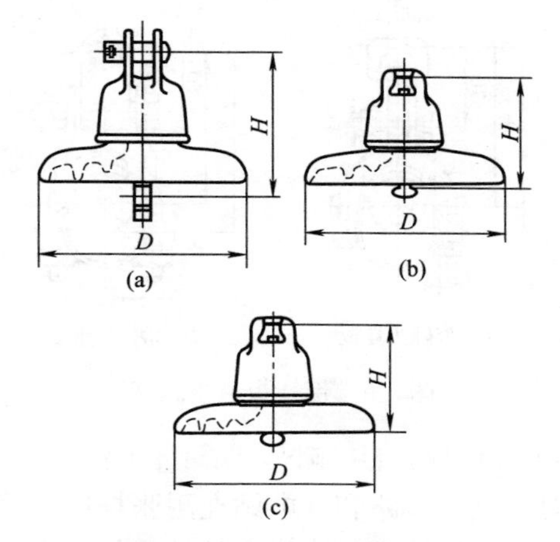

图 3-4　悬式绝缘子外形尺寸

组合号。悬垂线夹适用于架空线路直线杆塔悬挂导线。悬垂线夹的外形如图 3-5 所示。

（2）带挂板的悬垂线夹

带挂板悬垂线夹的型号为 XGU-□（A）或 XGU-□（B）型。型号前面的字母及数字含义同前，型号中 A 表示带碗头挂板，B 表示带 U 形挂板。带挂板的悬垂线夹适用于架空电力线路的直线杆塔悬挂导线。带挂板悬垂线夹的外形如图 3-6 所示。

（3）螺栓型耐张线夹

螺栓型耐张线夹的型号为 NLD-□型。型号中字母及数字含义

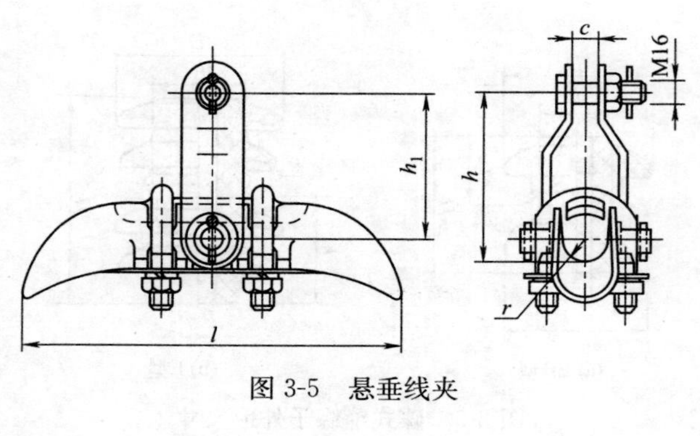

图 3-5　悬垂线夹

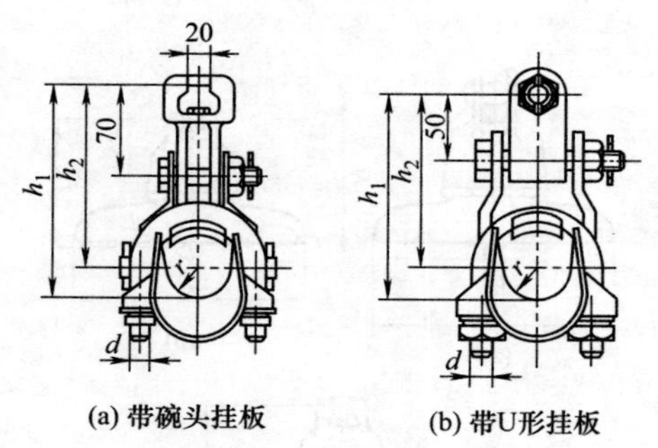

图 3-6　带挂板悬垂线夹

为：N—耐张；L—螺栓；D—倒装式；□（数字）—适用导线组合号。它适用于架空电力线路和变电站在耐张杆塔上固定中小截面铝绞线及钢芯铝绞线。螺栓型耐张线夹的外形如图 3-7 所示。

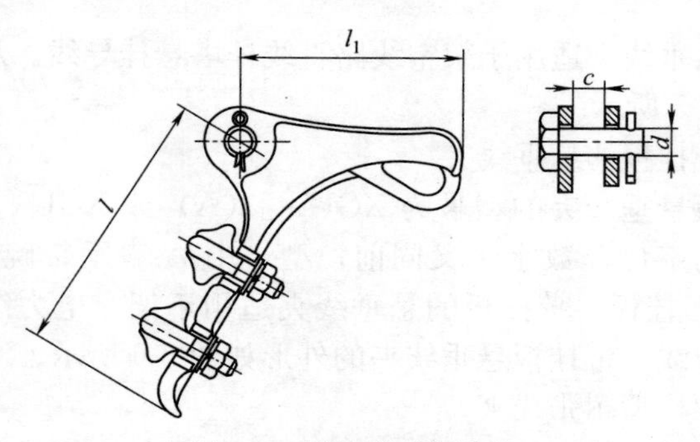

图 3-7　螺栓型耐张线夹

（4）压缩型耐张线夹

压缩型耐张线夹的型号为 NY 型。型号中字母及数字含义为：N—耐张；Y—压缩；数字—适用导线或钢绞线标称截面；数字后面的字母表示导线类型，如 Q 为减轻型，J 为加强型。它适用于架空电力线路上以压缩方法接续钢绞线和钢芯铝绞线。压缩型耐张线夹的外形如图 3-8 所示。

（5）楔型耐张线夹

楔型耐张线夹的型号为 NX 型、NUT 型及 NU 型。型号中字母及数字含义为：N—耐张；X—楔；UT—U 形可调；U—U 形；数字—适用钢绞线组合号。它适用于架空电力线路上固定和调整钢绞线（作为避雷线或拉线）。NX 型楔型耐张线夹的外形如图 3-9 所示。

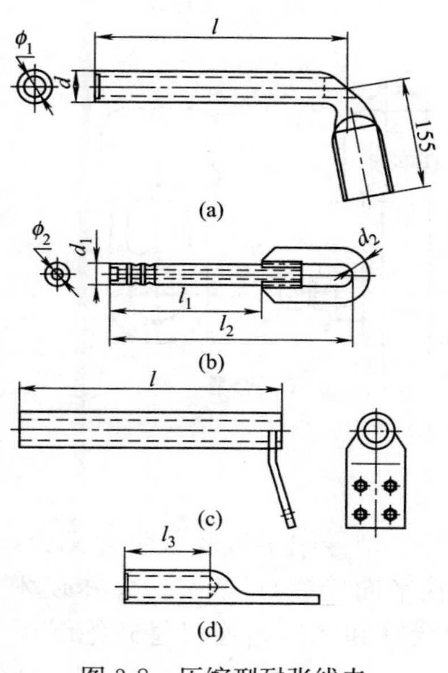

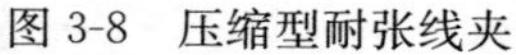

图 3-8　压缩型耐张线夹

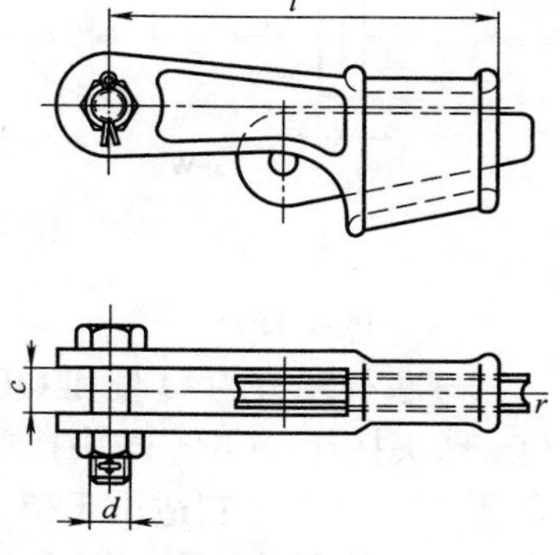

图 3-9　NX 型楔型耐张线夹

NUT 型及 NU 型楔型耐张线夹的外形如图 3-10 所示。

（6）碗头挂板

碗头挂板分为 W 型和 WS 型两种。型号中字母及数字含义为：

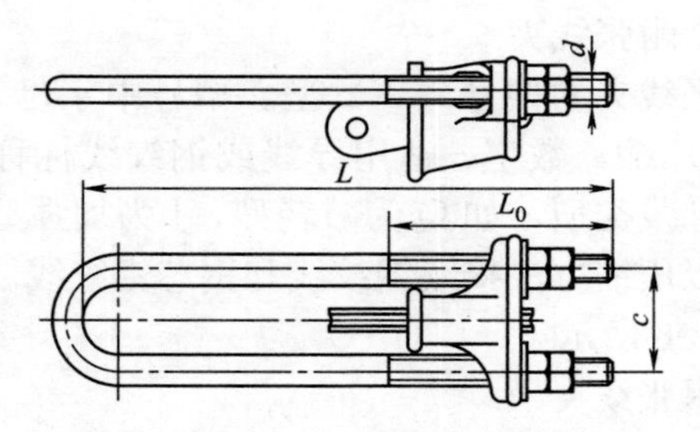

图 3-10　NUT 型及 NU 型楔型耐张线夹

W—碗头；WS—双联；数字—标称破坏负荷，$\times10^4$ N；附加字母 A—短；附加字母 B—长。它适用于架空电力线路和变电站连接悬式绝缘子串。碗头挂板的外形如图 3-11 所示。

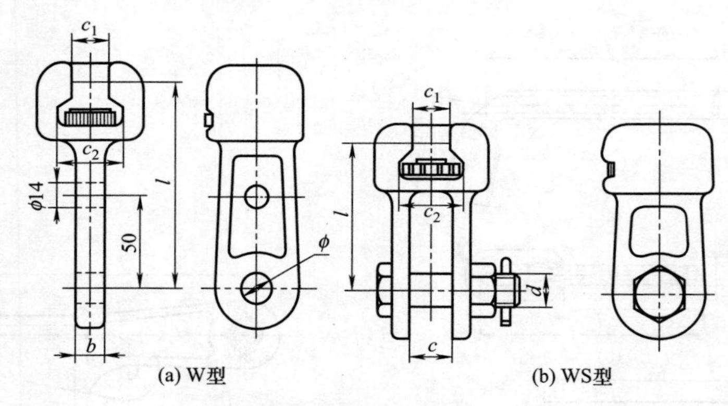

图 3-11　碗头挂板

（7）球头挂环

球头挂环分为 Q 型和 QP 型两种。型号中字母及数字含义为：Q—球头挂环；QP—球头挂环（螺栓平面接触）；数字—标称破坏负荷，$\times10^4$ N。它适用于架空电力线路和变电站连接悬式绝缘子串。球头挂环的外形如图 3-12 所示。

（8）U 形挂环

U 形挂环分为 U 型和 UL 型两种。型号中字母及数字含义为：U—U 形挂环；UL—延长 U 形挂环；数字—标称破坏负荷，$\times10^4$ N。它适用于架空电力线路和变电站连接绝缘子串或钢绞线

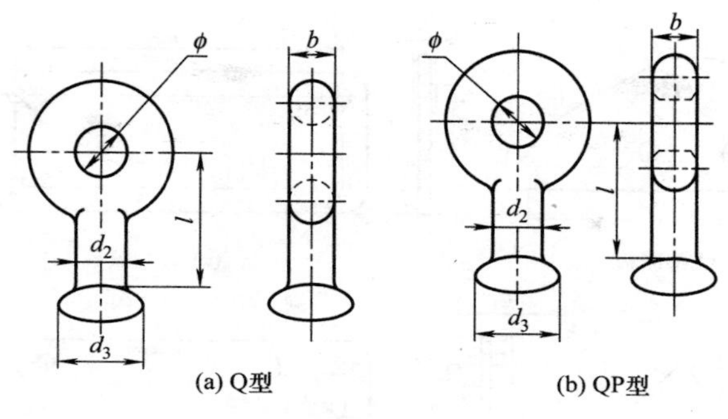

图 3-12　球头挂环

与杆塔固定。U 形挂环的外形如图 3-13所示。

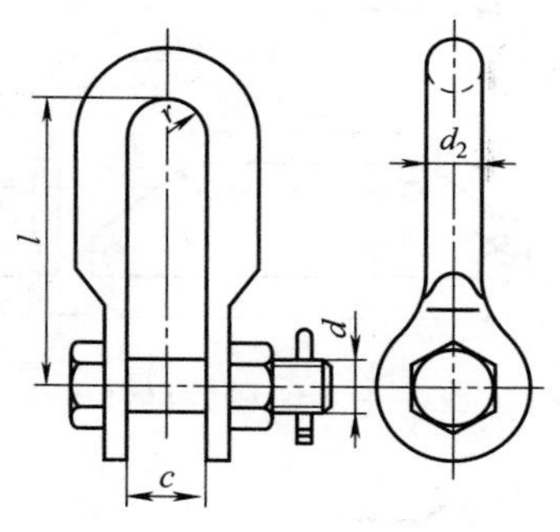

图 3-13　U 形挂环

（9）联板

联板的型式有：L 型单串绝缘子与二分裂导线联板或双串绝缘子与单根导线联板及三联板；LF 型双串绝缘子与二分裂导线联板；LV 型双拉线并联联板；LS 型组合母线用双联板；LJ 型装均压环用联板。联板型号中字母及数字的含义为：L—联板；F—方形；V—V 形；S—双联；J—装均压环；数字，前两位表示破坏负荷，$\times 10^4$N，后两位表示孔距，cm。它适用于架空电力线路和变电站组装多串悬式绝缘子串，分裂导线与绝缘子串的固定及多根拉线并联。联板的外形如图 3-14 所示。

（10）U 形螺栓

U 形螺栓的型号为 U。型号中的数字含义为：前两位表示螺栓直径，单位为 mm；后两位表示螺栓间距，单位为 mm。它适用于架空电力线路连接绝缘子串与杆塔的固定。U 形螺栓的外形如图 3-15 所示。

（11）碟形板

碟形板的型号为 DB。型号中字母的含义为：D—碟形；B—

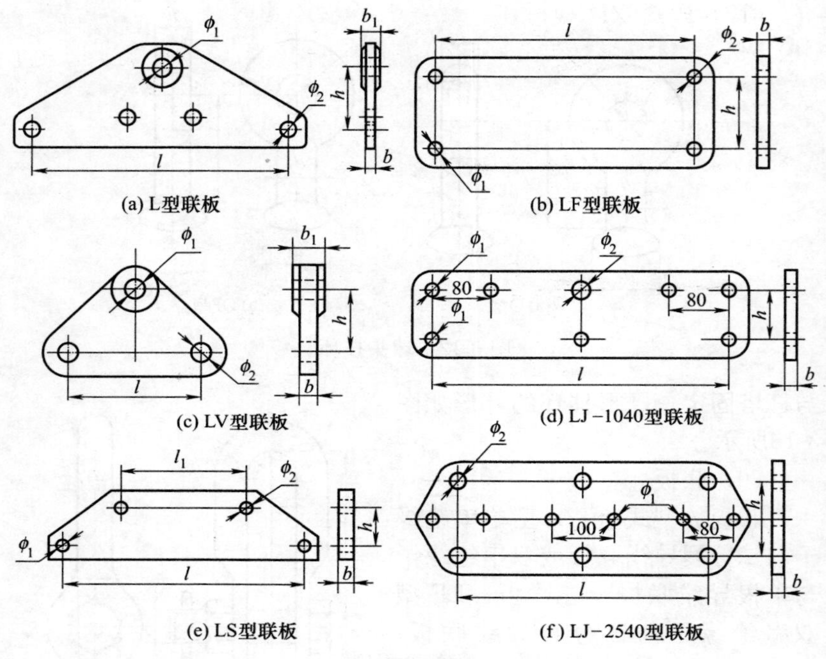

图 3-14　联板

板；数字—标称破坏负荷，$\times 10^4$N。它适用于架空电力线路和变电站调整绝缘子串及导线的长度。碟形板的外形如图 3-16 所示。

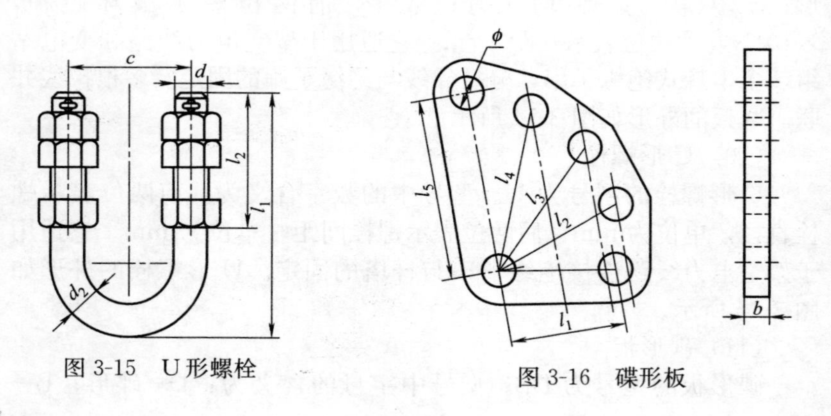

图 3-15　U 形螺栓

图 3-16　碟形板

（12）PH、ZH 型挂环

PH、ZH 型挂环型号中字母及数字含义为：P—平行；Z—直角；H—环；数字—标称破坏负荷，$\times 10^4$N。它适用于架空电力线路和变电站连接绝缘子串。挂环的外形如图 3-17 所示。

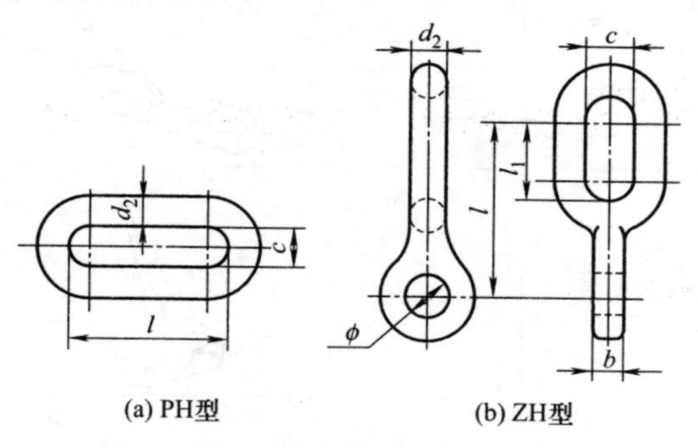

(a) PH型 (b) ZH型

图 3-17 挂环

3.1.7 拉线的种类

拉线的结构和类型如表 3-7 和表 3-8 所示。

表 3-7 拉线的结构和类型

结构	类型	图示
拉线上把	绑扎上把	
	U 形轧上把	
	T 形轧上把	
拉线中把	隔离瓷瓶中把	隔离瓷瓶
拉线下把	绑扎下把	
	花篮轧下把	
	T 形轧下把	

续表

结构	类　型	图　示
地锚	木地锚	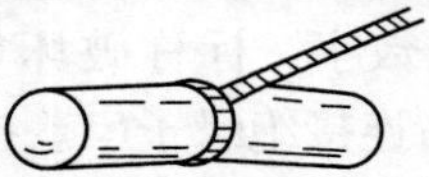
	条石地锚	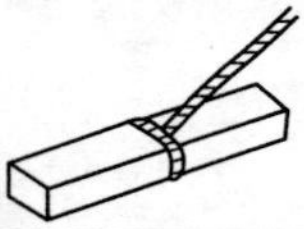
	石块地锚	
	水泥地锚	

表 3-8　拉线的类型和用途

类型	用　途	图　示
普通拉线（尽头拉线）	用于直线、终端、转角、耐张和分支杆补强所承受的外力作用	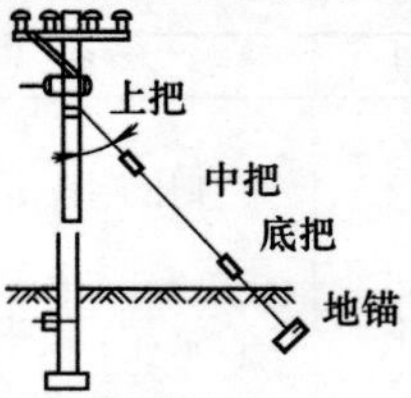
转角拉线	用于转角杆	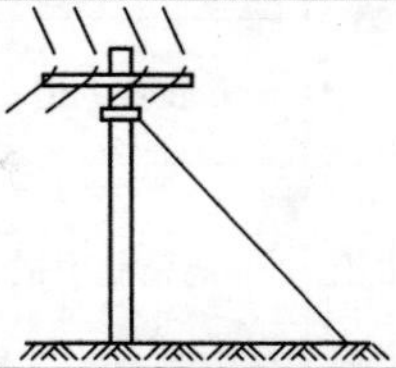
人字拉线	用于基础不坚固、跨越加高杆或较长的耐张段中间的直线杆上	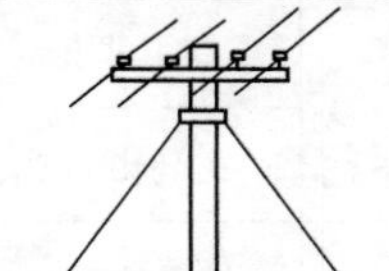

续表

类型	用途	图示
Y形拉线	用于H形电杆的两根电杆上各装设一根普通拉线，两条拉线合用一个拉线下把	
高桩拉线（水平拉线）	用于跨越公路、渠道和交通要道处	
自身拉线	用于因地形限制不能采用一般拉线处	

3.2 架空线路的施工

3.2.1 电杆的安装

为了防止坑壁塌方和施工方便，杆坑口尺寸要比坑底尺寸大，加大数值由表3-9中图、公式和土质情况决定。

表3-9 电杆坑口尺寸加大的计算公式

土质情况	坑壁坡度	坑口尺寸/m	图示
一般黏土、沙质黏土	10%	$B=b+0.4+0.1h\times2$	B, h, a b—杆坑宽度，m h—坑的深度，m a—坑底尺寸，m，$a=b+0.4$
砂砾、松土	30%	$B=b+0.4+0.3h\times2$	
需用挡土板的松土	—	$B=b+0.4+0.6$	
松石	15%	$B=b+0.4+0.15h\times2$	
坚石	—	$B=b+0.4$	

电杆的埋入深度如表 3-10 所示。

表 3-10 电杆的埋入深度 m

杆别	5	6	7	8	9	10	11	12	13	15
木杆	1.0	1.1	1.2	1.4	1.5	1.7	1.8	1.9	2.0	—
混凝土杆	—	—	1.2	1.4	1.5	1.7	1.8	2.0	2.2	2.5

（1）电杆的定位

不同杆型杆坑的定位方法如表 3-11 所示。

表 3-11 杆坑的定位

名称	定位方法	图示
直线单杆杆坑的定位	在直线单杆杆位标桩处立直一根测杆（又称花杆），再在该标桩和前后相邻的杆坑标桩沿线路中心线各立直一根测杆，若三根测杆沿线路中心线在一直线上，则表示该直线单杆杆位标桩位置正确，最后在杆位标桩前后沿线路中心线各钉一个辅助标桩	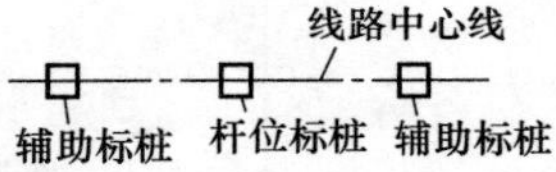 线路中心线 辅助标桩 杆位标桩 辅助标桩
	将大直角尺放在杆位标桩上，使直角尺中心 A 与杆位标桩中心点重合，并使其垂边中心线 AB 与线路中心线重合，此时大直角尺底边 CD 即为线路中心线的垂线	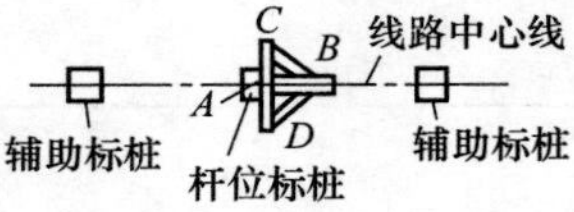 C B 线路中心线 A D 辅助标桩 杆位标桩 辅助标桩
	在线路中心线的垂直线上于杆位标桩左右侧各钉一个辅助标桩，以便校验杆坑位置和电杆是否立直	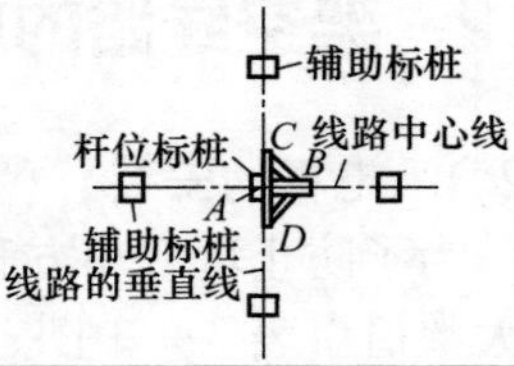 辅助标桩 杆位标桩 C 线路中心线 B A D 辅助标桩 线路的垂直线
	根据表 3-9 中的公式计算出坑口宽度和根据杆坑形式确定坑口长度，并划出坑口形状	
直线门型杆杆坑的定位	用与前述同样的方法找出线路中心线的垂直线	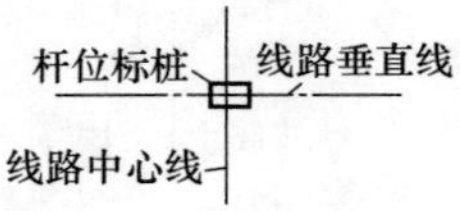 杆位标桩 线路垂直线 线路中心线
	用皮尺在杆位标桩的左右侧沿线路中心线的垂直线各量出两根电杆中心线间的距离（简称根开）的 $\frac{1}{2}$，各钉一个杆坑中心桩	

续表

名称	定位方法	图示
直线门型杆杆坑的定位	根据表3-9中的公式算出坑口宽度，并根据杆坑形式确定坑口长度，划出坑口形状	
转角单杆杆坑的定位	在转角单杆杆位标桩前后邻近四个标桩中心点上各立直一根测杆，从两侧各看三根测杆（被检查杆位标桩上的测杆从两侧看都包括它），若转角杆标桩上的测杆正好位于所看两直线的交叉点上，则表示该标桩位置正确。然后沿所看两直线（线路中心线）上在杆位标桩前后侧等距离处各钉一辅助标桩，以备电杆及拉线坑划线和校验杆坑位置用	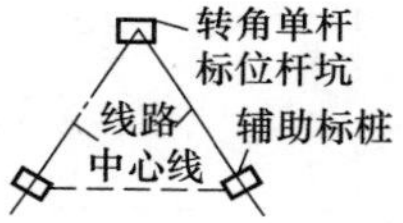
	将大直角尺底边中点 A 与杆位标桩中心点重合，并使大直角尺底边 CD 与两辅助标桩连线平行，划出转角二等分线和转角二等分线的垂直线，然后在杆位标桩前后左右于转角二等分线的垂直线和转角二等分线上各钉一辅助标桩，以便校验杆坑挖掘位置和电杆是否立直	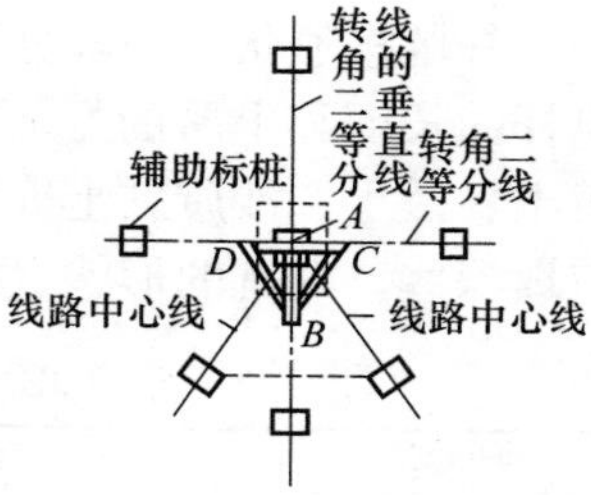
	根据表3-9中公式计算出坑口宽度和根据杆坑形状确定坑口长度，划出坑口形状	
转角门型杆杆坑的定位	用与前述同样的方法检查转角门型杆位标桩位置是否正确，并沿线路中性线离杆位标桩等距离处各钉一辅助标桩	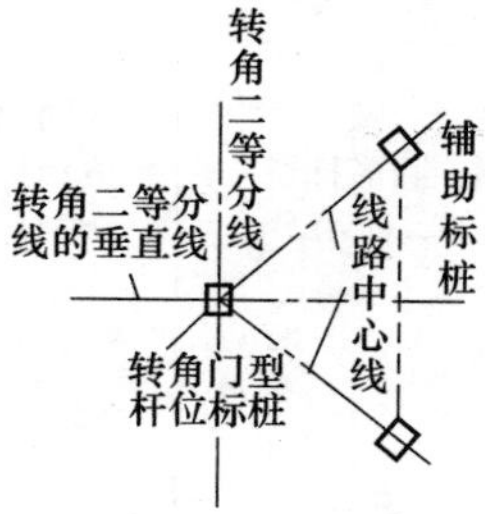

续表

名称	定位方法	图示
转角门型杆杆坑的定位	用与前述同样的方法划出转角二等分线和转角二等分线的垂直线	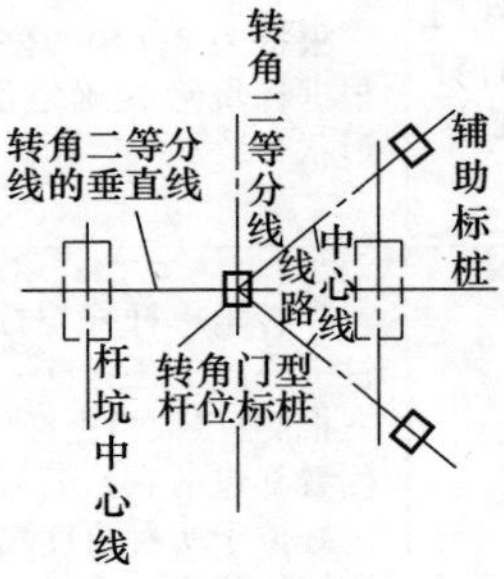 转角二等分线 转角二等分线的垂直线 辅助标桩 中心线 线路 杆坑中心线 转角门型杆位标桩
	用与直线门型杆相同的方法划出坑口形状	

(2) 挖杆坑

1) 杆坑形状

杆坑按形状分一般分为圆形杆坑和梯形杆坑。杆坑的深度根据电杆的长度和土质的好坏而定，一般为杆长的1/6～1/5。在普通黄土、黑土、沙质黏土等场合可埋深1/6，在土质松软处及斜坡处应埋深些。杆坑的形状、用途及尺寸如表3-12所示。

表 3-12 杆坑的形状、用途和尺寸

坑别	用途及尺寸	图示
圆形杆坑	用于不带卡盘或底盘的电杆 b=基础底面+(0.2～0.4)m $B=b+0.4h+0.6$m	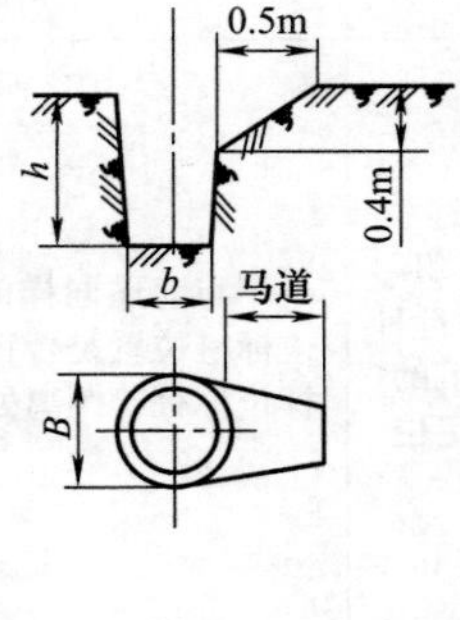 0.5m h 0.4m b 马道 B

续表

坑别		用途及尺寸	图示
梯形杆坑	三阶杆坑	用于杆身较高、较重及带有卡盘的电杆；坑深在 1.6m 以下者采用二阶杆坑，坑深在 1.8m 以上者采用三阶杆坑 b=基础底面+(0.2～0.4)m $B=1.2h$ $c=0.35h$ $d=0.2h$ $e=0.3h$ $f=0.3h$ $g=0.4h$	
	二阶杆坑	$g=0.7h$ 其他数据同三阶杆坑	

2）挖杆坑的方法

① 挖圆形杆坑。对于不带卡盘的电杆，一般挖成圆形杆坑，圆形杆坑挖动的土量较少，对电杆的稳定性较好。挖圆形坑的工具可采用螺旋钻洞器或夹铲等。

② 挖梯形杆坑。对于杆身较高、较重及带有卡盘的电杆，为了立杆方便，一般挖成梯形坑。梯形坑有二阶杆坑和三阶杆坑两种。坑深在 1.6m 以下者采用二阶杆坑，坑深在 1.8m 以上者采用三阶杆坑。挖掘梯形杆坑的工具可采用镐和锹。

③ 挖土时，杆坑的马道要开在立杆方向，挖出的土应堆放到离坑 0.5m 外的地方。

④ 当挖至一定深度坑内出水时，应在坑的一角深挖一个小坑集水，然后将水排出。

⑤ 杆坑的深度等于电杆埋设深度，如装底盘时，应加深底盘厚度。

(3) 竖杆

根据杆型与所用工具的不同，竖杆的方法也有多种，最常用的有三种：汽车起重机竖杆、架杆（又称叉杆）竖杆与人字抱杆竖杆。

① 汽车起重机竖杆　汽车起重机竖杆比较安全，效率也高，适用于交通方便的地方，有条件的地方，应尽量采用。竖杆前先将汽车起重机开到距坑适当的位置并加以稳固，然后把起重钢丝绳结在距电杆根部的1/2～2/3处，再在杆顶向下500mm处结三根调整绳（又称牵绳）和一根脱落绳（参考图3-20脱落绳的系法）。

起吊时，坑边站两人负责电杆根部进坑，另由三人各拉一根调整绳，站成以坑为中心的三角形，由一人指挥，如图3-18所示。当电杆吊离地面约200mm时，将杆根移至杆坑口，并对各处绳扣进行一次检查，确认无问题后再继续起吊，电杆就会一边竖直，一边伸入坑内，同时利用调整绳朝电杆竖直方向拖拉，以加快电杆竖直，当杆接近竖直时，即应停吊，并缓慢地放松钢丝吊绳，同时利用调整绳校直电杆，当电杆完全入坑后，应进一步校直电杆，电杆的校直方法如图3-19所示。

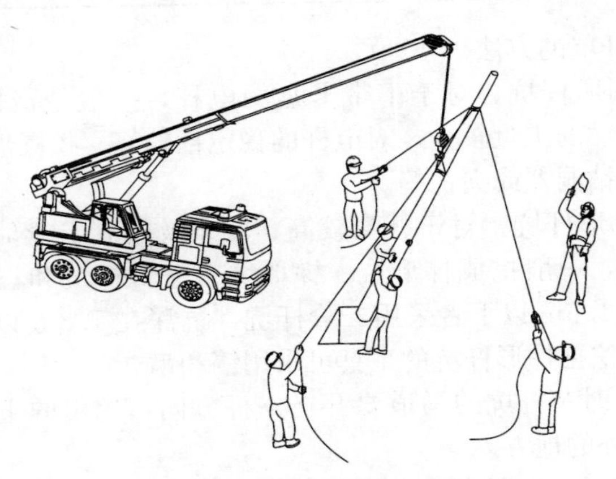

图3-18　汽车起重机竖杆

② 架杆（叉杆）竖杆　短于8m的混凝土杆和长于8m的木杆，可用架杆竖杆。

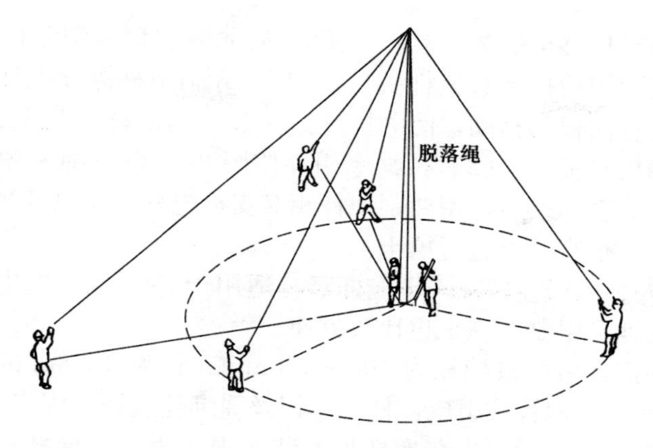

图 3-19　电杆的校直

常用的架杆有 4m、5m、6m 长的，高、中、低三副，梢径为 80～100mm。在距其根部 0.7～0.8m 处，穿有长 300～400mm 的螺栓，并用 ϕ4mm 的镀锌铁丝绑绕，以便手能握住，便于进行操作。在距杆顶 30mm 处，用长 0.5m 左右的钢丝绳或铁链连接，并用卡钉固定。架杆的方法如图 3-20 所示。

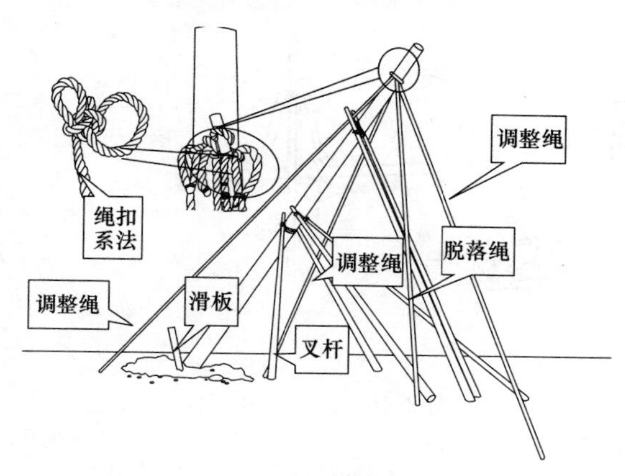

图 3-20　叉杆竖杆

首先在电杆顶部的左右两侧及后侧拴上两根或三根拉绳，以控制杆身，防止电杆在竖立过程中倾倒。拉绳采用 ϕ25mm 的棕绳，每根绳子的长度不小于杆长的两倍。在电杆基杆中，竖一块木滑板，先将杆根移至坑边，对正马道，然后将电杆根部抵住木滑板，电杆由人力用抬扛抬起电杆头后，用2～3副架杆撑顶电杆，边撑顶，边交替向根部移动，使电杆逐渐竖起。当电杆竖起至30°左右时，可抽出滑板，用临时拉绳牵引，使图3-20调整绳和脱落绳的安装电杆竖直。最后，用两副架杆相对支撑电杆以防电杆倾倒。待杆身调整、校直后可进行填土。

③ 人字抱杆竖杆　人字抱杆竖杆适用于15m以下的电杆，基本上不受地形限制，施工也比较方便。

人字抱杆由两根梢径为100～150mm、长为6～8m的直木杆（或ϕ80mm的钢管）组成，杆顶用钢丝绳绑住或铁件固定。

如图3-21所示，先在抱杆顶端装两根长为1.5倍杆长的钢丝绳作临时拉绳，然后以杆坑为中心，把抱杆的两脚前后跨开2m，在距杆坑15～20m处，各打一根角铁桩，接着牵拉钢丝拉绳，使两脚抱杆竖起，当抱杆竖起后，使抱杆顶端对准坑心。再用能承载3t的两三个滑轮组，挂在抱杆顶端连接处，上端三滑轮中的约ϕ10mm的钢丝绳沿一根抱杆引下，通过根部的一个导向滑轮，然后利用绞盘机进行牵引。

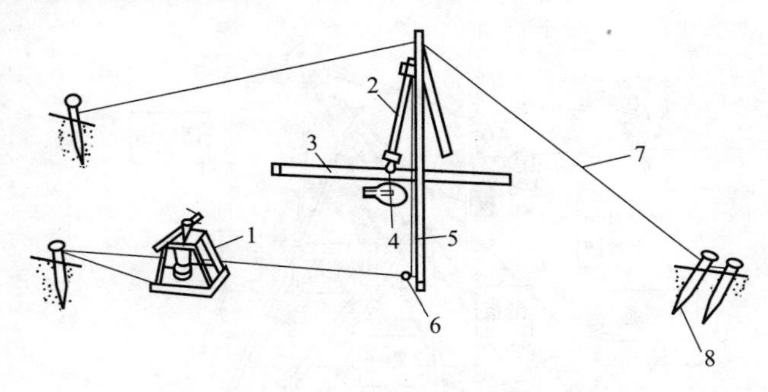

图3-21　人字抱杆竖杆

1—绞盘机；2—滑轮组；3—电杆；4—杆坑；5—人字抱杆；6—导向滑轮；7—钢丝拉绳；8—钢杆（拉线桩）

然后在离电杆顶端500mm处结三根调整绳和一根脱落绳，并在距电杆根2/5处结一根起吊钢丝绳，用抱杆架上的吊钩勾住起吊钢丝绳，摇动绞盘机构，使电杆吊起。当电杆吊直后，即把电杆根部对准杆坑，反摇绞盘机，使电杆插入杆坑，最后校直电杆。

（4）埋杆

当电杆竖起并调整好后，即可用铁锹沿电杆四周将挖出的土填回坑内，回填土时，应将土块打碎，并清除土中的树根、杂草，必要时可在土中掺一些石块。每回填 500mm 土时，就夯实一次。对于松软土质，则应增加夯实次数或采取加固措施。夯实时，应在电杆的两侧交替进行，以防电杆的移位或倾斜。

回填土后的电杆基坑应设置防沉土层。土层上部不宜小于坑口面积；土层高度应超出地面 300mm，如图 3-22 所示。

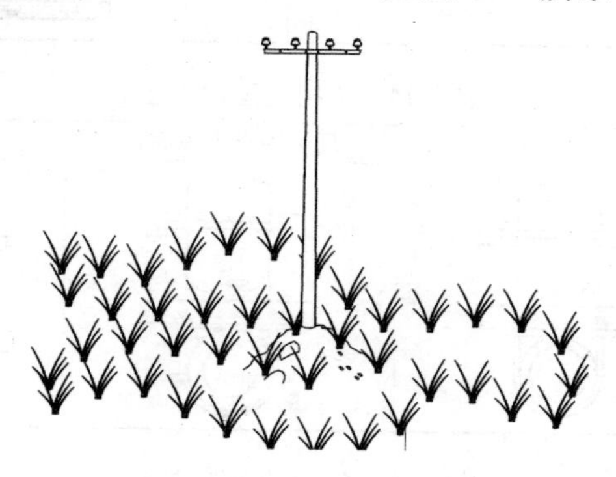

图 3-22　埋杆

3.2.2　横担安装

为了施工方便，一般都在地面上将电杆顶部的横担、绝缘子及金具等全部组装完毕，然后整体立杆。

（1）直线杆铁横担的安装

直线杆铁横担的安装步骤及横担的固定、安装方法如表 3-13～表 3-15 所示。

表 3-13　直线杆铁横担的安装步骤

步　　骤	图　　示
在横担上合好 M 形垫铁	 M形垫铁 角钢横担

续表

步骤	图示
用U形抱箍从电杆背部抱过杆身、穿过M形垫铁和横担的两孔,用螺母拧紧固定	U形抱箍 电杆
安装后的铁横担	电杆 U形抱箍 M形垫铁 角钢横担

表 3-14 横担的固定方法

名称	用U形抱箍固定	用半固定夹板固定	双横担固定
图示			

表 3-15 横担的安装方法

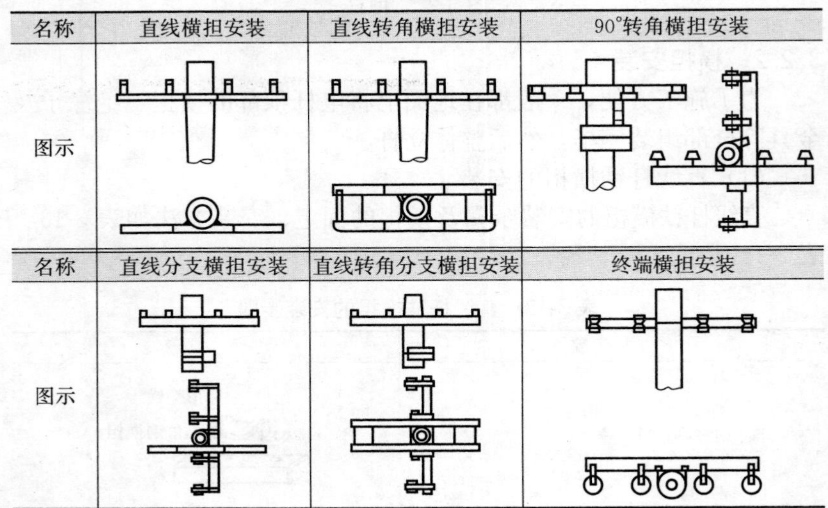

名称	直线横担安装	直线转角横担安装	90°转角横担安装
图示			
名称	直线分支横担安装	直线转角分支横担安装	终端横担安装
图示			

（2）瓷横担的安装

瓷横担用于直线杆上具有代替横担和绝缘子的双重作用，它的绝缘性能较好，断线时能自行转动，不致因一处断线而扩大事故。瓷横担的安装方法如图 3-23（a）所示。图 3-23（b）所示为 3～10kV 高压线路中导线为三角排列的瓷横担安装位置。

当直立安装时，顶端顺线路歪斜不应大于 10mm。当水平安装时，顶端宜向上翘起 5°～15°，顶端顺线路歪斜不应大于 20mm。

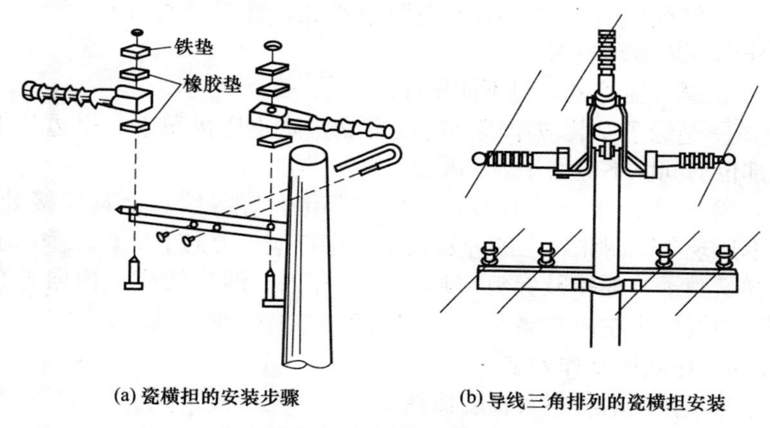

(a) 瓷横担的安装步骤

(b) 导线三角排列的瓷横担安装

图 3-23　瓷横担的安装

（3）横担安装位置

① 直线杆的横担应安装在受电侧（与电源相反的方向）。

② 转角杆、分支杆、终端杆以及受导线张力不平衡的地方，横担应安装在张力的反方向侧。

③ 多层横担均应装在同一侧。

④ 有弯曲的电杆、横担均应装在弯曲侧，并使电杆的弯曲部分与线路的方向一致。

（4）横担安装的注意事项

① 横担的上沿，应装在离杆顶 100mm 处；并应装得水平，其倾斜度不大于 1%。

② 在直线段内，每根电杆上的横担必须互相平行。

③ 在安装横担时，必须使两个固定螺栓承力相等。在安装时，

应分次交替地拧紧两侧两个螺栓上的螺母。

3.2.3 绝缘子（瓷瓶）的安装

① 绝缘子的额定电压应符合线路电压等级要求。安装前检查有无损坏，并用 2500V 兆欧表测试其绝缘电阻，不应低于 300MΩ。

② 紧固横担和绝缘子等各部分的螺栓直径应大于 16mm，绝缘子与铁横担之间应垫一层薄橡胶。

③ 螺栓应由上向下插入瓷瓶中心孔，螺母要拧在横担下方，螺栓两端均需套垫圈。

④ 螺母需拧紧，但不能压碎绝缘子。

⑤ 绝缘子安装应牢固，连接可靠，防止瓷裙积水。裙边与带电部位的间隙不应小于 50mm 。

⑥ 悬式绝缘子的安装，应使其与电杆、导线、金具连接处，无卡压现象。耐张串上的弹簧销子及穿钉应由上向下穿。悬垂串上的弹簧销子、螺栓及穿钉应向受电侧穿入。两边线应由内向外穿入，中线应由左向右穿入。

3.2.4 拉线的制作安装

（1）拉线的材料及长度估算

电杆拉线目前所采用的材料有镀锌铁线和镀锌钢绞线两种。镀锌铁线一般用直径为 4mm 的规格，施工时要绞合，制作比较麻烦，特别是 9 股以上的拉线，绞合不好就会产生各股受力不均现象。10kV 及其以下线路，一般用镀锌铁线制作拉线，每条拉线不少于 3 股；在承载力较大，每条拉线须超过 9 股铁线时，则应改用镀锌钢绞线。镀锌钢绞线施工方便，强度稳定，在有条件的地方可尽量采用。镀锌铁线与镀锌钢绞线的互换如表 3-16 所示。

表 3-16 镀锌铁线与镀锌钢绞线的换算

ϕ4mm 镀锌铁线根数	3	5	7	9	11	13	15	17	19
镀锌钢绞线截面面积/mm^2	25	25	35	50	70	70	100	100	100

拉线的示意如图 3-24 所示。

拉线的长度可用下面公式近似计算：

$$c = K(a+b)$$

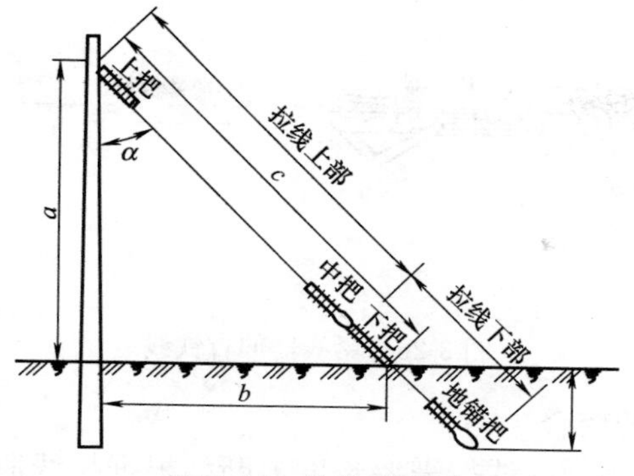

图 3-24　拉线示意图

式中，K 取 0.71～0.73，当 a 与 b 值接近时，K 值取 0.71；当 a 是 b（或 b 是 a）的 1.5 倍左右时，K 取 0.72；当 a 是 b（或 b 是 a）的 1.7 倍左右时，K 取 0.73。

计算出来的拉线长度应减去花篮螺栓长度和地锚柄露出地面的长度，再加上两头扎线长度才是拉线的下料长度。

（2）拉线的制作

拉线的制作有束合法和绞合法两种。绞合法存在绞合不好会使各股受力不均的缺陷，目前常用手工伸直法。

1）拉线的伸直

① 手工伸直法　将 ϕ4mm 的镀锌铁线两端采用“双 8 字扣”（即双背扣）拴在电杆（或大树根部）上，然后由 4～5 人用力拉数次即可，如图 3-25 所示。

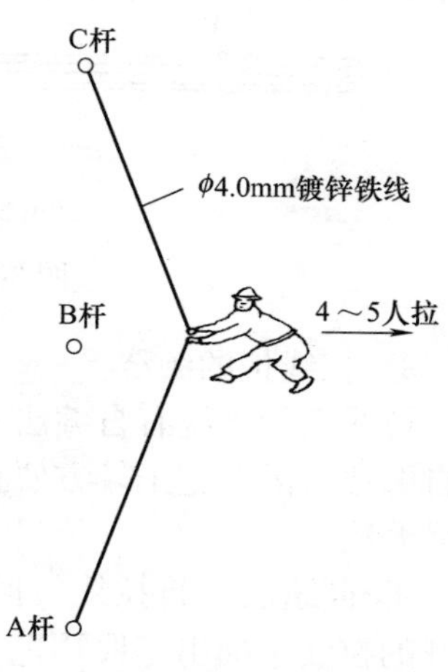

图 3-25　镀锌铁线的手工伸直

② 紧线器伸直法　将紧线器用铁线拴在电杆上并将铁线夹住，铁线的另一端采用“双 8 字扣”拴在大树（或电杆上），如图 3-26 所示。摇动紧线器的手柄，使紧线器上翼形螺母旋转收紧镀锌铁线，铁线即可伸直。

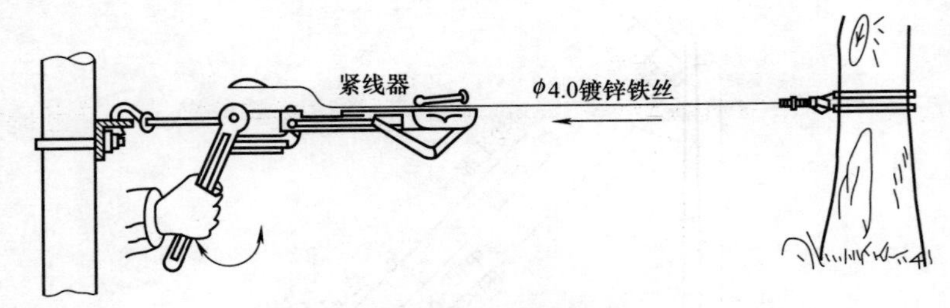

图 3-26 紧线器伸直铁线

2）拉线的束合

将拉直的镀锌铁线按需要长度剪断，根据拉线股数合在一起。在距地面 2m 以下部分每隔 0.6m，在距地面 2m 以上部分每隔 1.2m，用 ϕ1.6～1.8mm 的镀锌铁线，紧紧绕 3 圈后，再用电工钳将铁线两端拧成麻花形的小辫，如图 3-27 所示，使小辫拧成三个以上麻花，才能剪断，形成束合线。

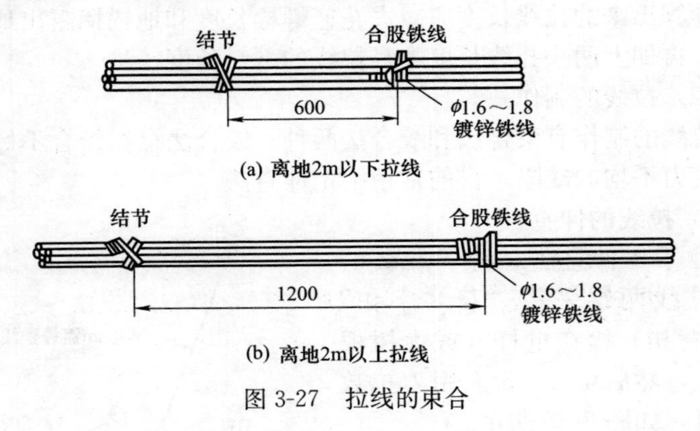

图 3-27 拉线的束合

3）拉线把的缠绕

拉线把的缠绕有自缠法和另缠法两种。当铁线比较柔软时应采取自缠法，因其施工较方便且牢固。当铁线很硬或为钢绞线时，可用另缠法。

① 自缠法 将拉线折回部分各股散开紧贴在拉线上，在折回散开的拉线中抽出一股用电工钳在合并部分用力缠绕 10 圈后，再抽出第二股线将它压在下面留出约 15mm，将其余部分剪掉，并把

它折回压在缠绕的线圈上。用第二股线以同样的方法缠绕 9 圈后，再抽出第三股线将它压在下面留出约 15mm，将其余部分剪掉，并把它折回压在缠绕的线圈上，以此类推，将缠绕圈数每次减少一圈，一直降至缠绕 5 圈即到第 6 段为止，如图 3-28 所示。

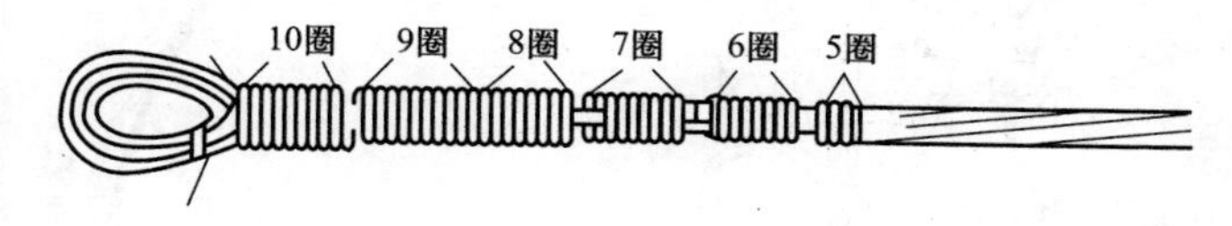

图 3-28 自缠拉线把

9 股及以上拉线，每次可用两根一起缠绕，每次的余线至少要留出 30mm 压在下面，余留部分剪齐折回 180°，紧压在缠绕层外。若股数较少，缠绕不到 6 次即可终止。

② 另缠法（拉线上把制作） 装在混凝土电杆上的拉线上把，须用拉线抱箍及螺栓固定。其方法是用一只螺栓将拉线抱箍抱在电杆上，然后把预制好的上把拉线环放在两片抱箍的螺孔间，穿入螺栓拧上螺母固定，如图 3-29 所示。

在上把两段密缠绕之处的中间稀疏地缠绕 1～2 箍，这些箍俗称为“花绑”。

4）装设拉线把

① 埋设拉线盘 目前普遍采用圆钢拉线棒制成拉线盘，它的下端套有螺纹，上端有拉环，安装时拉线棒穿过水泥拉线盘孔，放好垫圈，拧上螺母即可，如图 3-30 所示。

拉线盘选择及其埋设深度，以及拉线底把所采用的镀锌铁线和镀锌钢绞线与圆钢拉线棒的换算如表 3-17 所示。

下把拉线棒装好后，将拉线盘放正，使底把拉环露出地面 500～700mm，随后就可分层填土夯实。填土时，要使用含水不多的干土，最好夹杂一些石子石块；拉线棒地面上下 200～300mm 处都要涂以沥青；泥土中含有盐碱成分较多的地方，还要从拉线棒出土 150mm 处起，缠绕 80mm 宽的麻带，缠到地面以下 350mm 处，并浸透沥青，以防腐蚀。涂沥青和缠麻带，都应在填土前做好。

(a) 绑线短头压在拉线中间

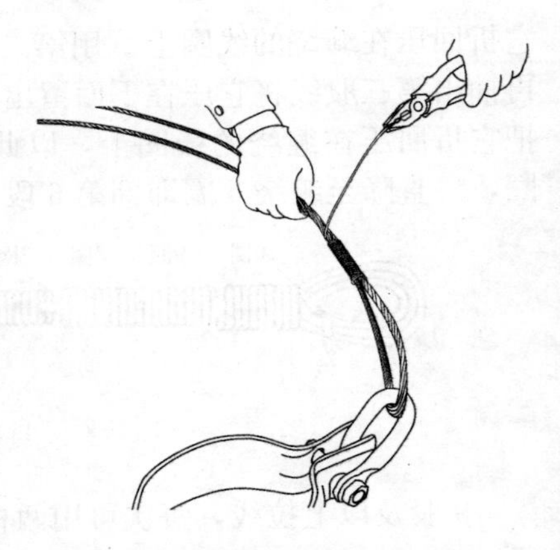
(b) 长头缠绕200～300mm

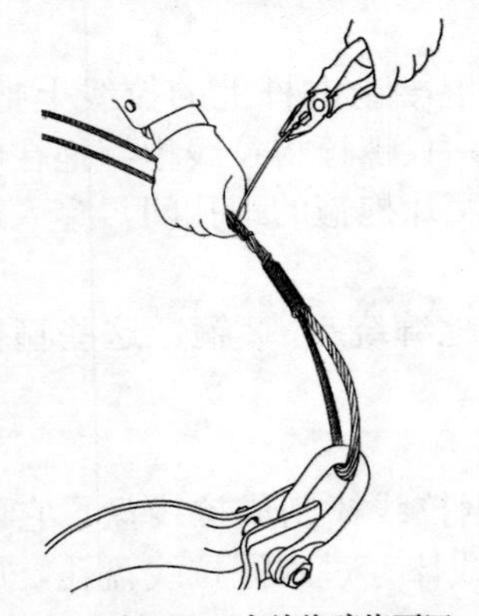
(c) 长头在200mm内缠绕疏绕两回

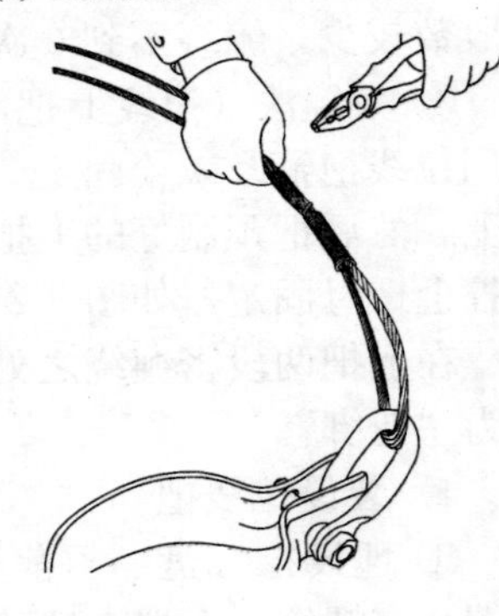
(d) 长头缠绕100mm

图 3-29　拉线上把的制作

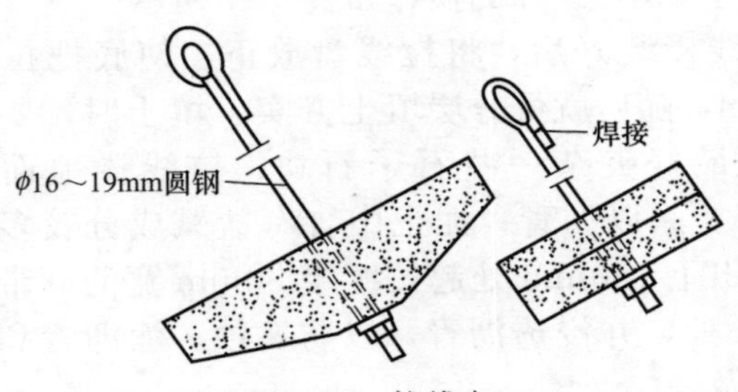

图 3-30　拉线盘

表 3-17　拉线盘的选择及埋深

拉线所受张力 /×10^4N	选用拉线规格		拉线盘规格 /m	拉线盘埋深 /m
	镀锌铁线 /股数	镀锌钢绞线 /mm^2		
1.5 以下	5 以下	25	0.6×0.3	1.2
2.1	7	35	0.8×0.4	1.3
2.7	9	50	0.8×0.4	1.5
3.9	13	70	1.0×0.5	1.6
5.4	2×9	2×50	1.2×0.6	1.7
7.8	2×13	2×70	2×0.6	1.9

② 拉线下把的制作　拉线下把的制作是将拉线下部的上端折回约 1.2m，弯成环形，嵌进下把拉线棒的拉环内，并使其紧靠拉环，然后用自缠法或另缠法缠绕 150～200mm，如图 3-31 所示。

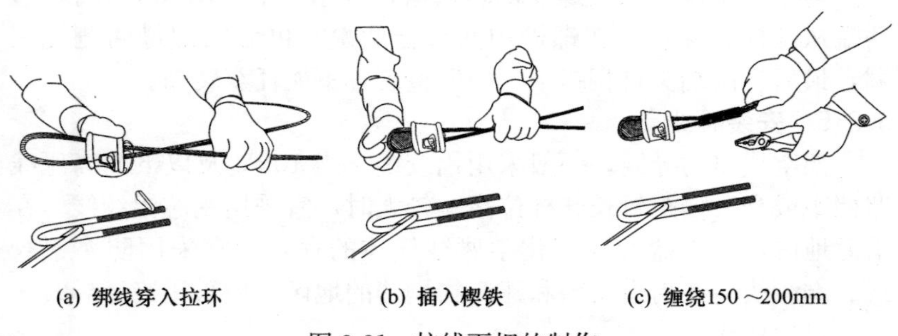
(a) 绑线穿入拉环　(b) 插入楔铁　(c) 缠绕150～200mm

图 3-31　拉线下把的制作

③ 拉线绝缘子的安装　将拉线的线束从绝缘子线槽内绕过来。在距端头 600mm 的位置弯曲，形成两倍左右绝缘子长的环形，调整使其线束整齐、严密。

在紧靠绝缘子位置和在距线束 150mm 位置各安装一个卡扣，如图 3-32 所示。

④ 紧拉线做中把　在收紧拉线前，先将花篮螺栓的两端螺杆旋入螺母内，使它们之间保持最大距离，以备继续旋入调整。然后将紧线钳的钢丝绳伸开。一只紧线钳夹握在拉线高处，再将拉线下端穿过花篮螺栓的拉环，放在三角圈槽里，向上折回，并用另一只紧线钳夹住，花篮螺栓的另一端套在拉线棒的拉环上。然后慢慢将拉线收紧，紧到一定程度时，检查一下杆身和拉线的各部位，如无

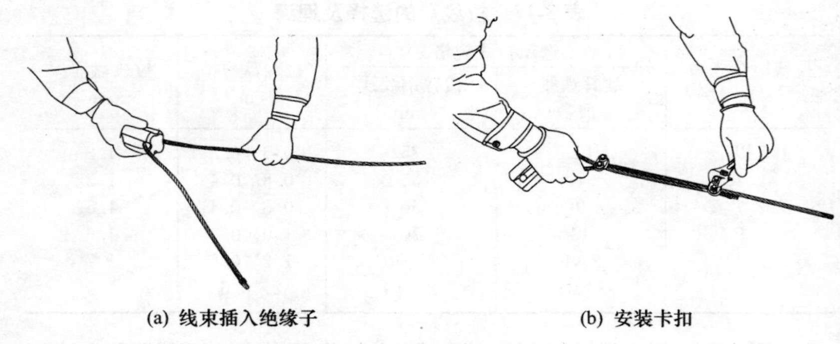

图 3-32 拉线绝缘子的安装

问题后，再继续收紧，把电杆校正。

为了防止花篮螺栓螺纹倒转松退，可用一根 ϕ4mm 镀锌铁线，两端从螺杆孔穿过，在螺栓中间绞拧两次，再分向螺母两侧绕三圈，最后将两端头自相扭结，使调整装置不能任意转动。

3.2.5 安装导线

架空线路的导线，一般采用铝绞线。当 10kV 及以下的高压线路档距或交叉档距较长、杆位高差较大时，宜采用钢芯铝绞线。在沿海地区，由于盐雾或有化学腐蚀气体的存在，宜采用防腐铝绞线、铜绞线。在街道狭窄和建筑物稠密的地区，应采用绝缘导线。

（1）放线

放线，就是将成卷的导线沿着电杆的两侧放开，为将导线架设到横担上作准备。

放线前，应清除沿线的障碍物。在展放过程中，应对导线进行外观检查，导线不应发生磨伤、断股、扭曲等现象。

放线的方法一般有两种，一种是以一个耐张段为一个单元，把线路所需导线全部放出，置于电杆根部地面，然后按档把全部耐张段导线同时吊上电杆；另一种方法是一边放出导线，一边逐档吊线上杆。在放线过程中，如导线需要对接时，应在地面先用压接钳进行压接，再架线上杆。

（2）架线

架线，就是将展放在靠近电杆两侧地面上的导线架设到横担上。导线上杆，一般采用绳吊，如图 3-33 所示。

架线时，截面较小的导线，一个耐张段全长的四根导线可一次吊上；截面较大的导线，可分成每两根吊一次。吊线应同时上杆。

导线上杆后，一端线头绑扎在绝缘子上，另一端线头夹在紧线器上，截面较大中间每档把导线布在横担上的绝缘子附近，嵌入临时安装的滑轮内，不能搁在横担上，以防导线在横担、绝缘子和电杆上摩擦。

中性线应放在电杆的内档，三相四线在电杆上的排列相序一般为 L1、N、L2、L3 或 L1、L2、N、L3 等。

(3) 紧线

紧线是在每个耐张段内进行的。紧线时，先把一端导线牢固地绑扎在绝缘子上，然后在另一端用紧线钳紧线。

紧线器定位钩要固定牢靠，以防紧线时打滑。紧线器的夹线钳口应尽可能拉长一些，以增加导线的收放幅度，便于调整导线的垂弧的需要，如图 3-34 所示。

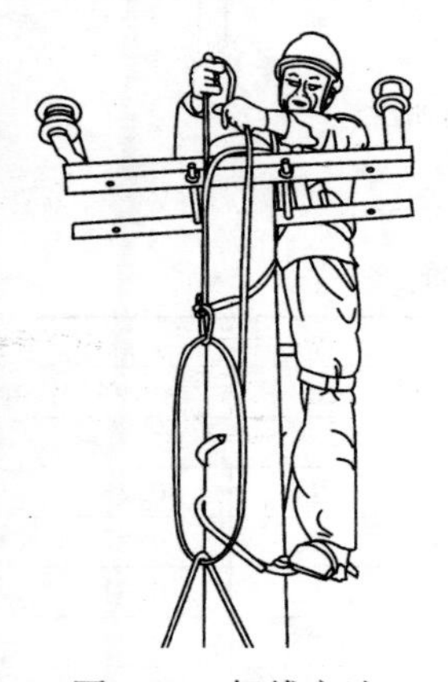

图 3-33 架线方法

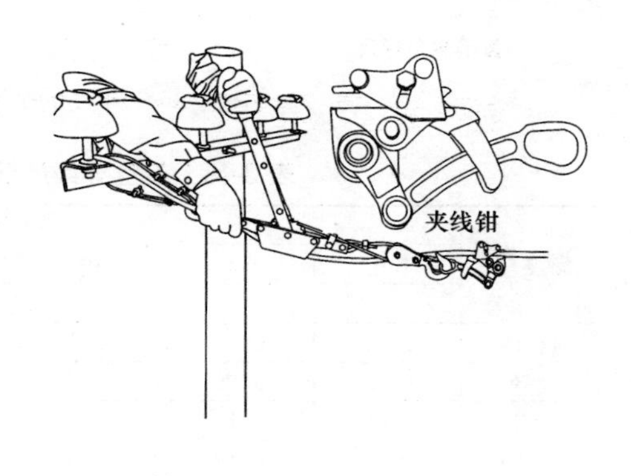

图 3-34 紧线方法

(4) 导线弧垂的测量

架空导线的弛度一般以弧垂表示。导线弧垂的测量通常与紧线配合进行。

一个耐张段内的电杆档距基本相等，而每档距内的导线自重也基本相等，故在一个耐张段内，不需对每个档距进行弧垂测量，只要在中间 1～2 个档距内进行测量即可。测量应从横担中间（即近电杆）的一根开始，接着测电杆另一边对应的一根，然后再交叉测量第三和第四根，这样能使横担受力均匀，不致因紧线而出现扭斜。

导线弧垂的测量方法一般有等长法和张力表法两种，施工中常用等长法，即平行四边形法。

采用等长法测定弧垂时，应首先按当时环境温度查架空导线的弛度表，架空导线的最低弛度标准如表 3-18 所示。然后再将两把弧垂测量标尺上的横杆调节到弛度值，并把两把标尺分别挂在被测量档距的两根电杆的同一根导线上，如图 3-35 所示。

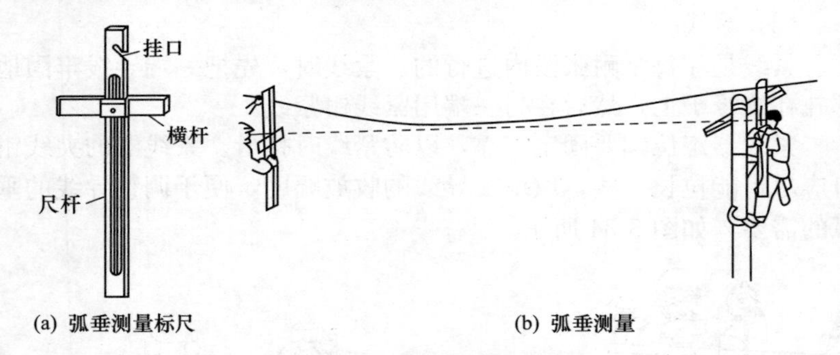

图 3-35　导线的弧垂测量

表 3-18　架空导线最低弛度标准

温度/℃	档距/m					
	30	35	40	45	50	60
	弛度/m					
−40	0.06	0.08	0.11	0.14	0.17	0.25
−30	0.07	0.09	0.12	0.15	0.19	0.27
−20	0.08	0.11	0.14	0.18	0.22	0.31
−10	0.09	0.12	0.16	0.20	0.25	0.36
0	0.11	0.15	0.19	0.24	0.30	0.43
10	0.14	0.18	0.24	0.30	0.38	0.45
20	0.17	0.23	0.30	0.38	0.47	0.57
30	0.21	0.28	0.37	0.47	0.58	0.83
40	0.25	0.35	0.44	0.56	0.69	0.99

注：1. 导线的弛度也称垂弧，是指一个档距内导线自然垂下的离地最低点与绝缘子上固定点的差距。

2. 如有安装设计要求，应按要求执行。

测量时，两个测量者彼此从标尺的横杆上进行观察，并指挥紧线；当两横杆上沿与导线下垂的最低点成一条直线时，则说明导线的弛度已调整到预定的要求。

（5）固定导线

导线在绝缘子上的固定，均采用绑扎法，裸铝绞线因质地过软，而绑线较硬，且绑扎时用力较大，故在绑扎前需在铝绞线上包缠一层保护层，包缠长度以两端各伸出绑扎处 20mm 为准。

导线在绝缘子上的固定方法如表 3-19 所示。

表 3-19　导线在绝缘子上的固定

名称	步　　骤	图　　示
直线段导线在碟形绝缘子上的绑扎	①把导线紧贴在绝缘子颈部嵌线槽内，把扎线一端留出足够在嵌线槽子绕1圈和在导线上绕10圈的长度，并使扎线与导线成X状相交	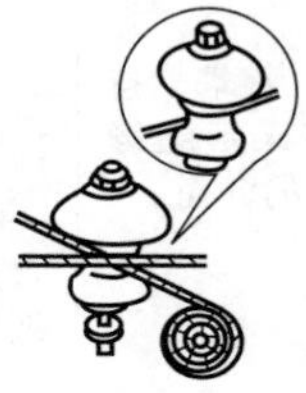
	②把扎线从导线右边下侧嵌线槽背后至导线左边下侧，按逆时针方向围绕正面嵌线槽，从导线右边上侧绕出	
	③接着将扎线贴紧并围绕绝缘子嵌线槽背后至导线左边下侧，在贴近绝缘子处开始，将扎线在导线上紧缠10圈后剪除余端	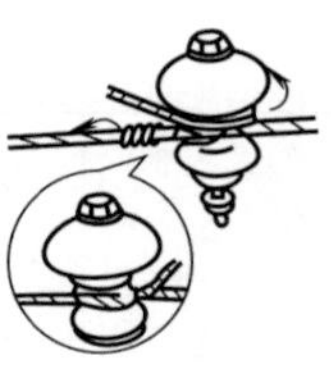
	④把扎线的另一端围绕嵌线槽背后至导线右边下侧，也在贴近绝缘子处开始，将扎线在导线上紧缠10圈后剪除余端	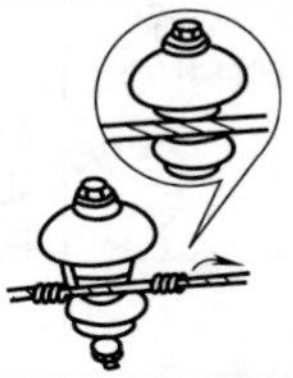

续表

名称	步　骤	图　示
始、终端支持点在碟形绝缘子上的绑扎	①把导线末端先在绝缘子嵌线槽内围绕1圈	
	②接着把导线末端压着第1圈后再围绕第2圈	
	③把扎线短的一端嵌入两导线末端合并处的凹缝中，扎线长的一端在贴近绝缘子处，按顺时针方向把两导线紧紧地缠扎在一起	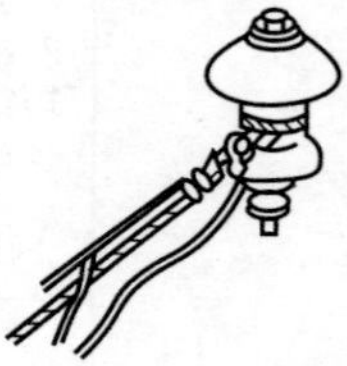
	④把扎线在两始、终端导线上紧缠到100mm长后，与扎线短的一端用克丝钳紧绞6圈后剪去余端，并紧贴在两导线的夹缝中	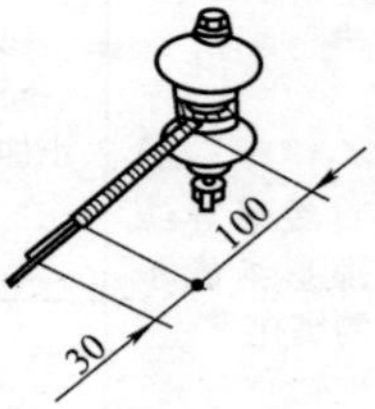 100 30
针式绝缘子的颈部绑扎	①绑扎前先在导线绑扎处包缠150mm长的铝箔带	
	②把扎线短的一端在贴近绝缘子处的导线右边缠绕3圈，然后与另一端扎线互绞6圈，并把导线嵌入绝缘子颈部嵌线槽内	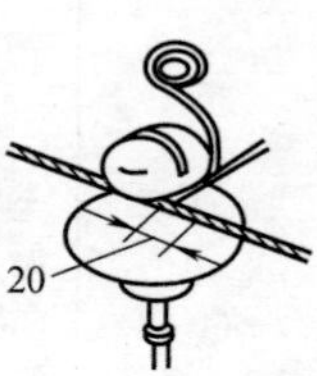 20

续表

名称	步　　骤	图　　示
针式绝缘子的颈部绑扎	③接着把扎线从绝缘子背后紧紧地绕到导线的左下方	
	④接着把扎线从导线的左下方围绕到导线右上方，并如同上法再把扎线绕绝缘子1圈	
	⑤然后把扎线再围绕到导线左上方	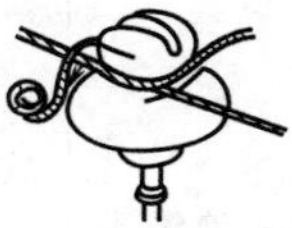
	⑥继续将扎线绕到导线右下方，使扎线在导线上形成X形的交绑状	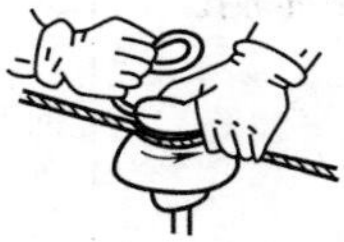
	⑦最后把扎线围绕到导线左上方，并贴近绝缘子处紧缠导线3圈后，向绝缘子背部绕去，与另一端扎线紧绞6圈后，剪去余端	
针式绝缘子的顶部绑扎	①把导线嵌入绝缘子顶嵌线槽内，并在导线右端加上扎线	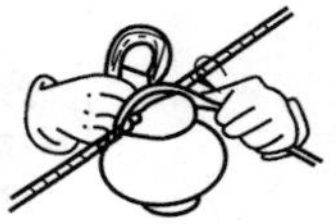
	②扎线在导线右边贴近绝缘子处紧绕3圈	
	③接着把扎线长的一端按顺时针方向从绝缘子颈槽中围绕到导线左边下侧，并贴近绝缘子在导线上缠绕3圈	

续表

名称	步　骤	图　示
针式绝缘子的顶部绑扎	④然后再按顺时针方向围绕绝缘子颈槽到导线右边下侧,并在右边导线上缠绕3圈(在原3圈扎线右侧)	
	⑤然后再围绕绝缘子颈槽到导线左边下侧,继续缠绕导线3圈(也排列在原3圈左侧)	
	⑥把扎线围绕绝缘子颈槽从右边导线下侧斜压住顶槽中的导线,并将扎线放到导线左边内侧	
	⑦接着从导线左边下侧按逆时针方向绕回绝缘子的顶部绑扎围绕绝缘子颈槽到右边导线下侧	
	⑧然后把扎线从导线右边下侧斜压住顶槽中导线,并绕到导线左边下侧,使顶槽中导线被扎线压成X状	
	⑨最后将扎线从导线左边下侧按顺时针方向围绕绝缘子颈槽到扎线的另一端,相交于绝缘子中间,并互绞6圈后剪去余端	

3.2.6 低压进户装置的安装

(1) 进户方式

进户方式包括进户供电的相数和进户装置的结构形式及组成。

① 进户相数　电业部门根据低压用户的用电申请，将根据用户所在地的低压供电线路容量和用户分布等情况决定给以单相两线、两相三线、三相三线或三相四线制的供电方式。凡兼有单相和三相用电设备的用户，以三相四线制供电，能分别为单相220V的

和三相 380V 的用电设备提供电源。凡只有单相设备的用户，在一般情况下，申请用电量在 30A 及以下（申请临时用电为 50A 及以下）的通常均以单相两线制供电；若申请用电量在 30A 以上（临时用电为 50A 以上）的应以三相四线制供电，因为这样能避免公用配电变压器出现严重的三相负载不平衡，所以，用户必须把单相负载平均分接三个单相回路上（即 L1-N、L2-N 和 L3-N）。

② 进户装置的结构形式（也称进户方式） 由用户建筑结构、供电相数和供电线路状况等因素决定，进户方式有如图 3-36 所示的几种。

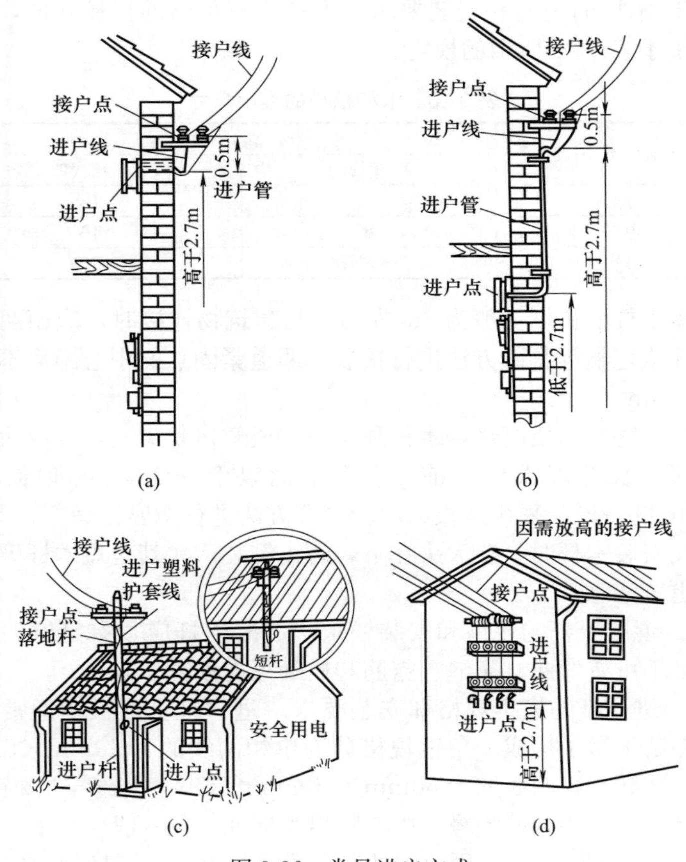

图 3-36 常见进户方式

③ 进户装置的组成　进户装置由进户线、进户管、进户杆以及电业部门的接户线四部分组成，并构成两个点，即进户点和接户点。进户点是进户线穿过墙壁通入户内的一点，穿墙的一段进户线必须用管子加以保护，接户点是进户线在接户线上引接电源的一点。

（2）低压进户装置的安装

1）进户杆

一般由用户置备。进户杆分有长杆（也称落地杆）和短杆两种。进户杆可采用混凝土杆或木杆，形状可采用圆的或方的。

① 木杆的规格和安装要求　木杆应有足够的机械强度，梢径不应小于表 3-20 所示的规定。

表 3-20　木杆梢径的最小尺寸　mm

木杆类型	最小尺寸	
	单相线时	三相线时
落地杆	10	13
短杆	8	10
方形短杆	7.5×7.5	9×9

短木杆的长度一般为 2m 左右，与建筑物连接时，应用两道通墙螺栓或抱箍等紧固方法进行接装。两道紧固点的中心距离不应小于 500mm。

为了防止木质腐烂，木杆顶端应劈成錾口状尖端，并应涂刷沥青防腐；长杆埋入地面前，应在地面以上 300mm 和地面以下 500mm 的一段，采用烧根或涂沥青等方法进行防腐处理。

在安装木杆时，要大头在下，防止倒装，尤其是短木杆极易装错，更应注意。

② 混凝土杆的规格和安装要求　混凝土杆应具有足够的机械强度，不可有弯曲、裂缝、露筋和松酥等现象。

③ 进户杆的横担规格和安装要求　进户杆上的横担通常采用角钢加装绝缘子构成。角钢规格分为单相两线的为 40mm×5mm；两相三线和三相四线的为 50mm×50mm×6mm。绝缘子在横担上的安装尺寸，要以两绝缘子中心距离为标准，在一般情况下，中心距离为 150～200mm。用户户外输出线路与接户线同杆架设时，输

出线应安装在接户线下方，并保持足够的距离。横担不应出现倾斜。

2）进户线

进户线是指一端接于接户点，另一端接于进户后总熔断器盒的这一段导线。进户线必须采用绝缘电线，且不可采用软线，中间不可有接头。

进户线的最小截面积规定为：铜芯绝缘导线不得小于 $1.5mm^2$，铝芯绝缘导线不得小于 $2.5mm^2$。进户线在安装时应有足够的长度，户外一端应保持如图 3-37 所示的弛度。

进户线的户外侧一端长度，在出管口后应保持 800mm 净长（不包括与接户线的连接部分长度）。否则，不能保证有近似 200mm 的弛度；户内侧一端长度，应保证能接入总熔断器盒内，一般应保证达到总熔断器盒木板上沿以下的 150mm 处。

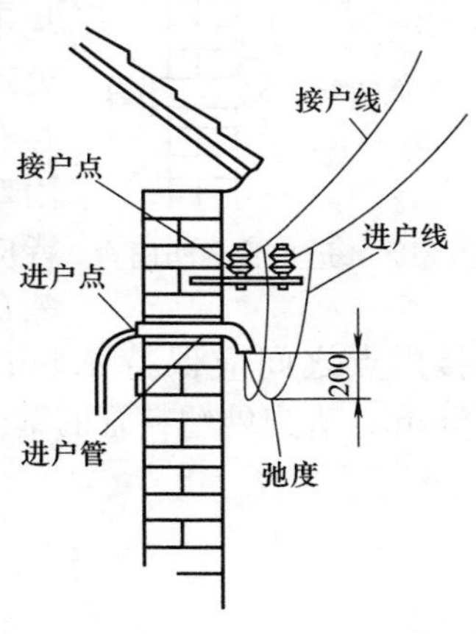

图 3-37　进户线的弛度

凡采用截面积为 $35mm^2$ 及以上的导线时，为了防止雨水因虹吸作用而渗入户内，应在导线弛度的最低处将绝缘层开个缺口，让雨水能顺缺口漏下。

3）进户管

进户管是用来保护进户线的，分有瓷管、钢管和硬塑料管三种。瓷管又分为弯口和反口两种。各种进户管的规格和安装要求如下：

① 瓷管　进户线的截面积不大于 $50mm^2$ 时，采用弯口瓷管；大于 $50mm^2$ 时，采用反口瓷管。规定一根导线单独穿一根瓷管，不可一管穿多根导线，否则会因瓷管破碎时损坏导线绝缘而造成短路事故。瓷管管径以内径标称，常用的有 13mm、16mm、19mm、25mm 和 32mm 等多种，按导线粗细来选配，一般以导线截面积（包括绝缘层）占瓷管有效截面积的 40%左右为选用标准，但最小

的管径不可小于 16mm。安装时，弯口瓷管的弯口应朝向地面，反口瓷管户外一端应稍低，以防雨水灌进户内。当一根瓷管长度不够穿越墙的厚度时，允许用同管径反口瓷管接长，但连接处必须平服、密缝。

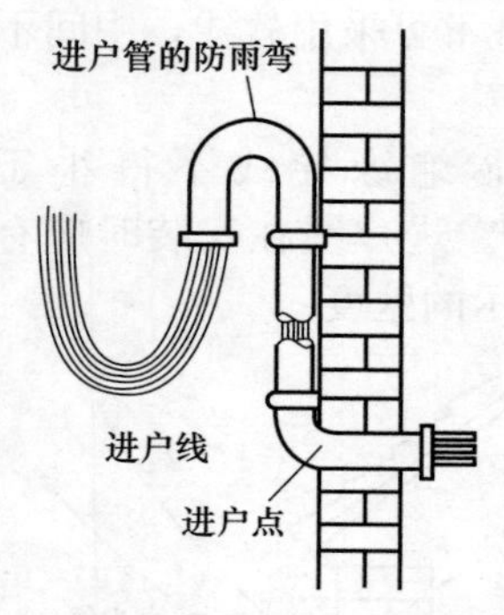

图 3-38　进户管的防雨弯

② 钢管或硬塑料管　应把所有的进户线穿在同一根管内，管径大小应根据导线的粗细和根数选用，导线占管内的有效面积和最小管径的规定，与瓷管相同。凡有裂缝和瘪陷等缺损的钢管及硬塑料管，均不能使用。在安装前，钢管应经过防锈处理，如镀锌或涂漆。管内和管口处不能存有毛刺。管子伸出户外的一端应制成防雨弯，如图 3-38 所示。钢管的两端管口皆应加装护圈。进户钢管（或硬塑料管）装在进户杆上时，应装在横担下方，管口与接户点之间应保持 0.5m 的距离。进户钢管的壁厚不应小于 2.5mm；进户硬塑料管的壁厚不应小于 2mm。

第4章

室内配线与照明安装

4.1 绝缘子（瓷瓶）线路安装

4.1.1 绝缘子定位、划线、凿眼和埋设紧固件

（1）定位

按施工图确定灯具、开关、插座和配电箱等设备的位置，然后再确定导线的敷设位置，穿过楼板的位置及起始、转角、终端夹板的固定位置，最后确定中间夹板的位置。在开关、插座和灯具附近约 50mm 处，都应安装一副夹板。

（2）划线

用粉线袋划出导线敷设的路径，再用铅笔或粉笔划出瓷夹位置，当采用 1～2.5mm^2 截面的导线时，瓷夹板间距为 600mm；采用 4～10mm^2 截面的导线时，瓷夹板间距为 800mm，然后在每个开关、灯具和插座等固定点的中心处划一个“×”号，如图 4-1 所示。

（3）凿眼

按划线的定位点凿眼。在砖墙上凿眼，可采用小钢扁凿或电钻（钻头采用特种合金钢），如图 4-2 所示。孔眼要外小内大，孔深按实际需要而定；在混凝土墙上凿眼可采用麻线凿或冲击钻，边敲边转动麻线凿。

（4）安装木榫或其他紧固件

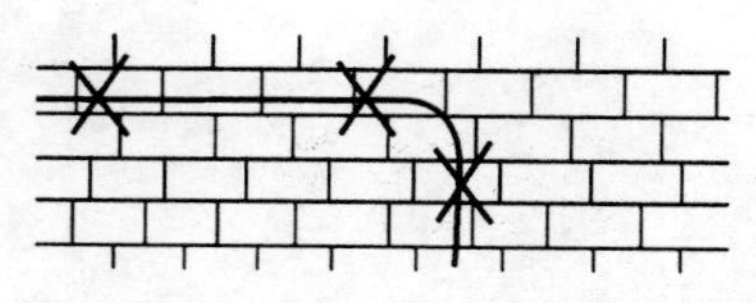

图 4-1　位置的确定和划线

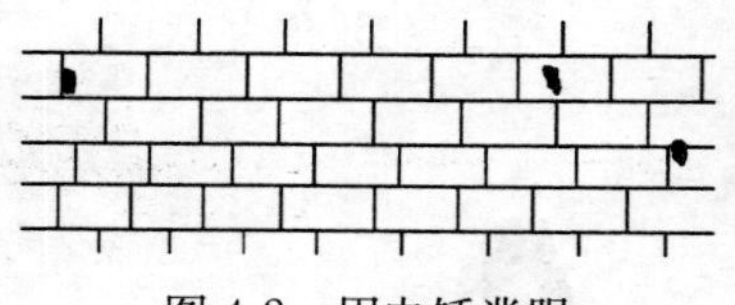

图 4-2　用电锤凿眼

在孔眼中洒水淋湿，埋设木榫或缠有铁丝的木螺钉，木榫有矩形和正八边形两种，如图 4-3 所示。安装时注意校正敲实，松紧适度。

（5）埋设穿墙保护瓷管或钢管

瓷管预埋可先用竹管或塑料管代替，当拆除模板刮糙后，再将竹管取出换上瓷管，塑料管可以代替瓷管使用，直接埋入混凝土构造中即可。

4.1.2　绝缘子线路的安装

（1）绝缘子的固定方法

① 砖墙结构上固定绝缘子，可用木榫或缠有铁丝的木螺钉固定，如图 4-4 所示。

② 木结构上固定绝缘子，可用木螺钉直接旋入，如图 4-5 所示。

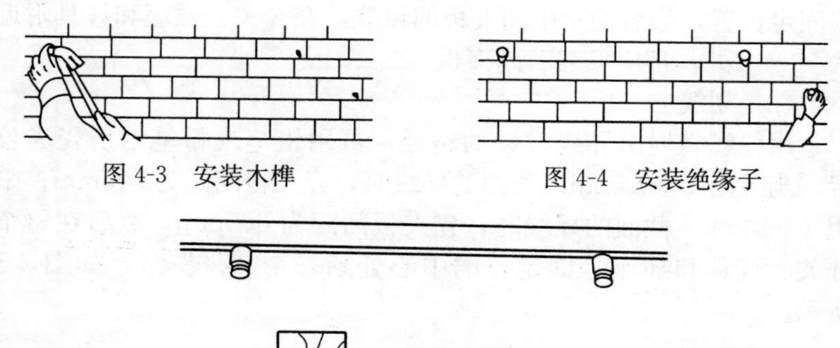

图 4-3　安装木榫　　　　图 4-4　安装绝缘子

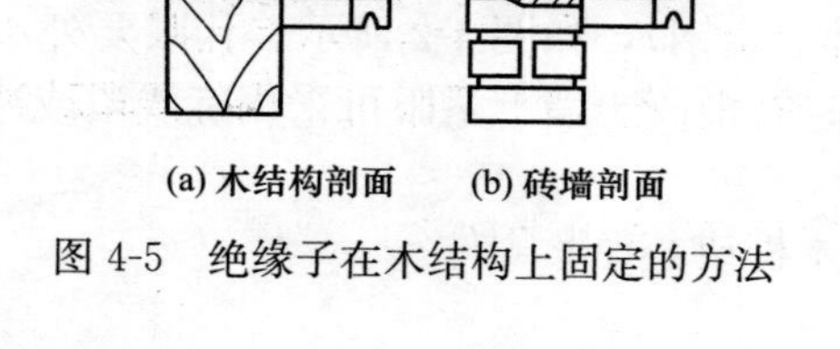

(a) 木结构剖面　　(b) 砖墙剖面

图 4-5　绝缘子在木结构上固定的方法

（2）绝缘子的安装方法

① 导线交叉敷设时穿入绝缘管或缠绝缘带保护，方法如图 4-6（a）所示。

② 如果导线在不同平面转弯，则应在凸角的两面上各装设一个绝缘子，如图 4-6（b）所示。

③ 如果导线在同一平面内转弯，则应将绝缘子敷设在导线转弯拐角的内侧，如图 4-6（c）所示。

④ 平行的两根导线，应位于两绝缘子的同一侧或位于两绝缘子的外侧，而不应位于两绝缘子的内侧，如图 4-6（d）所示。

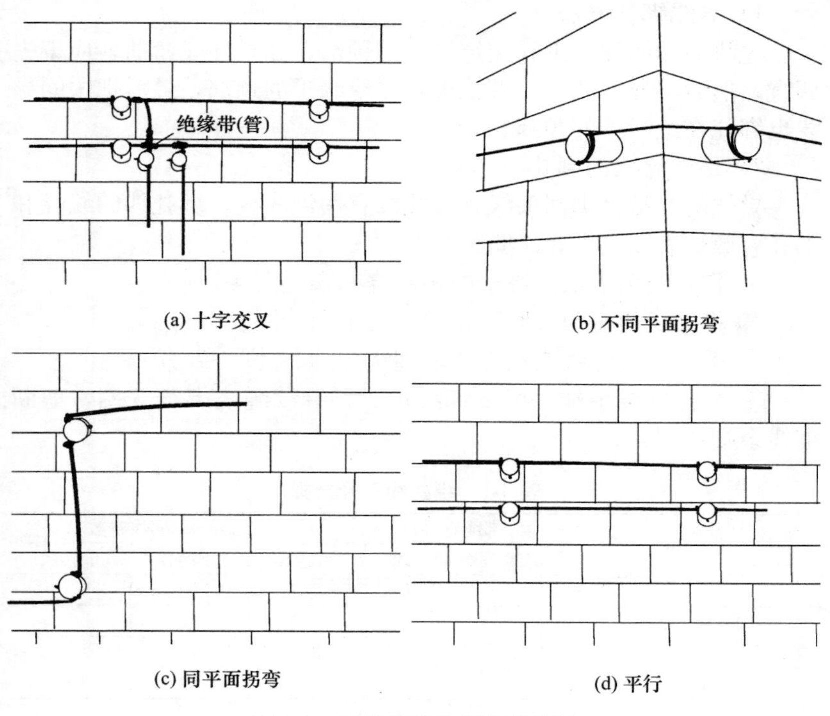

图 4-6　绝缘子线路安装的做法

4.1.3　导线安装

（1）导线的敷设

导线敷设前先将导线拉直，然后按一定的顺序和方法进行，导线的布放一般有放线架放线和手工放线两种方法。

① 放线架放线　通常用于较粗导线的布放。放线时，将成盘导线架在放线架上，一人拉着线头顺线路方向前进，线盘受力牵动线架转动，将导线放直。

② 手工放线　通常用于线路较短或较细导线的放线。放线时，将线盘套在胳膊上，把线头固定在线路起点的固定物上，放线人顺线路方向前进，用一只手将导线正着放 3 圈，然后把线盘反过来再放 3 圈，反复进行就可将导线平直地放开。

（2）导线绑扎

1）导线绑扎方法

先将一端的导线绑扎在绝缘子的颈部，如果导线弯曲，应事先调直，然后将导线的另一端也绑扎在绝缘子的颈部，最后把中间导线也绑扎在绝缘子的颈部。

2）终端导线的绑扎

导线的终端可绑回头线，绑扎线宜用绝缘线，绑扎线的线径和绑扎卷数如表 4-1 所示。步骤为：

① 将导线余端从绝缘子的颈部绕回来［图 4-7（a）］。

② 将绑线的短头扳回压在两导线中间［图 4-7（b）］。

③ 手持绑线长线头在导线上缠绕 10 圈［图 4-7（c）］。

④ 分开导线余端，留下绑线短头，继续缠绕绑线 5 圈，剪断绑线余端［图 4-7（d）］。

表 4-1　绑扎线直径选择

导线截面/mm^2	绑线直径/mm			绑线卷数	
	砂包铁芯线	铜芯线	铝芯线	公卷数	单卷数
1.5～10	0.8	1.0	2.0	10	5
10～35	0.89	1.4	2.0	12	5
50～70	1.2	2.0	2.6	16	5
95～120	1.24	2.6	3.0	20	5

3）直线段导线绑扎的方法

鼓形瓷瓶和碟形瓷瓶配线的直线绑扎方法，可根据绑扎导线的截面积大小来决定。导线截面面积在 $6mm^2$ 以下的采用单花绑法，导线截面面积在 $10mm^2$ 以上的采用双绑法。

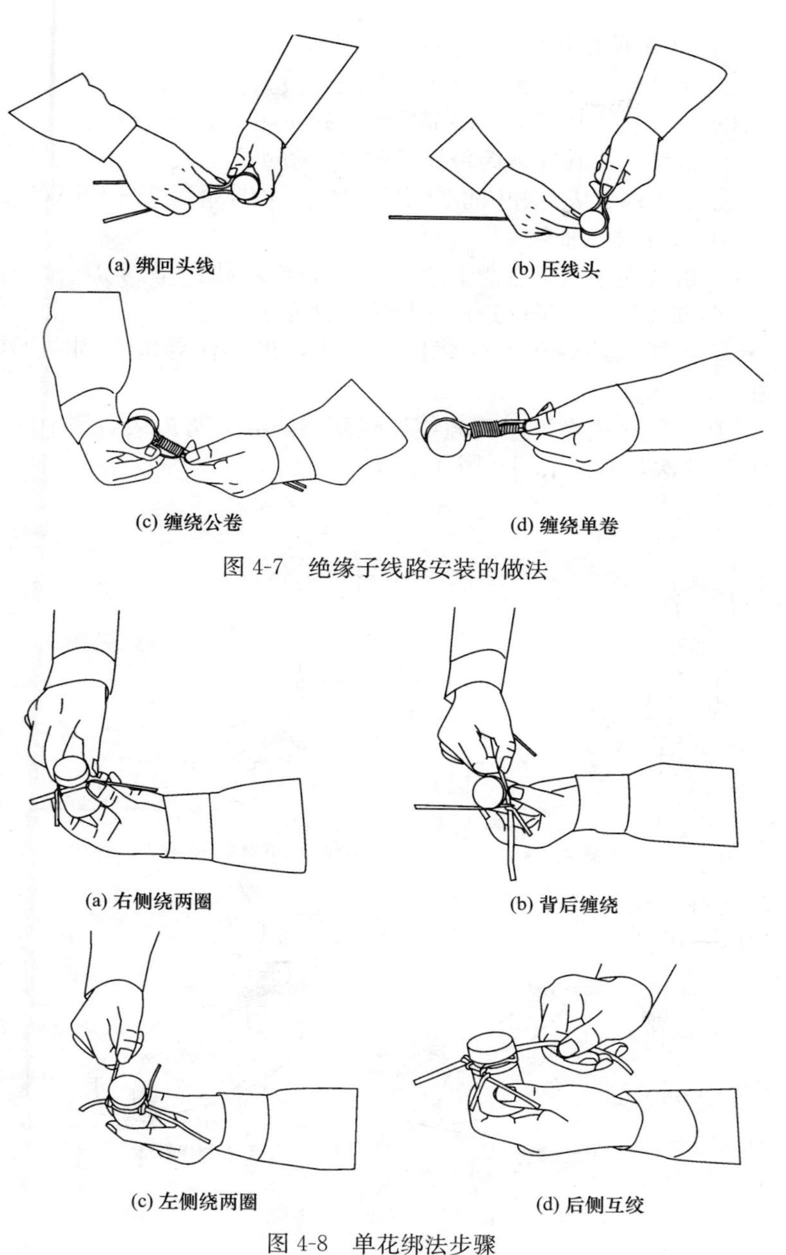

(a) 绑回头线　(b) 压线头

(c) 缠绕公卷　(d) 缠绕单卷

图 4-7　绝缘子线路安装的做法

(a) 右侧绕两圈　(b) 背后缠绕

(c) 左侧绕两圈　(d) 后侧互绞

图 4-8　单花绑法步骤

4）单花绑法步骤

① 绑线长头在右侧缠绕导线两圈［图 4-8（a）］。

② 绑线长头从绝缘子颈部后侧绕到左侧［图 4-8（b）］。

③ 绑线长头在左侧缠绕导线两圈［图 4-8（c）］。

④ 长短绑线从后侧中间部位互绞两次，剪掉余端［图 4-8（d）］。

5）双花绑法步骤

① 绑线在绝缘子右侧上边开始缠绕导线两圈［图 4-9（a）］。

② 绑线从绝缘子前边压住导线绕到左上侧［图 4-9（b）］。

③ 绑线从绝缘子后侧绕回右上侧，再压住导线回到左下侧［图 4-9（c）］。

④ 绑线在绝缘子左侧缠绕导线两圈，绑线两头从后侧中间部位互绞两次，剪掉余端［图 4-9（d）］。

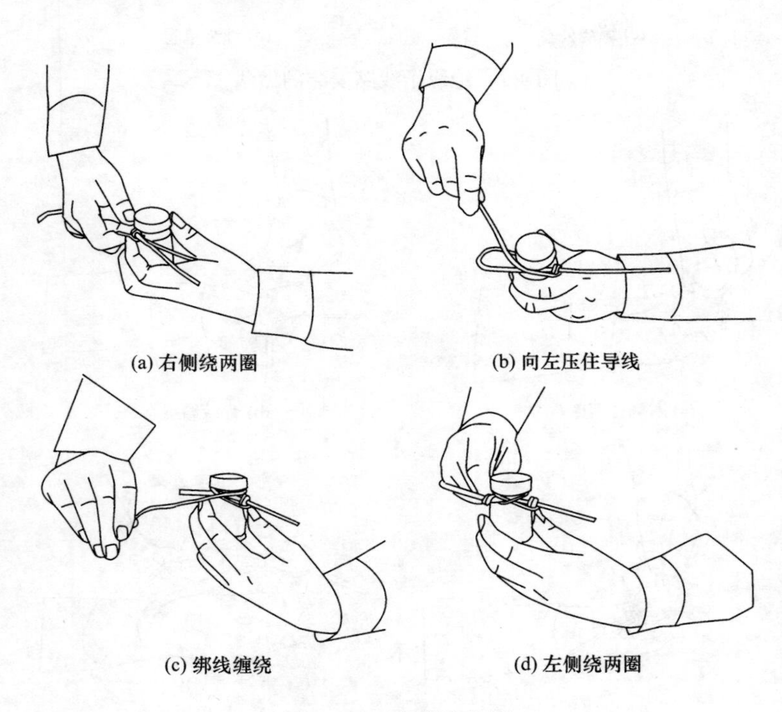

图 4-9　双花绑法步骤

4.2 电线管配线

4.2.1 钢管的加工

（1）钢管的切断

钢管切断方法较多，通常有无齿锯切割、割管器切割、细齿钢锯切割等。割管器切割（参考第1章中“割管器的使用”）时切断处易产生管口内缩，缩小后的管口要用绞刀或锉刀刮（锉）光。

管子切断后，断口处应与管轴线垂直，管口应锉平、刮光，使管口整齐光滑。当出现马蹄口后，应重新切断。

（2）钢管套丝

套丝可用管子绞板，方法参考第1章中“管子绞板的使用”。

（3）钢管的弯曲

直径为50mm的白铁管或电线管可用弯管器来弯管，方法参考第1章中“弯管器的使用”。弯管时应将线管的焊缝置于弯曲方面的背面或两侧。

弯管注意事项：

① 弯曲处不应有褶皱、凹穴和裂缝现象，弯扁程度不应大于管外径的10%，弯曲角度一般不宜小于90°。

② 明配管弯曲半径不应小于管外径的6倍；如只有一个弯时，不应小于管外径的4倍，整排钢管在弯曲处应弯成同心圆。

③ 在弯管过程中，还要注意弯曲方向和钢管焊缝之间的关系，一般焊缝宜放在钢管弯曲方向的正、侧面交角处的45°线上，如图4-10所示。

（4）钢管除锈和防腐

① 用圆形钢丝刷，两头各绑1根铁丝穿过线管，来回拉动钢丝刷进行管内除锈，如图4-11所示。

② 管外壁可用钢丝刷除锈，如图4-12所示。

③ 钢管除锈后，可在内、外表面涂以油漆或沥青漆，但埋设在混凝土中的

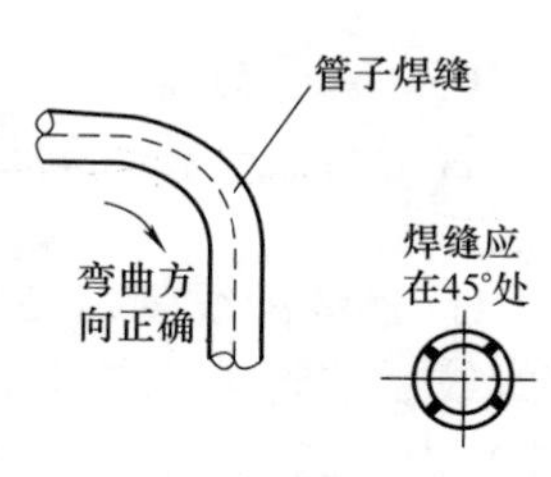

图4-10 弯曲方向与管缝的配合

电线管外表面不要涂漆，以免影响混凝土的结构强度。

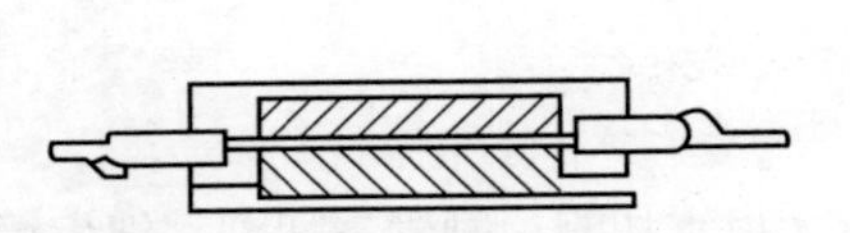
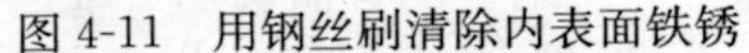
图 4-11　用钢丝刷清除内表面铁锈

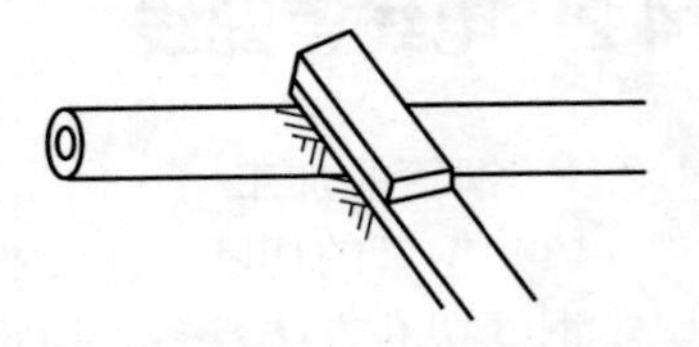
图 4-12　用钢丝刷除外表面铁锈

（5）管与管连接

明配管采用螺纹连接，两管拧进管接头长度不可小于管接头长度的 1/2（6 扣），使两管端之间吻合。

常用管与管连接方法如图 4-13 所示。

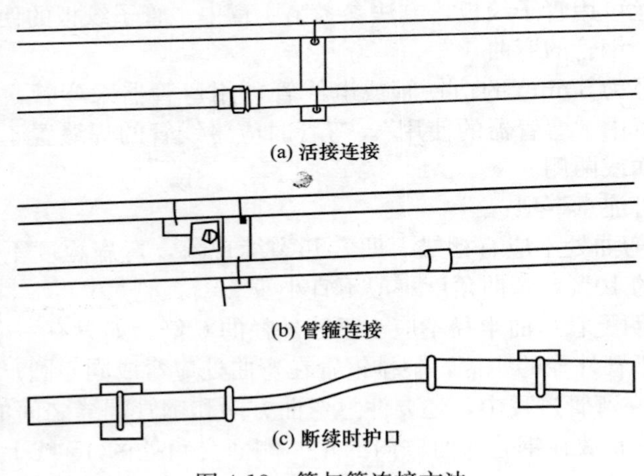

图 4-13　管与管连接方法

（6）管子与盒（箱）连接

管子与盒（箱）的连接，可采用锁紧螺母或护圈帽固定两种方法。

① 连续配线管口使用金属护圈帽（护口）保护导线时，应将套螺纹后的管端先拧上锁紧螺母，顺直插入与管外径相一致的盒（箱）内，露出 2～4 扣的管口螺纹，再拧上金属护圈帽（护口），如图 4-14（a）所示。

② 断续配线管口可使用金属或塑料护圈帽保护导线，这时锁

紧螺母仍留出管口2～4扣，如图4-14（b）所示。

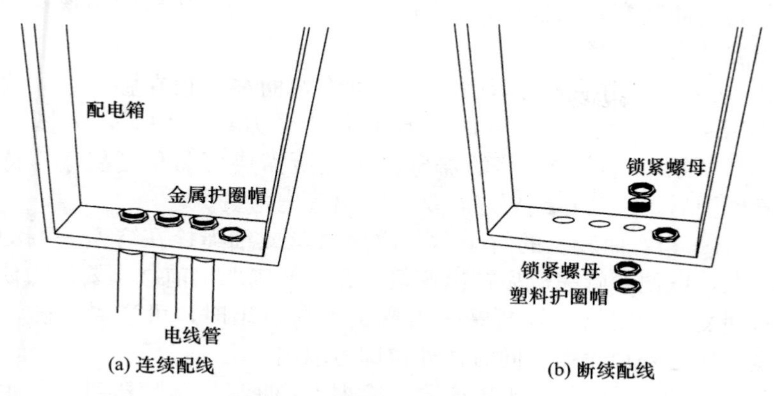

图4-14　管与箱连接示意图

4.2.2　硬质塑料管加工

（1）管子的切断

① 配管前应根据管子每段所需长度进行切断。

② 硬质聚氯乙烯塑料管的切断，使用带锯的多用电工刀或钢锯条，切口应整齐。

③ 硬质PVC塑料管用锯条切断时，应直接锯到底。也可以使用厂家配套供应的专用截管器进行裁剪管子。应边稍转动管子边进行裁剪，使刀口易于切入管壁，刀口切入管壁后，应停止转动PVC管，继续裁剪，直至管子切断为止，如图4-15所示。

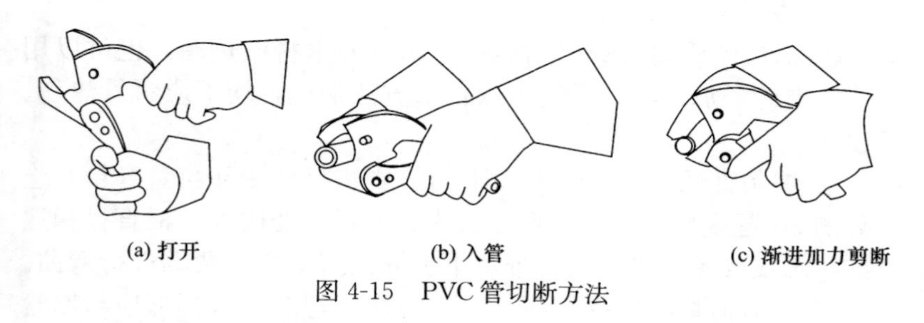

图4-15　PVC管切断方法

（2）管子的弯曲

1）管子的冷煨弯曲

① 弯管时首先应将相应的弯管弹簧插入管内需煨处，两手握住管弯曲处弯簧的部位，如图 4-16（a）所示，然后用力逐渐弯出需要的弯曲半径来。

② 如果用手无力弯曲时，也可将弯曲部位顶在膝盖或硬物上再用手扳，逐渐进行弯曲，但用力及受力点要均匀，如图 4-16（b）所示。弯管时，一般需弯曲至比所需要弯曲角度要小，待弯管回弹后，便可达到要求，然后抽出管内弯簧。

③ 当弯曲较长的管子时，应用铁丝或细绳拴在弯簧一端的圆环上，以便弯管完成后拉出弯簧。在弯簧未取出前，不要用力使弯簧回复，否则易损坏弯簧。当弯簧不易取出时，可逆时针转动弯簧，使之外径收缩，同时往外拉即可取出。

④ 在硬质 PVC 塑料管端部冷煨 90°曲弯或鸭脖弯时，用手冷煨管有一定困难，可在管口处外套一个内径略大于管外径的钢管，一手握住管子，一手扳动钢管即可煨出管端长度适当的 90°曲弯。

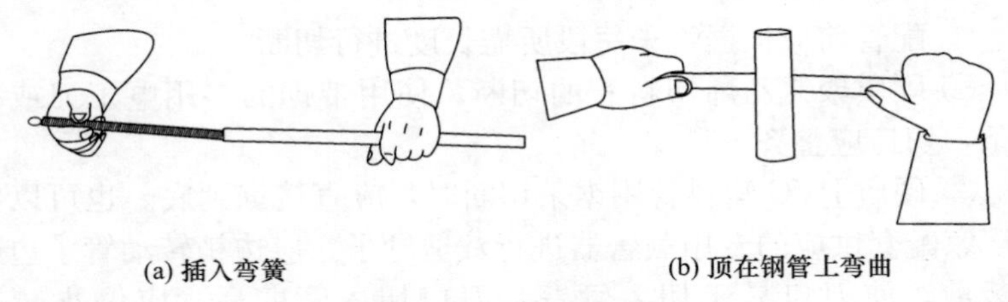

(a) 插入弯簧　　(b) 顶在钢管上弯曲

图 4-16　手动冷煨管示意图

2）管子的热煨弯曲

① 加热硬质塑料管可用喷灯、木炭或木材做热源，也可以用水煮、电炉子加热等，无论采取什么方法加热，均不应将管烤伤、变色。

② 煨制直径为 20mm 及以下的硬质塑料管端部与盒（箱）连接处的 90°弯或鸭脖弯时，管端加热后，管口处插入一根直径相适宜的防水线或橡胶棒或氧气带，用手握住需煨弯处两端进行弯曲。成型后将弯曲部位插入冷水中定型。弯 90°弯时，管端部应与原管垂直，这样有利于瓦工砌筑。管端不应过长，应保证管（盒）连接后管子在墙体中间位置上，如图 4-17（a）所示。

③ 在管端部煨鸭脖弯时，应一次煨成所需长度和形状，并注意两直管段间的平行距离，且端部短管段不应过长，并要防止造成砌体墙通缝，如图 4-17（b）所示。

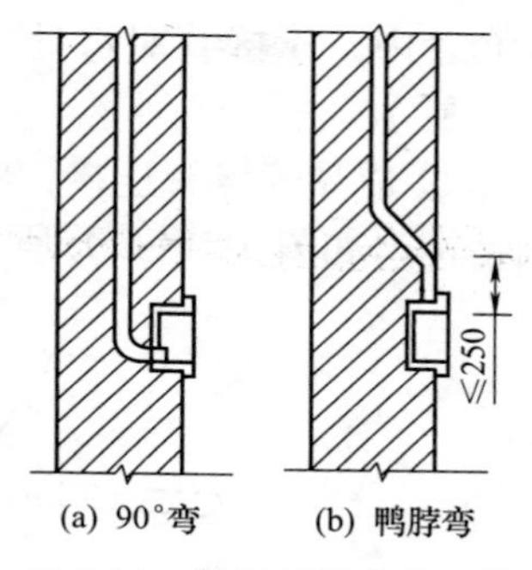

(a) 90°弯　　(b) 鸭脖弯

图 4-17　管端部的弯曲形状

④ 直径为 20mm 及以下的硬塑料管中间部位的 90°弧形弯曲，也可按弯曲半径的不同要求，先自制能同时并立容纳多根管子的模具，如图 4-18（a）所示。用手同时拿多根管一齐加热，在加热过程中要一边前后串动，一边转动，待管子加热至柔软状态时，弯曲后一根根放入模具中进一步弯曲，为了加速管的硬化，需浇水冷却。弯曲 50mm 以上的硬塑料管，还要在冷却的过程中整形。管径再大者，要装上炒干的砂子，塞好管口后再加热弯曲。塑料管的弯曲角度一般不宜大于 90°，弯曲半径不应小于管外径的 6 倍；埋设于地下或混凝土楼板内时，不应小于管外径的 10 倍，如图 4-18（b）所示。管的弯曲处不应有折皱、凹穴和裂缝现象，弯曲程度不应大于管外径的 10%。

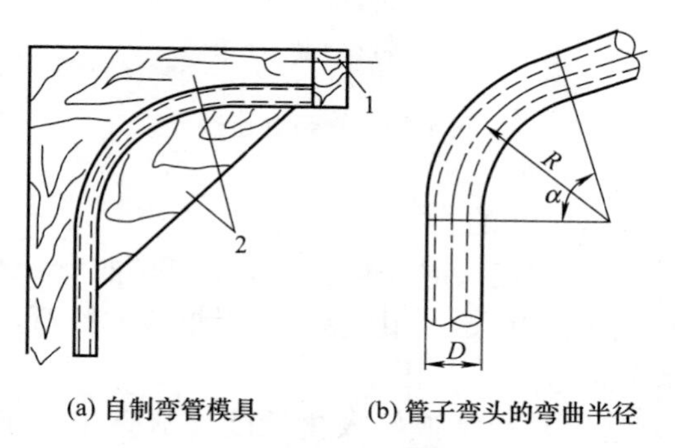

(a) 自制弯管模具　　(b) 管子弯头的弯曲半径

图 4-18　弯管模具及管子弯头

1—钉；2—木或铁

（3）管与管的连接

① 插入法连接：把连接管端部擦净，将阴管端部加热软化，把阳管管端涂上胶合剂，迅速插入阴管，插接长度为管内径的

1.1～1.8 倍，待两管同心时，冷却后即可，如图 4-19（a）所示。

② 套接法连接：用比连接管管径大一级的塑料管做套管，长度为连接管内径的 1.5～3 倍，把涂好胶合剂的被连接管从两端插入套管内，连接管对口处应在套管中心，且紧密牢固，如图 4-19（b）所示。

③ 成品管接头连接：将被连接管两端与管接头涂专用的胶合剂粘接，如图 4-19（c）所示。

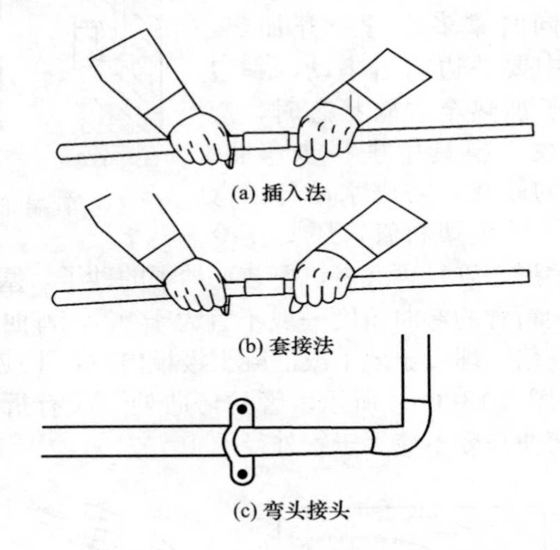
(a) 插入法

(b) 套接法

(c) 弯头接头

图 4-19　管与管连接

（4）管与盒（箱）的连接

① 硬塑料管与盒连接时一般把管弯成 90°曲弯，在后面入盒，尤其是埋设在墙中的开关、插座盒，如果煨成鸭脖弯，在盒上方入盒，则预埋砌筑时立管不易固定。

② 管与盒连接时要掌握好入盒长度，不应在预埋时使管口脱出盒子，也不应使管插入盒内过长，更不应后打断管头，致使管口出现齿状或断在盒外。控制管入盒长度的方法有：

a. 使用成品钢卡或用穿线钢丝煨制卡环均可。在管口处相对应的两侧适当部位使用锯条开口，将钢卡环卡在锯口处。如果卡环卡在盒内管口处，可防止管口在盒内回缩脱出盒子，如卡在盒外管口处，可以防止伸进盒内露出过长，如图 4-20（a）所示。

b. 在现场中使用铁绑线绑扎管口，比使用钢卡环方便和经济，即在盒外管口处适当位置上开一锯口，锯口深度与绑线直径相同，截取两根适当长度的铁绑线由中间折回，拧出一个直径约 10mm 的圆圈，然后将绑线一侧两根分开，使其一根卡在锯口内，再将绑线交叉绞拧两回。此法用在墙体上预埋管盒时，控制管入盒长度，如图 4-20（b）所示。

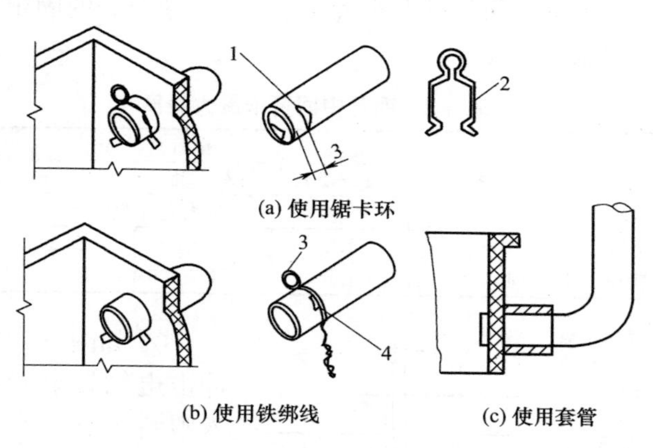

图 4-20　管口固定方法

1—锯口；2—ϕ1mm 钢丝钢卡环；3—铁绑线；4—锯口

c. 在管口处套一截比连接管大一级的短管，使之顶住盒底部，也可防止入盒管伸进盒内过长，如图 4-20（c）所示。

d. 用上述方法可以控制住管入盒的长度，但无法消除在管盒连接处管子回缩脱出盒孔的弊病。如将已煨好弯的管口处再加热，用自制的胎具或螺丝刀柄将管口扩成喇叭口状，就可将管头与盒孔卡住，防止管盒脱离，如图 4-21 所示。如果在墙体配合施工预埋管盒时，再补以相应措施，既能保证管子敷设质量，又能使管内穿线时导线与管口之间的摩擦力减少。

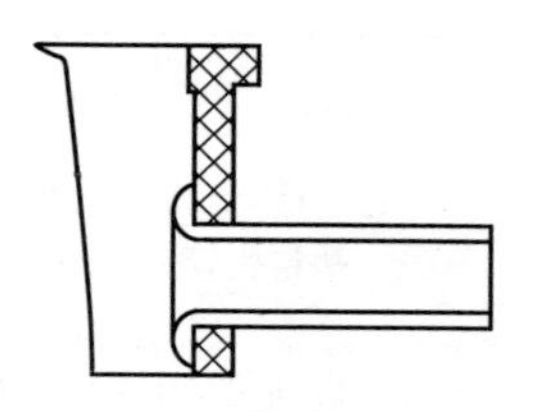

图 4-21　入盒管口处扩成喇叭口状

e. 如果在盒内管口端部做喇叭口，再在盒外管口处套一短管；或用铁绑线固定管盒，把盒子固定在中间，这样管口既不会伸入盒内过长，又不能脱出盒口。预埋时可以直接将管盒牢固地固定在墙内。

4.2.3 管子明装

(1) 明配管用管卡子安装

① 沿建筑物表面敷设的明管，一般不采用支架，应用管卡子均匀固定。固定点间的最大距离见表 4-2。管卡子的固定方法可用塑料胀管或胀锚螺栓。

表 4-2 钢管中间管卡最大距离

敷设方式	钢管类型	钢管直径/mm			
		15～20	25～32	40～50	65～100
		最大允许距离/m			
吊架、支架或沿墙敷设	厚壁管	1.5	2.0	2.5	3.5
	薄壁管	1.0	1.5	2.0	

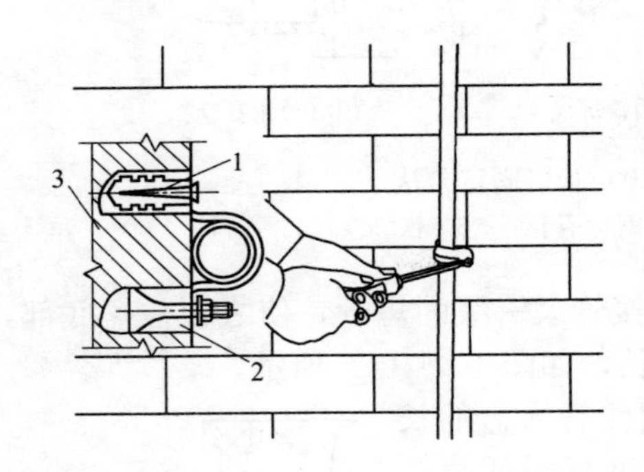

图 4-22 管卡固定方法
1—塑料胀管；2—胀锚螺栓；3—砖墙

② 如图 4-22 所示，用冲击电钻钻好管孔后，放入塑料胀管。待管固定时应先将管卡的一端螺钉拧进一半，然后将管敷设于管卡内，再将管卡两端用木螺钉拧紧。

③ 使用胀锚螺栓固定时，螺栓与套管应一起送到孔洞内，螺栓要送到洞底，螺栓埋入结构内的长度与套管长度相同。

④ 明配管在拐弯处应煨成弯曲或使用连接件，如图 4-23 (a)、(b) 所示。

⑤ 当多根明配管排列敷设时，在拐角处应使用中间接线箱进行连接，也可按管径的大小弯成排管敷设，所有管子应排列整齐，转角部分应按同心圆弧的形式进行排列，如图 4-23 (c) 所示。

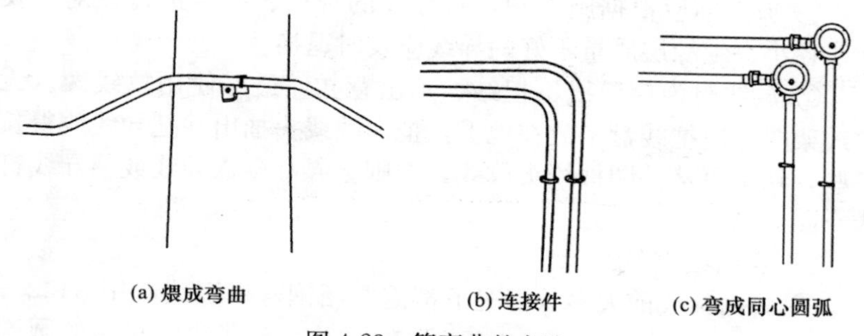

图 4-23　管弯曲的方法

（2）明配管支架安装

对于多根明配管或较粗的明管可用支架进行安装。安装时应先固定支架，再将钢管固定在支架上，方法如图 4-24 所示。

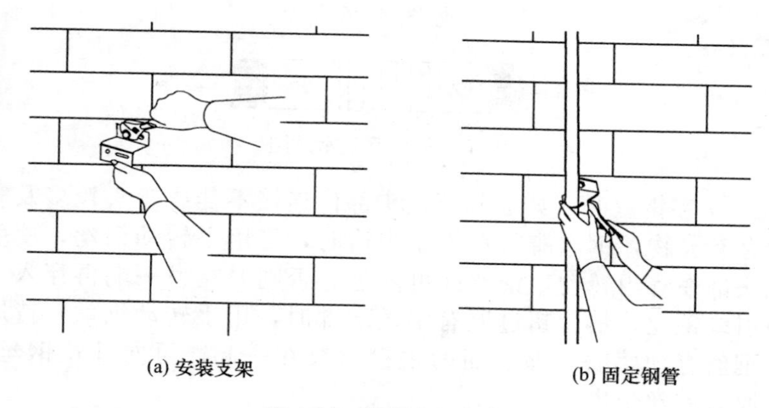

图 4-24　钢管支架安装

4.2.4　管内穿线

（1）穿引线钢丝

1）清扫管路

在钢丝上缠上破布，来回拉几次，将管内杂物和水分擦净。特别是对于弯头较多或管路较长的钢管，为减少导线与管壁摩擦，应随后向管内吹入滑石粉，以便穿线。

2）放导线

① 放线前应根据施工图，对导线的规格、型号进行核对，发现线径小、绝缘层质量不好的导线应及时退换。

② 放线时为使导线不扭结、不出背扣，最好使用放线架。无放线架时，应把线盘平放在地上，把内圈线头抽出并把导线放得长一些，切不可从外圈抽线头放线，否则会弄乱整盘导线或使导线打成小圈扭结。

3）穿引线钢丝

① 管内穿线前大多数情况下都需要用钢丝做引线，用 ϕ1.2～2.0mm 的钢丝，头部弯成封闭的圆圈状，如图 4-25 所示。由管一端逐渐送入管中，直到另一端露出头时为止。明配管路有时管路较长或弯头较多，可在敷设管路时就将引线钢丝穿好，如图 4-26 所示。

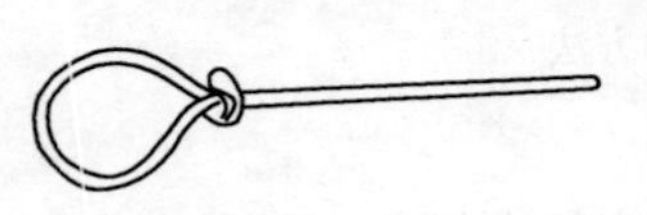

图 4-25　引线钢线端部封闭圆圈

图 4-26　穿钢丝示意图

② 穿钢丝时，如遇到管接头部位连接不佳或弯头较多及管内存有异物，钢丝滞留在管路中途时，可用手转动钢丝，使引线头部在管内转动，钢丝即可前进。否则要在另一端再穿入一根引线钢丝，估计超过原有钢丝端部时，用手转动钢丝，待原有钢丝有动感时，即表面两根钢丝绞在一起，再向外拉钢丝，将原有钢丝带出。

4）引线钢丝与导线结扎

① 当导线数量为 2～3 根时，将导线端头插入引线钢丝端部圈内折回，如图 4-27 所示。

② 如导线数量较多或截面较大，为了防止导线端头在管内被卡住，要把导线端部剥出一段线芯，并斜错排好，与引线钢丝一端缠绕。

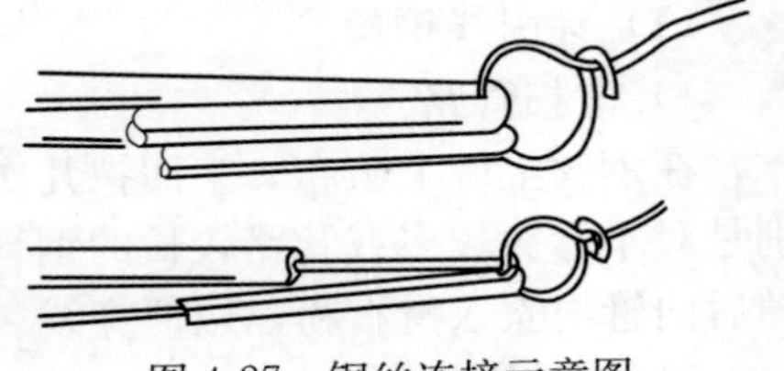

图 4-27　钢丝连接示意图

（2）穿线

1）管内穿线的基本要求

① 导线穿入钢管前，钢管管口处采用螺纹连接时，应有护圈帽，当采用焊接固定时，亦可使用塑料内护口。穿入硬质塑料管前，应先检查管口是否留有毛刺和刃口，以防穿线时损坏导线绝缘层。

② 同一交流回路的三相导线及中性线必须穿在同一钢管内。不同回路、不同电压的导线以及交流与直流的导线，不得穿在同一管内。管内穿线时，电压为65V及以下回路、同一设备的电机回路和无抗干扰要求的控制回路、照明花灯的所有回路、同类照明的几个回路可以穿入同一根管子内，但管内导线总数不能多于8根。

③ 穿入管内的导线不应有接头，导线的绝缘层不得损坏，导线也不得扭曲。

2）穿线工艺

① 当管路较短而弯头较少时，可把绝缘导线直接穿入管内。

② 两人穿线时，一人在一端拉钢丝引线，另一人在另一端把所有的电线捏成一束送入管内，二人动作应协调，并注意不得使导线与管口处摩擦损坏绝缘层，如图4-28所示。

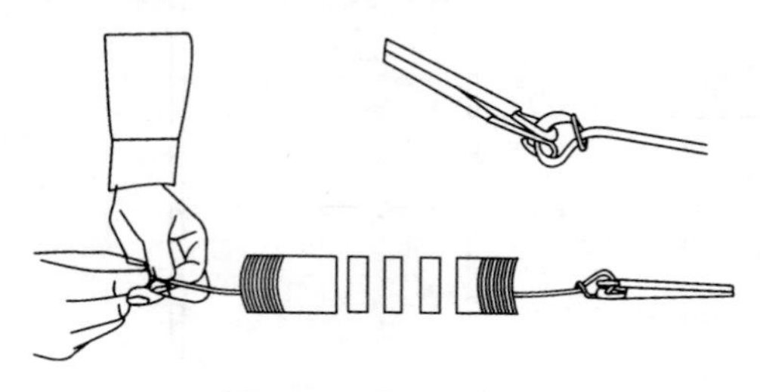

图4-28 穿线示意图

③ 当导线穿至中途需要增加根数时，可把导线端头剥去绝缘层或直接缠绕在其他导线上，继续向管内拉。

④ 在某些场所，如房间面积不大、管路弯头较少、穿入导线数量不多时，可以一人穿线，即一手拉钢丝、一手送线，但需要把线放得长些。

4.3 护套线配线

4.3.1 弹线定位

(1) 导线定位

根据设计图纸要求，按线路的走向，找好水平线和垂直线，用粉线沿建筑物表面由始端至终端划出线路的中心线，同时标明照明器具及穿墙套管和导线分支点的位置，以及接近电气器具旁的支持点和线路转弯处导线支持点的位置，如图 4-29 所示。

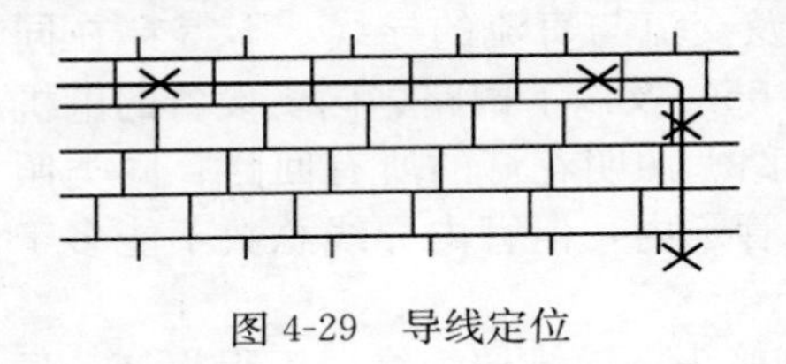

图 4-29　导线定位

(2) 支持点定位

塑料护套线的支持点的位置，应根据电气器具的位置及导线截面大小来确定。塑料护套线配线在与终端、转弯中点、电气器具或接线盒边缘的距离为 50～100mm 处，直线部位导线中间平均分布距离为 150～200mm 处，两根护套线敷设遇有十字交叉时交叉口处的四方 50～100mm 处，都应有固定点。护套线配线各固定点的位置如图 4-30 所示。

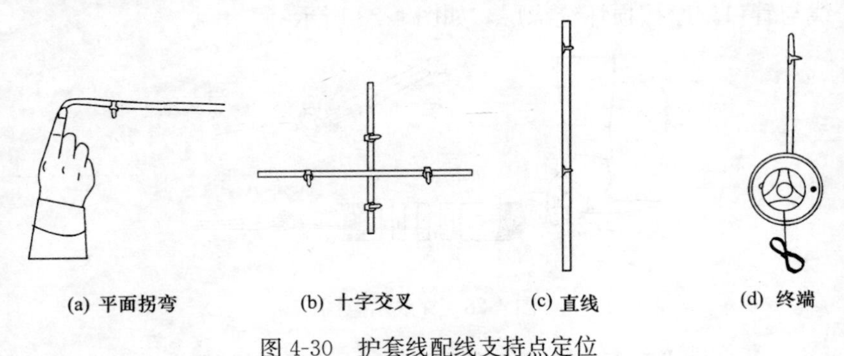

(a) 平面拐弯　(b) 十字交叉　(c) 直线　(d) 终端

图 4-30　护套线配线支持点定位

4.3.2 敷设导线

(1) 固定导线

1) 铝线卡固定

① 用电锤在划线部位打孔，装入木榫或塑料胀夹，然后用自

攻螺钉将铝线卡固定［图 4-31（a）］。

② 将导线置于线夹钉位的中心，一只手顶住支持点附近的护套线，另一只手将铝线卡头扳回［图 4-31（b）］。

③ 铝线夹头穿过尾部孔洞，顺势将尾部下压紧贴护套线［图 4-31（c）］。

④ 将铝线夹头部扳回，紧贴护套线。注意每夹持 4～5 个支持点，应进行一次检查。如果发现偏斜，可用小锤轻轻敲击突出的线卡予以纠正［图 4-31（d）］。

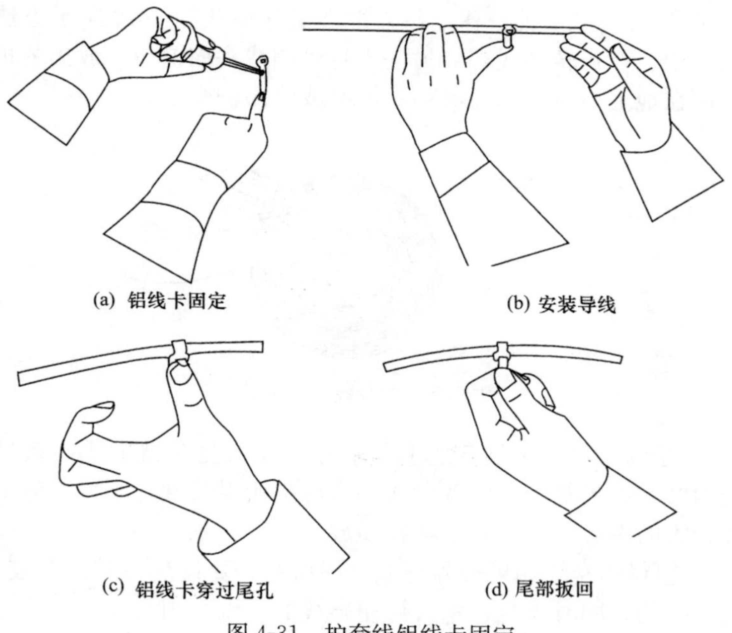

图 4-31　护套线铝线卡固定

2）铁片夹持

① 导线安装可参照铝线夹进行，导线放好后，用手先把铁片两头扳回，靠紧护套线［图 4-32（a）］。

② 用钳子捏住铁片两端头，向下压紧护套线［图 4-32（b）］。

（2）塑料护套线敷设

1）放线

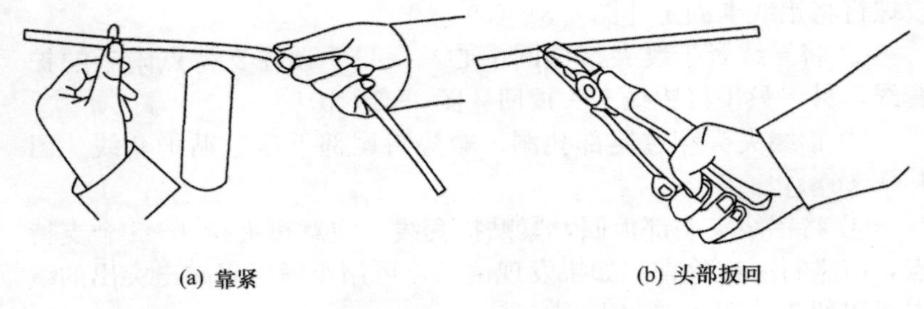

图 4-32　护套线铁片夹持

① 放线需要两人合作，一人把整盘导线按图 4-33 所示方法套入双手中，顺势转动线圈，另一人将外圈线头向前拉。放出的护套线不可在地上拖拉，以免磨损、擦破或沾污护套层。

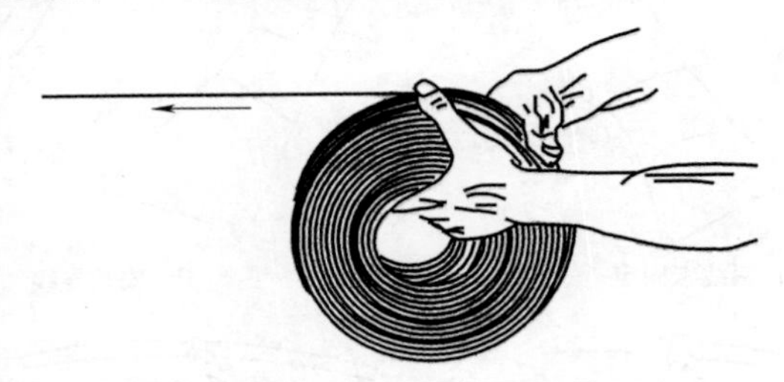

图 4-33　护套线放线方法

② 导线放完后先放在地上，量好敷设长度并留出适当余量后预先剪断。如果是较短的分段线路，可按所需长度剪断，然后重新盘成较大的圈径，套在肩上随敷随放。

③ 塑料护套线如果被弄乱或出现扭弯，要设法在敷设前校直。校线时要两人同时进行，每人握住导线的一端，用力在平坦的地面上甩直。

④ 在冬季敷设护套线时如果温度低于－15℃，则严禁敷设护套线，防止塑料发生脆裂，影响工程质量。

2）弯曲敷设的圆圈

① 塑料护套线在建筑物同一平面或不同平面上敷设，需要改变方向时，都要进行弯曲处理，弯曲后导线必须保持垂直，且弯曲半径不应小于护套线厚度的 3 倍，参考图 4-30。

② 护套线在弯曲时，不应损伤线芯的绝缘层和保护层。在不同平面转角弯曲时，敷设固定好一面后，在转角处用拇指按住护套线，弯出需要的弯曲半径，如图4-34所示。当护套线在同一平面上弯曲时，用力要均匀，弯曲处应圆滑，应用两手的拇指和食指，同时捏住护套线适当部位两侧的扁平处，由中间向两边逐步将护套线弯出所需要的弯曲弧来，也可用一只手将护套线扁平面按住，另一只手逐步弯曲出弧形来。

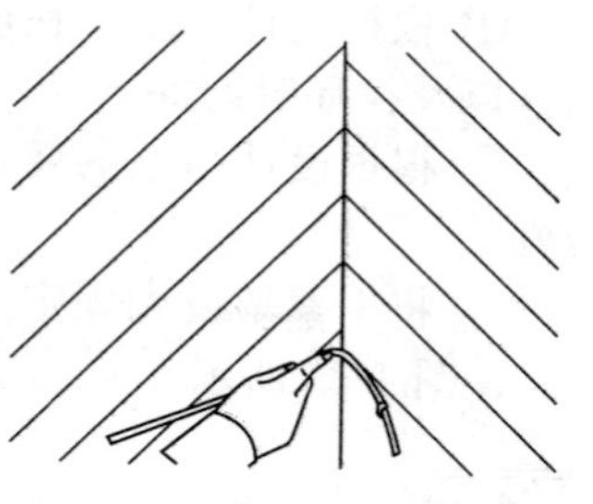

图4-34　不同平面内的弯曲

4.4 其他配线

4.4.1 钢索配线

（1）钢索配线的方法与步骤

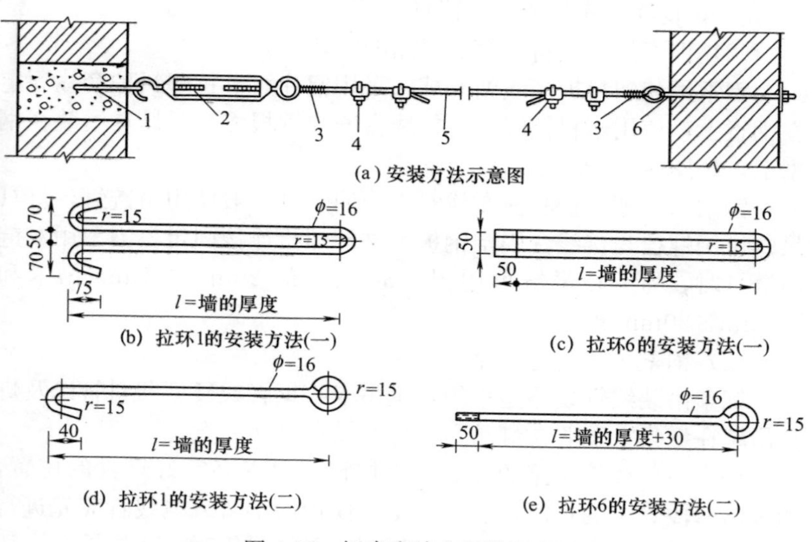

图4-35　钢索在墙上安装示意

1—终端拉环；2—花篮螺栓；3—钢丝绳扎头；4—索具套环；5—钢索；6—拉环

① 根据设计图纸，在墙、柱或梁等处，埋设支架、抱箍、紧固件以及拉环等物件。

② 根据设计图纸的要求，将一定型号、规格与长度的钢索组装好。

③ 将钢索架设到固定点处，并用花篮螺栓将钢索拉紧，如图4-35、图4-36所示。

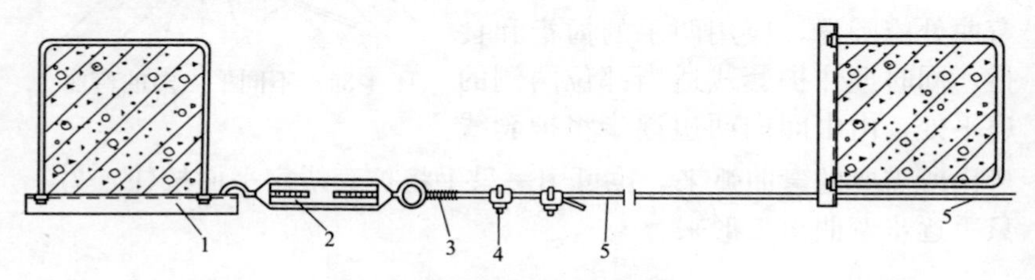

图4-36 钢索在墙上安装示意

1—槽钢；2—花篮螺栓；3—钢丝绳扎头；4—索具套环；5—钢索

④ 将塑料护套线或穿管导线等不同配线方式的导线吊装并固定在钢索上。

⑤ 安装灯具或其他电气器具。

（2）钢索吊装塑料护套线线路的安装

钢索吊装塑料护套线的安装，采用铝片线卡将塑料护套线固定在钢索上，使用塑料接线盒与接线盒安装钢板将照明灯具吊装在钢索上，如图4-37所示。

钢索吊装塑料护套线布线时，照明灯具一般使用吊链灯，灯具吊链可用螺栓与接线盒固定钢板下端的螺栓连接固定。当采用双链吊链灯时，另一根吊链可用图4-38所示的20mm×1mm吊卡和M6mm×20mm螺栓固定。

（3）钢索吊装线管线路的安装

钢索吊装线管线路是采用扁钢吊卡将钢管或硬质塑料管以及灯具吊装在钢索上，并在灯具上装好铸铁吊灯接线盒。

钢索吊装线管线路的安装，先按设计要求确定好灯具的位置，测量出每段管子的长度，然后加工。使用的钢管或电线管应先进行校直，然后切断、套丝、煨弯。使用硬质塑料管时，要先煨管、切断，为布管的连接作好准备工作。在吊装钢管布管时，应按照先干

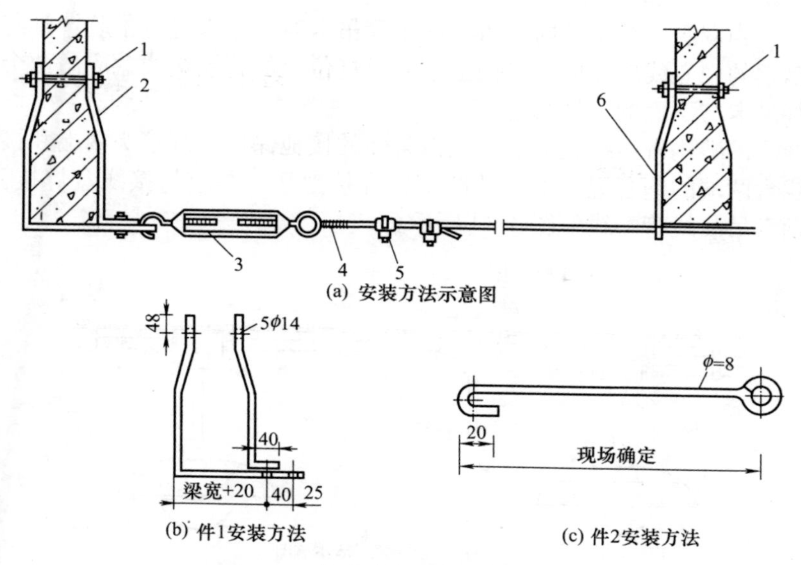

图 4-37 钢索在屋面梁上安装示意

1—螺栓；2—件 1；3—索具套环钢；4—丝绳扎头；5—钢索；6—件 2

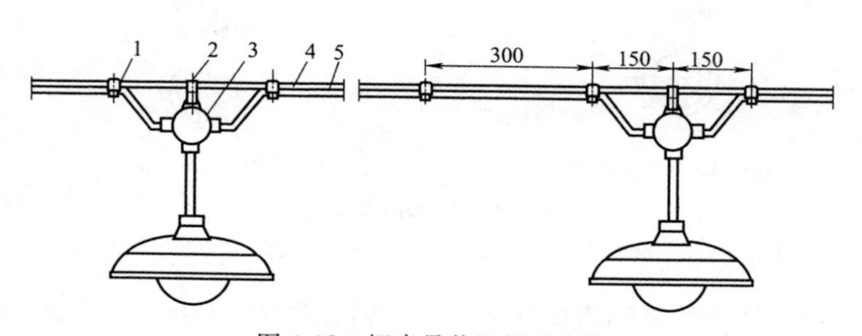

图 4-38 钢索吊装塑料护套线

1—铝片线卡；2—固定夹板；3—塑料接线盒；4—钢索；5—塑料护套线

线后支线的顺序进行，把加工好的管子从始端到终端按顺序连接，管与铸铁接线盒的丝扣应拧牢固。将布管逐段用扁钢吊卡与钢索固定。

扁钢吊卡的安装应垂直，平整牢固，间距均匀，每个灯位接线盒应用两个吊卡固定，钢管上的吊卡与接线盒间的最大距离不应大于 200mm，吊卡之间的间距不应大于 1500mm。

当双管平行吊装时，可将两个管吊卡对接起来进行吊装，管与钢索的中心线应在同一平面上。此时灯位处的铸铁接线盒应吊两个管吊卡与下面的布管吊装。

吊装钢管布线完成后，应做整体的接地保护，管接头两端和接线盒两端的钢管应用适当的圆钢作焊接地线，并应与接线盒焊接。钢索吊装线管配线如图 4-39 所示。

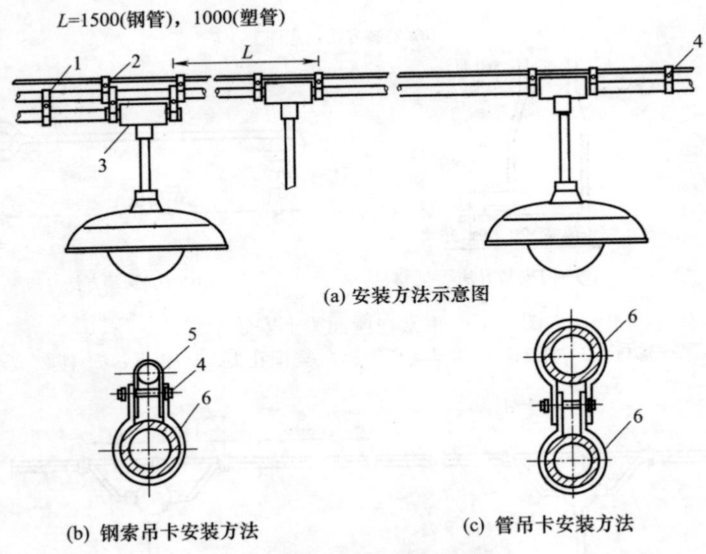

图 4-39 钢索吊管配线

1—管吊卡；2—钢索吊卡；3—接线盒；4—螺栓；5,6—20mm×1mm 吊卡

应该注意的是钢索配线敷设后，若弛度大于 100mm，则会影响美观。此时，应增设中间吊钩（用直径不小于 8mm 的圆钢制成）。中间吊钩固定点间的距离不应大于 12m。

4.4.2 塑料线槽的明配线

（1）线槽无附件安装

塑料线槽无附件敷设方法如图 4-40～图 4-43 所示。

（2）塑料线槽有附件安装

有附件安装时十字接（合式）、三通（合式）、直转角（合式）固定点分布和数量见表 4-3。

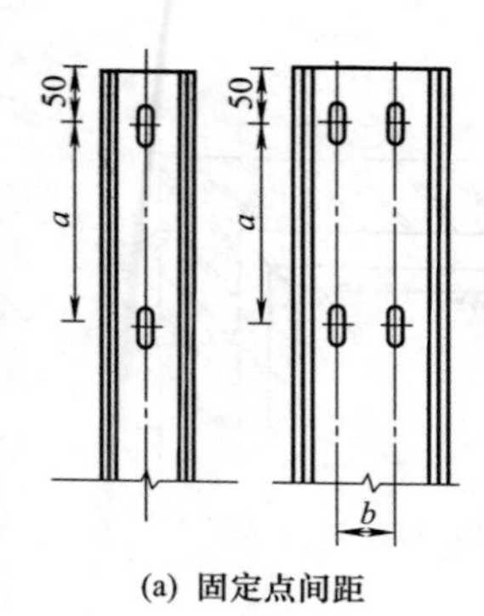

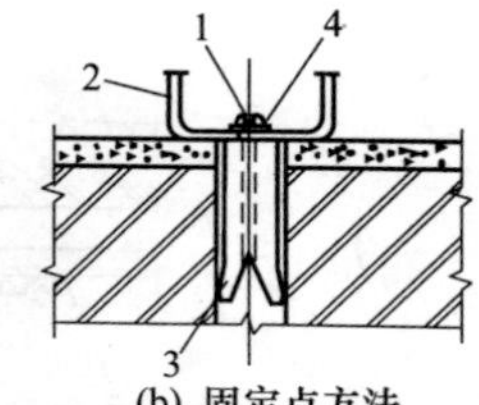

(b) 固定点方法

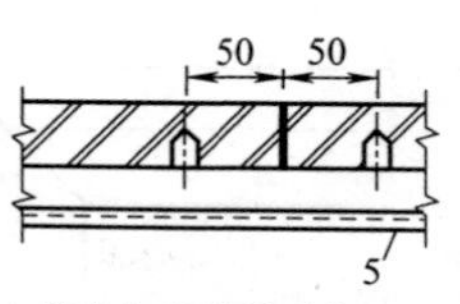

(c) 槽底与槽盖的对接缝排列

槽宽度/mm	a/mm	b/mm
25	500	—
40	800	—
60	1000	30
80、100、120	800	50

(a) 固定点间距

图 4-40　线槽底固定点

1—中圆头木螺钉；2—槽底；3—塑料胀管；4—垫圈；5—槽盖

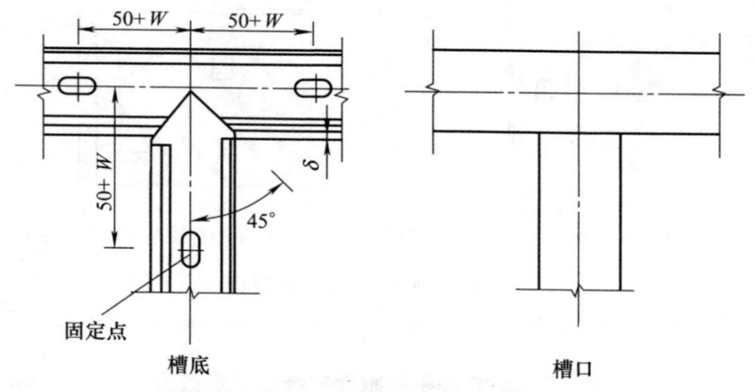

图 4-41　塑料线槽分支敷设

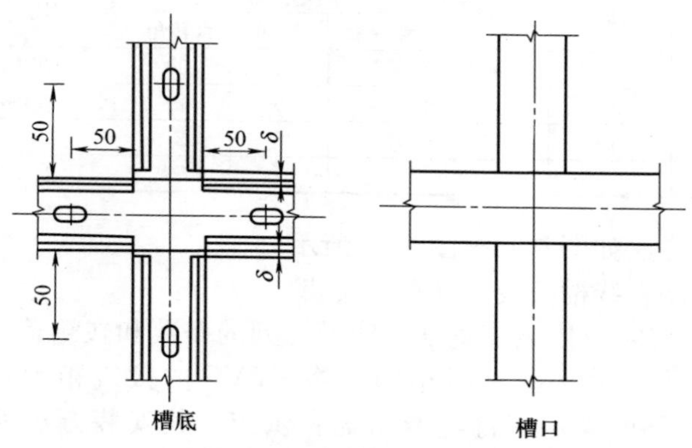

图 4-42　塑料线槽十字交叉敷设

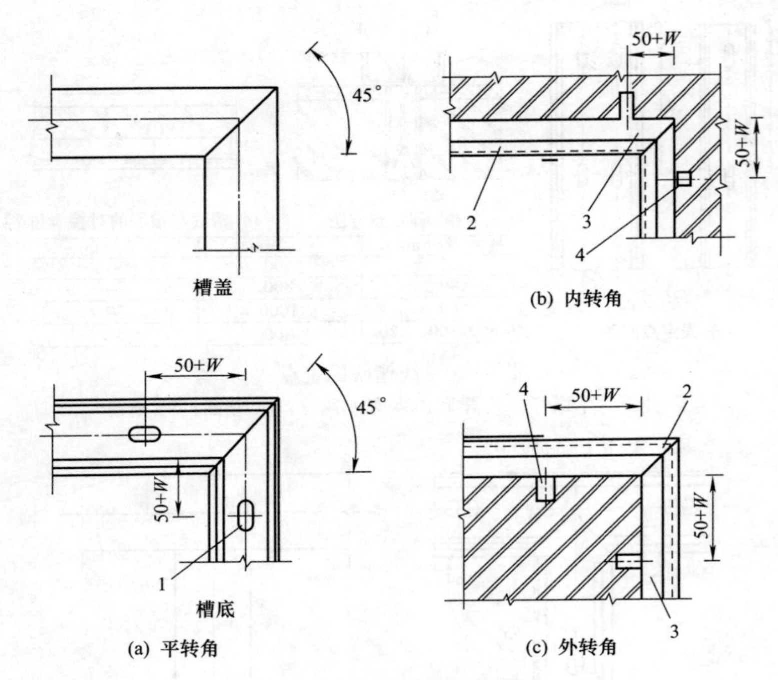

图 4-43 塑料线槽转角敷设

1—固定点；2—槽盖；3—槽底；4—塑料脚管

表 4-3 数量线槽有附件安装固定点数量 mm

线槽宽 W	a	b	固定点数量			固定点位置
			十字接	三通	直转角	
25			1	1	1	在中心点
40	20		4	3	2	在中心线
60	30		4	3	2	
100	40	50	9	7	5	1 处在中心点

敷设方法如图 4-44～图 4-46 所示。

（3）塑料线槽接线箱（盒）安装

① 接线箱应按线槽宽度、线槽并列的条数和在箱盖上安装电器件的外形尺寸选择接线箱的规格。PVC 的接线箱为木螺钉固定，FS 系列的固定螺钉随产品配套供应。其安装方法如图 4-47 所示。

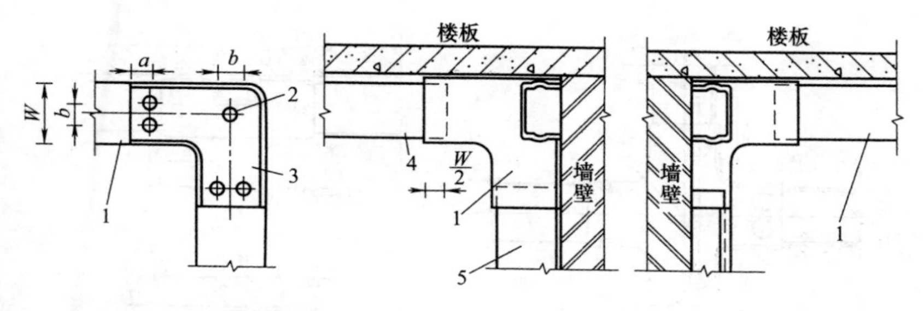

(a) 直转角(合式)沿墙垂直敷设　(b) 沿墙左转角敷设

图 4-44　塑料线槽沿墙转角敷设

1—线槽；2—中心点；3—去盖后；4—向左敷设段；5—向下敷设段

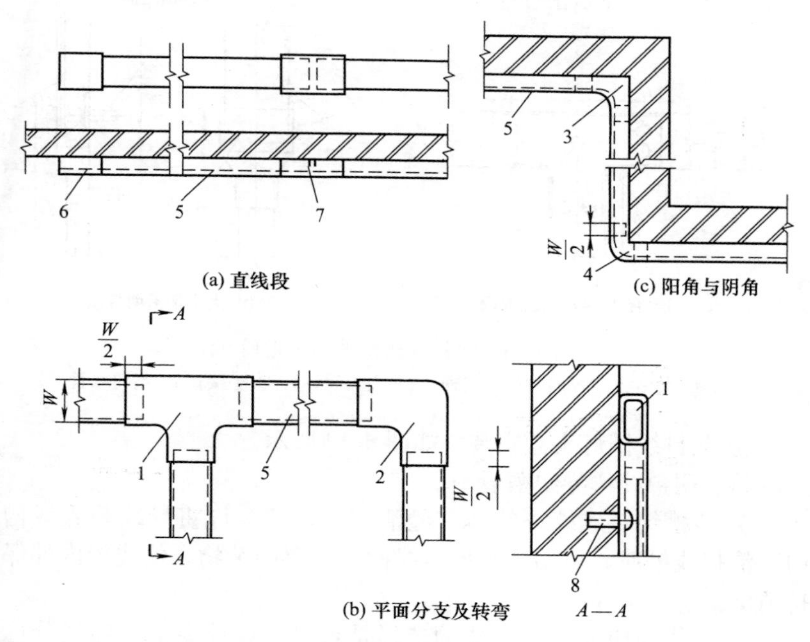

(a) 直线段　(c) 阳角与阴角

(b) 平面分支及转弯

图 4-45　塑料线槽沿墙敷设

1—平三通；2—直转角；3—阴角；4—阳角；5—线槽；
6—终端头；7—连接头；8—塑料胀管

② 塑料接线盒安装方式如图 4-48 所示，接线盒壁上的孔按接线盒插孔或线槽尺寸切割。

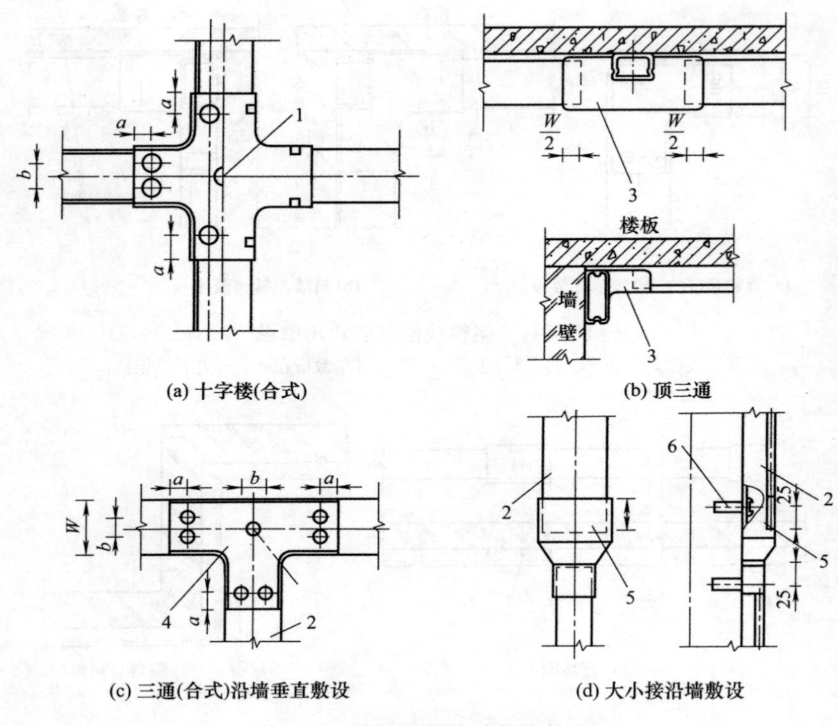

图 4-46　塑料线槽特殊部位敷设

1—中心点；2—线槽；3—顶三通；4—去盖后；5—大小接；6—塑料胀管

③ 塑料线槽灯头盒安装，如图 4-49 所示。

（4）明敷线槽导线敷设

① 线槽组装成统一整体并经清扫后，才允许将导线装入线槽内。清扫线槽时，可用抹布擦净线槽内残存的杂物，使线槽内外保持清洁。

② 放线前应先检查导线的选择是否符合设计要求。导线分色是否正确，放线时应边放边整理，不应出现挤压背扣、把结、损伤绝缘等现象，并应将导线按回路（或系统）绑扎成捆，绑扎时应采用尼龙绑扎带或线绳，不允许使用金属导线或绑线进行绑扎，导线绑扎好后，应分层排放在线槽内并做好永久性编号标志。

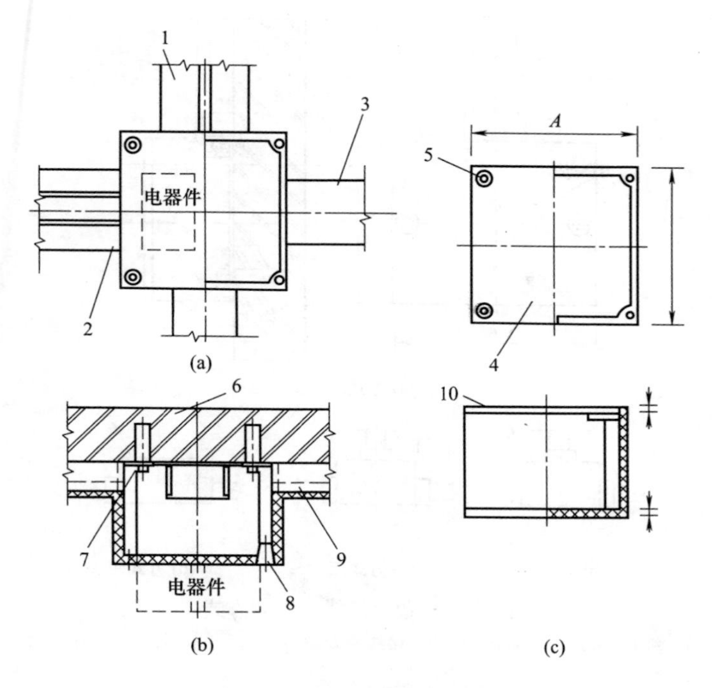

图 4-47　接线箱与塑料线槽安装

1—两个线槽并列；2—三个线槽并列；3—单线槽；4—在箱盖上可安装电器件；5—箱盖固定孔；6—塑料胀管；7,8—木螺钉；9—塑料线槽；10—塑料绝缘板

③ 电线或电缆在金属线槽内不宜有接头，但在易于检查的场所，可允许在线槽内有分支接头，电线电缆和分支接头的总截面（包括外护层），不应超过该点线槽内截面的75%。

④ 强电、弱电线路应分槽敷设，消防线路（火灾和应急呼叫信号）应单独使用专用线槽敷设。

⑤ 同一回路的所有相线和中性线（如果有），应敷设在同一线槽内。

⑥ 同一路径无防干扰要求的线路，可敷设于同一金属线槽内。但同一线槽内的绝缘电线和电缆都应具有与最高标称回路电压回路绝缘相同的绝缘等级。

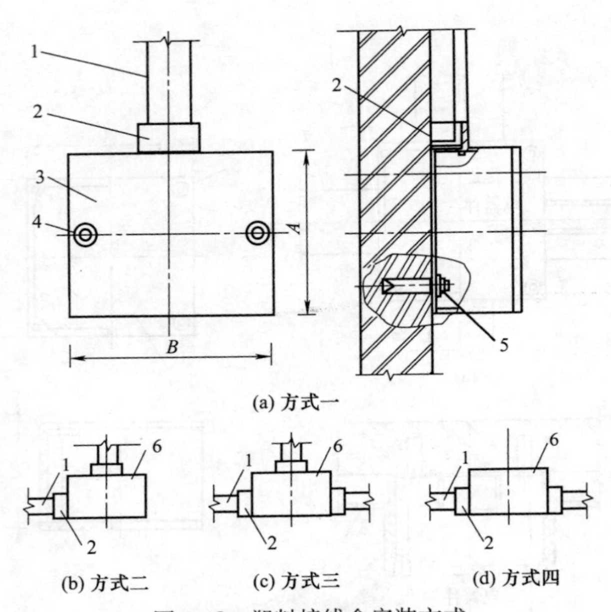

(a) 方式一

(b) 方式二　　(c) 方式三　　(d) 方式四

图 4-48　塑料接线盒安装方式

1—线槽；2—接线盒出口；3—接线盒及盒盖；4,5—木螺钉；6—接线盒

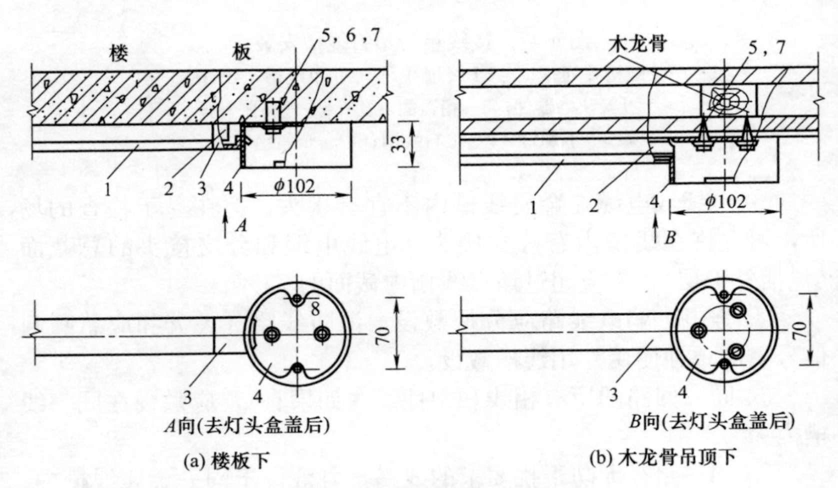

A向(去灯头盒盖后)

(a) 楼板下

B向(去灯头盒盖后)

(b) 木龙骨吊顶下

图 4-49　塑料线槽灯头盒安装

1—塑料线槽盖；2—塑料线槽底；3—接线盒插口；4—灯头盒；5—木螺钉；6—塑料胀管；7—垫圈

⑦ 线槽内电线或电缆的总截面（包括外护层）不应超过线槽内截面的20%，载流电线不宜超过30根。

⑧ 对于控制、信号或与其相类似的非载流导体，电线或电缆的总截面不应超过线槽内的50%，电线或电缆根数不限。

⑨ 在线槽垂直或倾斜敷设时，应采取措施防止电线或电缆在线槽内移动，使绝缘造成损坏、拉断导线或拉脱拉线盒（箱）内导线。

⑩ 引出线槽的配管管口处应有护口，电线或电缆在引出部位不得遭受损伤。

4.5 导线连接与绝缘恢复

4.5.1 导线的连接

(1) 导线连接的质量要求

① 在割开导线的绝缘层时，不应损伤线芯。

② 铜（铝）芯导线的中间连接和分支连接应使用熔焊、线夹、瓷接头或压接法连接。

③ 分支线的连接接头处、干线不应受来自支线的横向拉力。

④ 截面面积为 $10mm^2$ 及以下的单股铜芯线、截面面积为 $2.5mm^2$ 及以下的多股铜芯线和单股铝芯线与电气器具的端子可直接连接，但多股铜芯线的线芯应先拧紧挂锡后再连接。

⑤ 多股铝芯线和截面面积为 $2.5mm^2$ 的多股铜芯线的终端，应焊接或压接端子后再与电气器具的端子连接。

⑥ 使用压接法连接铜（铝）芯导线时，连接管、接线端子、压模的规格应与线芯截面相符；使用气焊法或电弧焊接法连接铜（铝）芯导线时，焊缝的周围应有凸起呈圆形的加强高度，凸起高度为线芯直径的15%～30%，不应有裂缝、夹渣、凹陷、断股及根部未焊接的缺陷。导线焊接后，接头处的残余焊药和焊渣应清除干净。

⑦ 使用锡焊法连接铜芯线时，焊锡应灌得饱满，不应使用酸性焊剂。

⑧ 绝缘导线的中间和分支接头，应用绝缘带包缠均匀、严密，

并不低于原有的绝缘强度；在接线端子的端部与导线绝缘层的空隙处应用绝缘带包缠严密。

（2）护套线绝缘层的剥除

① 将电工刀自两芯线之间切入，剖开外绝缘层，如图 4-50（a）所示。

② 将外绝缘层翻过来切除，如图 4-50（b）所示。

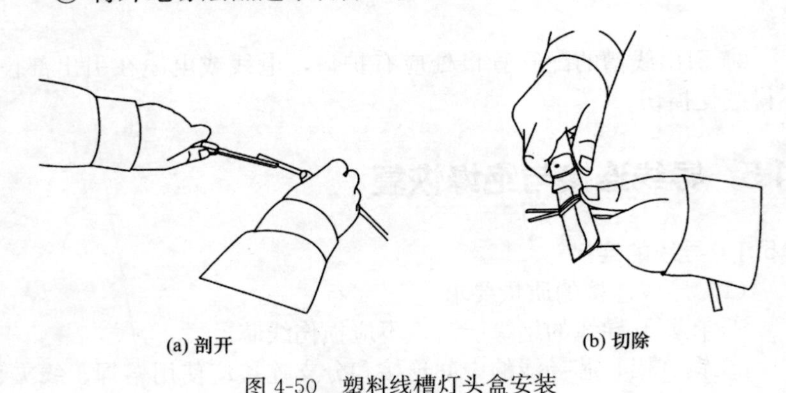

(a) 剖开　　(b) 切除

图 4-50　塑料线槽灯头盒安装

（3）单股导线连接的方法

1）直接连接

① 绞接法：适用于 4.0mm^2 及以下单芯线连接。将两线相互交叉，用双手同时把两芯线互绞两圈后，再扳直与连接线成 90°，将每个线芯在另一线芯上缠绕 5 圈，剪断余头，如图 4-51 所示。

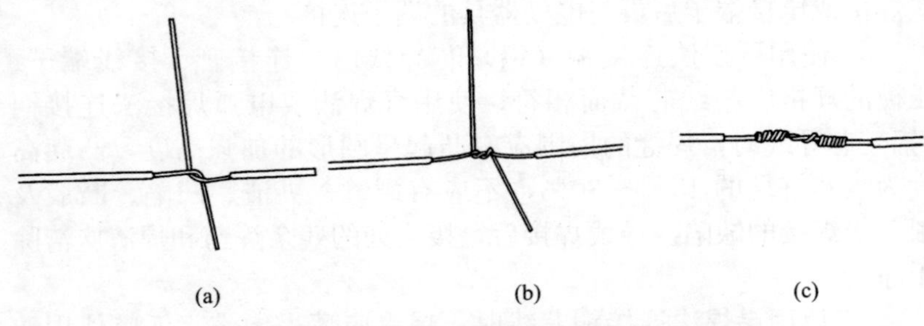

(a)　　(b)　　(c)

图 4-51　单股铜芯导线的直接绞接法步骤

② 缠卷法：适用于 6.0mm^2 及以上的单芯直接连接，有加辅

助线和不加辅助线两种；将两线相互合并，加辅助线后，用绑线在合并部位中间向两端缠卷（即公卷），长度为导线直径的10倍，然后将两线芯端头折回，在此向外单卷5圈，与辅助捻卷2圈，余线剪掉，如图4-52所示。

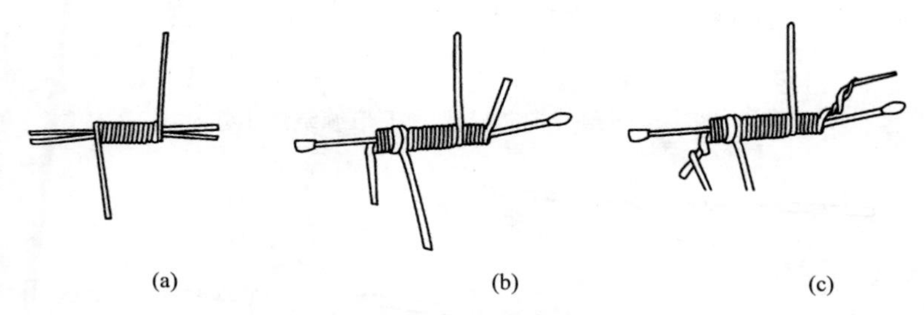

图4-52　单股铜芯导线的直接缠卷法步骤

2）分支接法

① T形绞接法：适用于4.0mm² 以下的单芯线。用分支的导线的线芯往干线上交叉，先粗卷1～2圈（或打结以防松脱），然后再密绕5圈，余线剪掉，如图4-53所示。

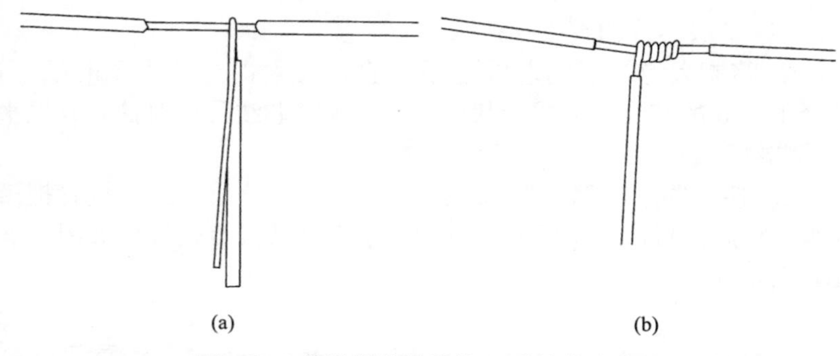

图4-53　单股铜芯导线的T形绞接法步骤

② T形缠绕法：适用于6.0mm² 及以上的单芯连接。将分支导线折成90°紧靠干线，先用辅助线在干线上缠5圈，然后在另一侧缠绕，公卷长度为导线直径的10倍，单卷5圈后余线剪掉，如图4-54所示。

③ 十字分支连接法：可以参照T字绞接法，如图4-55所示。

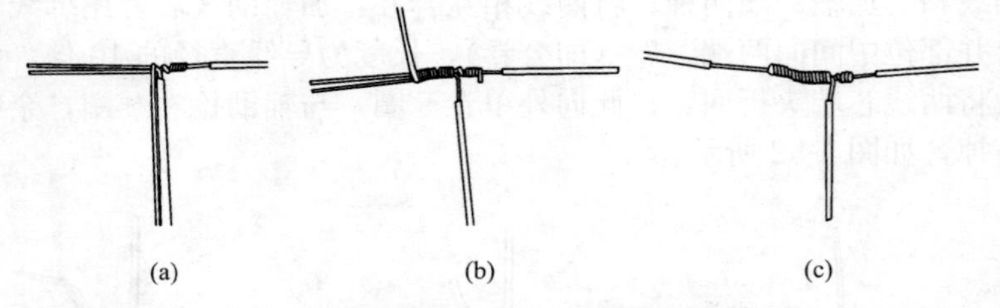

图 4-54　单股铜芯导线的 T 形缠绕法步骤

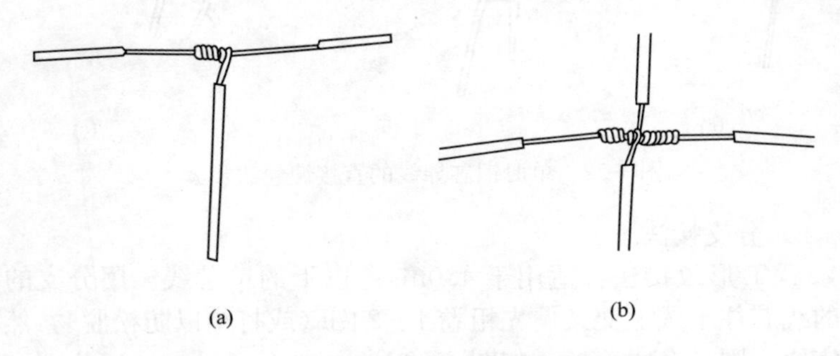

图 4-55　单股铜芯导线的十字绞接法步骤

（4）7 股芯线的直接连接法

① 将剥去绝缘层的芯线逐根拉直，绞紧占全长 1/3 的根部，把余下 2/3 的芯线分散成伞状。把两个伞状芯线隔根对插，并捏平两端芯线，如图 4-56（a）所示。

② 把一端的 7 股芯线按 2 根、2 根、3 根分成三组，接着把第一组 2 根芯线扳起，按顺时针方向缠绕 2 圈后扳直余线，如图 4-56（b）所示。

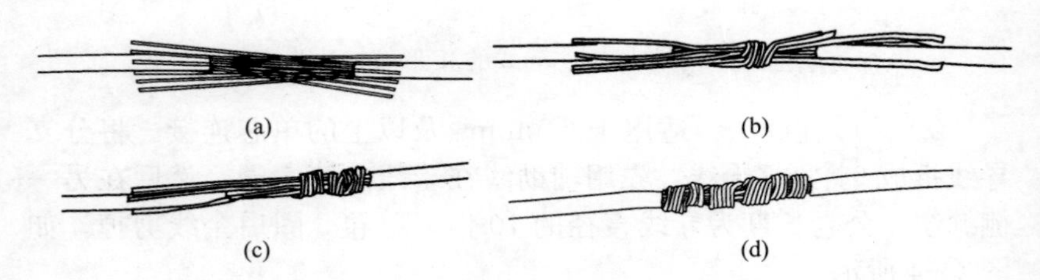

图 4-56　7 股铜芯导线的直接复卷法步骤

③ 再把第二组的 2 根芯线，按顺时针方向紧压住前 2 根扳直的余线缠绕 2 圈，并将余下的芯线向右扳直；再把下面的第三组的 3 根芯线按顺时针方向紧压前 4 根扳直的芯线向右缠绕，缠绕 3 圈后，弃去每组多余的芯线，钳平线端，如图 4-56（c）所示。

④ 用同样方法再缠绕另一边芯线，如图 4-56（d）所示。

（5）7 股铜芯线 T 形分支接法

把支路芯线松开钳直，将近绝缘层 1/8 处线段绞紧，把 7/8 线段的芯线分成 4 根和 3 根两组，然后用螺钉旋具将干线也分成 4 根和 3 根两组，如图 4-57（a）所示。并将支线中一组芯线插入干线两组芯线间，如图 4-57（b）所示。

把右边 3 根芯线的一组往干线一边顺时针紧紧缠绕 3～4 圈，如图 4-57（c）所示。再把左边 4 根芯线的一组按逆时针方向缠绕

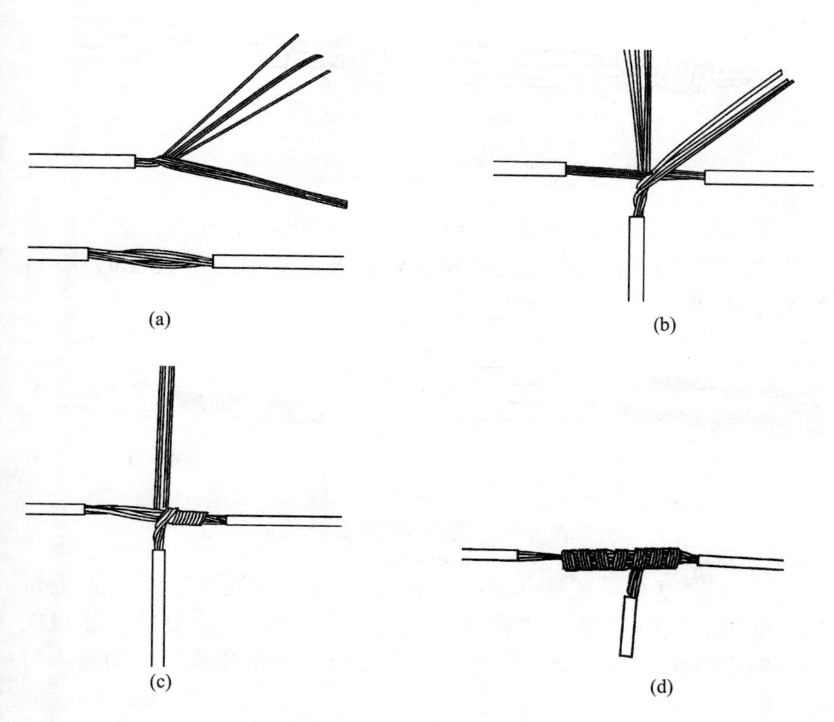

图 4-57　股铜芯导线的 T 形复卷法步骤

4～5 圈，钳平线端并切去余线，如图 4-57（d）所示。

（6）导线在接线盒内的连接

① 两根导线连接时，将连接线端合并，在距绝缘层 15mm 处将线芯捻绞 2 圈以上，留余线适当长度剪掉折回压紧，防止线端插破所绑扎的绝缘层，如图 4-58 所示。

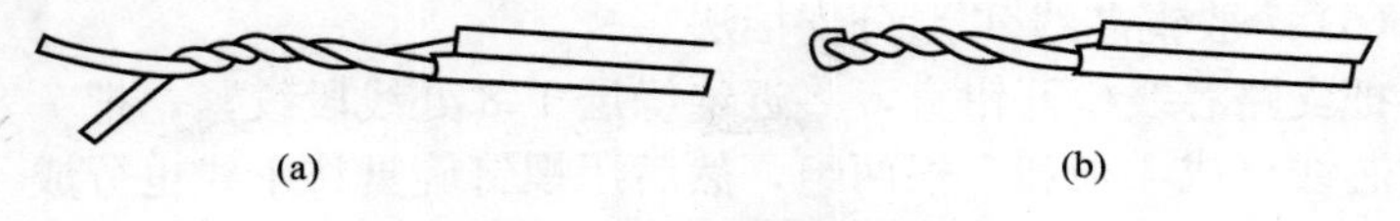

图 4-58　盒内两根导线连接步骤

② 单芯线并接接法：三根及以上导线连接时，将连接线端合并，在距离绝缘层 15mm 处用其中一根线芯，在其连接线端缠绕 5 圈后剪掉，把余线再折回压在缠绕线上，如图 4-59 所示。

图 4-59　盒内多根导线连接步骤

③ 绞线并接法：将绞线破开顺直并合拢，用多芯分支连接缠卷法弯制绑线，在合拢线上缠卷。其长度为双根导线直径的 5 倍，如图 4-60 所示。

图 4-60　盒内绞线连接步骤

④ 不同直径导线连接法：如果细导线为软线时，则应先进行挂锡处理。先将细线压在粗线距离绝缘层 15mm 处交叉，并将线端部向粗线端缠卷 5 圈，将粗线端头折回，压在细线上，如图 4-61 所示。

（7）线头与针孔式接线桩连接

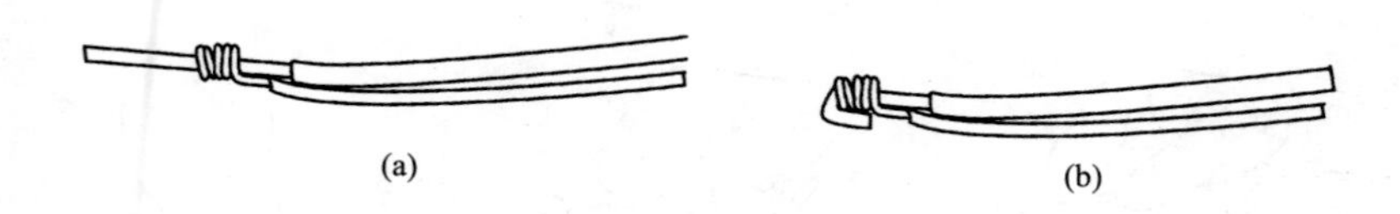

图 4-61　盒内不同线径导线连接步骤

如单股芯线与接线桩头插线孔大小适宜，则把芯线先按电器进线位置弯制成形，然后将线头插入针孔并旋紧螺钉，如图 4-62 所示。如单股芯线较细，可将芯线线头折成两根，插入针孔再旋紧螺钉。

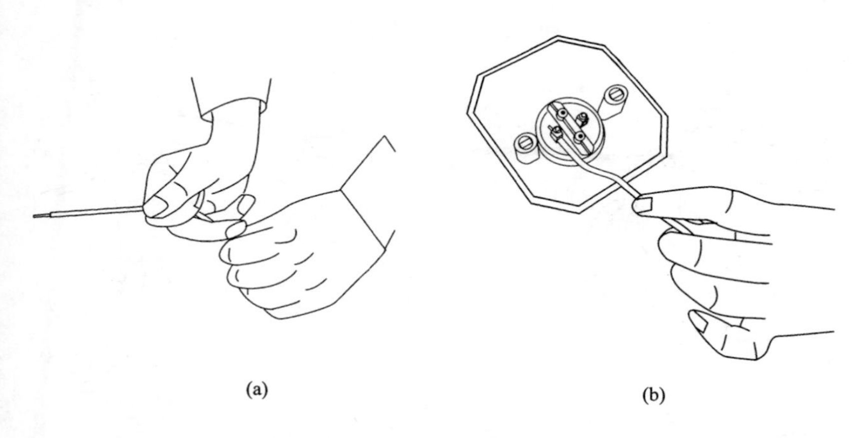

图 4-62　线头与针孔式接线桩连接步骤

(8) 压接圈的制作

把在离绝缘层根部 1/3 处向左外折角（多股导线应将离绝缘层根部约 1/2 长的芯线重新绞紧，越紧越好），如图 4-63（a）所示；然后弯曲圆弧，如图 4-63（b）所示；当圆弧弯曲得将成圆圈（剩下 1/4）时，应将余下的芯线向右外折角，然后使其成圆，捏平余下线端，使两端芯线平行，如图 4-63（c）所示。

4.5.2　导线绝缘恢复

(1) 基本要求

① 在包扎绝缘带前，应先检查导线连接处是否有损伤线芯，是否连接紧密，以及是否存有毛刺，如有毛刺必须先修平。

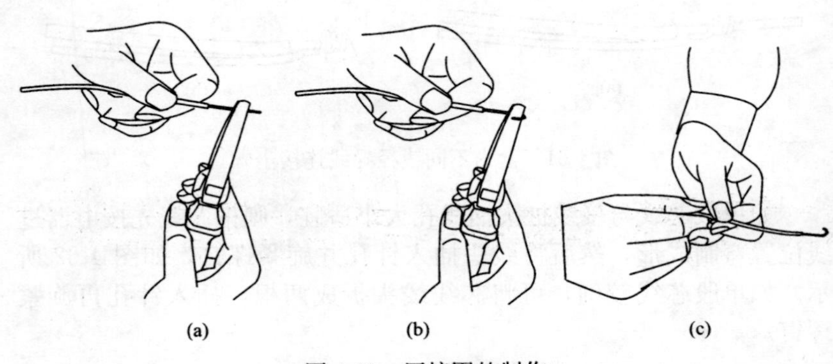

(a) (b) (c)

图 4-63 压接圈的制作

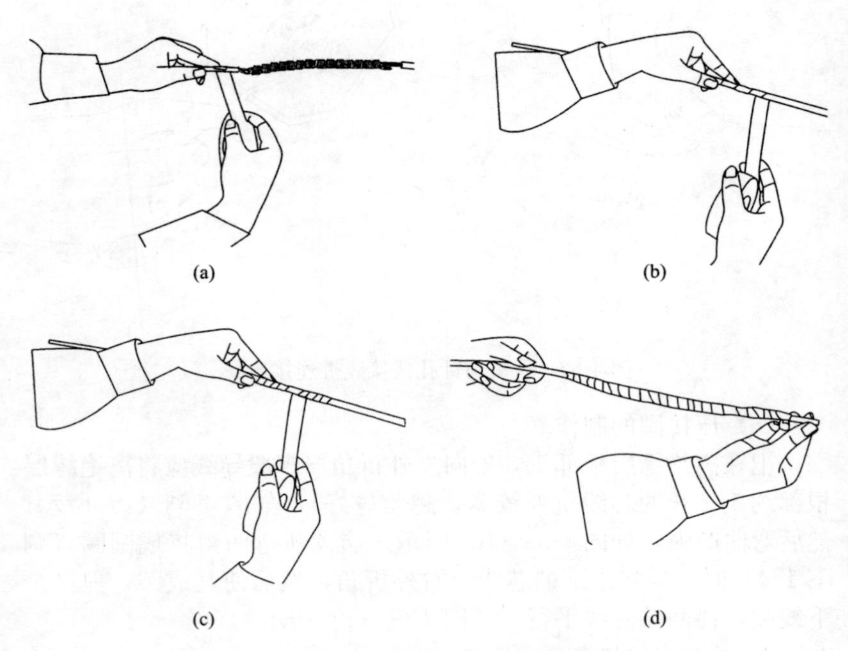

(a) (b)

(c) (d)

图 4-64 直线接头绝缘恢复步骤

② 缠包绝缘带必须掌握正确的方法，才能包扎严密、绝缘良好，否则会因绝缘性能不佳而造成短路或漏电事故。

（2）包扎工艺

① 绝缘带应先从完好的绝缘层上包起，先从一端1～2个绝缘带的带幅宽度开始包扎，如图4-64（a）所示。在包扎过程中应尽可能地收紧绝缘带，包到另一端在绝缘层上缠包1～2圈，再进行回缠，如图4-64（b）所示。

② 用高压绝缘胶布包缠时，应将其拉长2倍进行包缠，并注意其清洁，否则无黏性，如图4-65（a）所示。

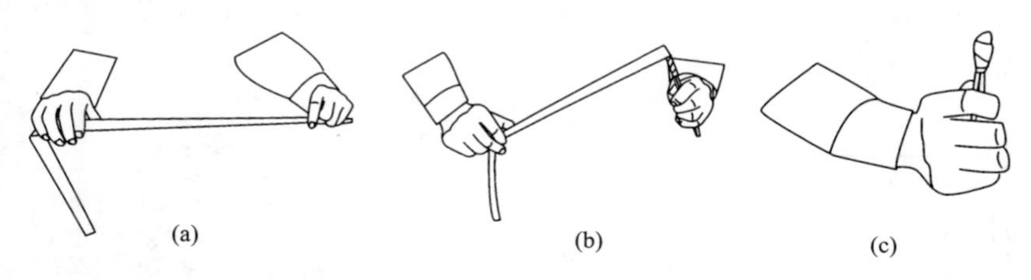

图4-65 终端接头绝缘恢复步骤

③ 采用黏性塑料绝缘包布时，应半叠半包缠不少于2层。当用黑胶布包扎时，要衔接好，应用黑胶布的黏性使之紧密地封住两端口，并防止连接处线芯氧化。

④ 并接头绝缘包扎时，包缠到端部时应再多缠1～2圈，然后由此处折回反缠压在里面，应紧密封住端部，如图4-65（b）所示。

⑤ 还要注意绝缘带的起始端不能露在外部，终了端应再反向包扎2～3圈，防止松散。连接线中部应多包扎1～2层，使之包扎完的形状呈枣核形，如图4-65（c）所示。

4.6 照明安装

4.6.1 低压配电箱的安装

（1）配电箱预埋的做法

① 在土建主体施工中，到达配电箱安装高度后将箱体埋入墙内，箱体放置要平正，找好垂直，使之符合要求。箱体是否突出墙面，应根据面板安装方式决定。

② 宽度超过 500mm 的配电箱，其顶部要安装混凝土过梁；箱宽度为 30mm 及以上时，在顶部应设置钢筋砖过梁，ϕ6mm 以上钢筋不少于 3 根，使箱体本身不受压，箱体周围用砂浆填实。

③ 在 240mm 厚的墙内暗装配电箱时，其后壁用 10mm 厚石棉板及直径为 2mm、孔洞为 10mm 的铅丝网钉牢，再用 1∶2 水泥砂浆抹好以防开裂。

④ 低压配电箱的安装高度，除施工图中有特殊要求外，暗装时底口距地面 1.4m；明装时为 1.2m，但明装电度表应为 1.8m，如图 4-66 所示。

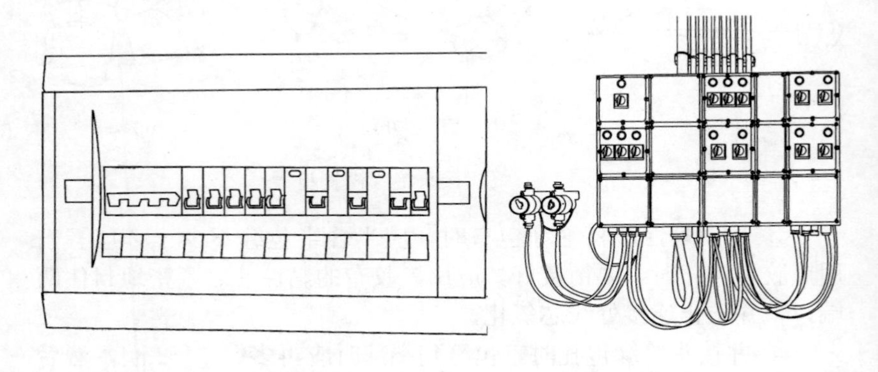

(a) 暗装　　(b) 明装

图 4-66　配电箱安装方法

（2）管路与箱体连接

① 钢管与铁制配电箱进行丝扣连接时，应先将管口套丝，拧入螺母，然后插入箱体内，再拧上锁紧螺母，露出 2～4 扣的长度拧上护圈帽，并焊好接地跨线。

② 暗配钢管与铁制配电箱连接时，可以用焊接固定，管口露出箱体长度应小于 5mm，把管与接地跨线先做横向焊接，再将跨线与箱体焊接牢固。

③ 塑料管进入箱体时，应在箱内先固定托板或用砖顶住，管入箱长度应小于 5mm，也可先将管口处做好喇叭口，由箱体内插出。管入箱处应保持顺直，长短一致。

（3）元器件安装

① 当元器件位置确定后，用方尺找正，画出水平线，定出每个元器件的安装孔和出线孔，出线孔应均匀，然后撤掉元器件，进行钻孔，孔径应与绝缘管头相吻合。钻好孔后，木制盘面要刷好漆；对铁制盘面还要除锈，刷防锈漆和油漆。待油漆干后装上管头，并将全部元器件摆平、找正固定。

② 盘上开关应垂直安装，总开关应装在盘面板的左边。

③ 盘上元器件的下方要设好标志牌，标明所控回路名称编号。

(4) 导线与盘面元器件的连接

① 整理好的导线应一线一孔穿过盘面一一与元器件或端子等相连接，盘面上接线应整齐美观，安全可靠，同一端子上，导线不应穿过两根，螺钉固定应有平垫圈。中性线应经过汇流排（或中性线端子板）采用螺栓接头。中性线端子板上，分支回路排列位置应与开关或熔断器位置对应，如图 4-67 所示。

② 凡多股铝导线和截面超过 2.5mm² 的多股铜芯线与元器件端子的连接，应焊成压接端子后再连接，严禁盘圆做线鼻子连接。

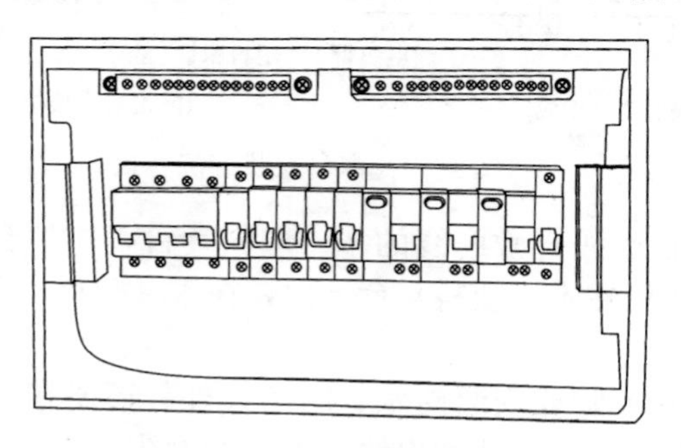

图 4-67　三相配电箱内部布置

4.6.2　开关和插座安装

(1) 木台（塑料台）安装

① 木台与照明装置的配置要适当，不宜过大，一般情况木台应比灯具法兰或吊线盒、平灯座的直径或长、宽大 40mm。

② 安装木台前，应先用电钻将木台的出线孔钻好；木台钻孔时，两孔不宜顺木纹。

③ 固定直径为 100mm 及以上的木（塑料）台的螺钉不能少于

两根；木（塑料）台直径在 75mm 及以下时，可用一个螺钉固定。木（塑料）台安装应牢固，紧贴建筑物表面无缝隙。安装木（塑料）台时，不能把导线压在木（塑料）台的边缘上。

④ 混凝土屋面暗配线路，灯具木（塑料）台应固定在灯位盒的缩口盖上。安装在铁制灯位盒上的木（塑料）台，应用机械螺栓固定，如图 4-68（a）所示。

⑤ 混凝土屋面明配线路，应预埋木砖或打洞，使用木螺钉或塑料胀管固定木（塑料）台，如图 4-68（b）所示。

⑥ 在木梁或木结构的顶棚上，可用木螺钉直接把木（塑料）台拧在木头上。较重的灯具必须固定在楞木上，如不在楞木位置，则必须在顶棚内加固。

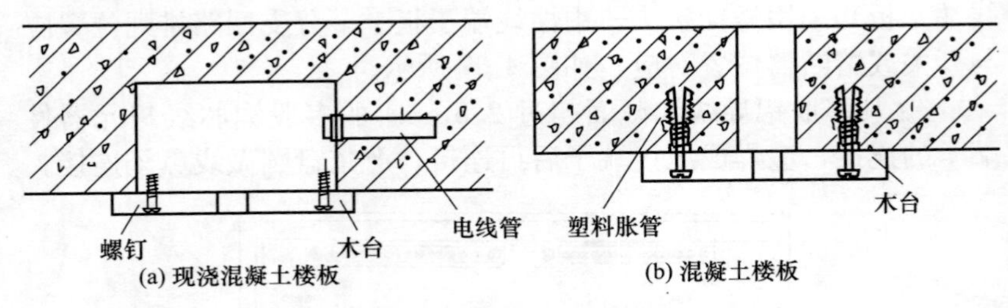

图 4-68 木台安装方法

⑦ 塑料护套线直敷配线的木（塑料）台，按护套线的粗度挖槽，将护套线压在木（塑料）台下面，在木（塑料）台内不得剥去护套绝缘层。

⑧ 潮湿场所除要安装防水、防潮灯外，还要在木台与建筑物表面安装橡胶垫，橡胶垫的出线孔不应挖大孔。应一线一孔，孔径与线径相吻合，木台四周应刷一道防水漆，再刷两道白漆，以保持木质干燥。

（2）拉线开关安装

① 明配线安装拉线开关，应先固定好木（塑）台，拧下拉线开关盖，把两个线头分别穿入开关底座的两个穿线孔内，用两枚直径≤20mm 的木螺钉将开关底座固定在木（塑）台上，把导线分别接到接线桩上，然后拧上开关盖，如图 4-69 所示。注意拉线口应垂直朝下不使拉线口发生摩擦，防止拉线磨损断裂。

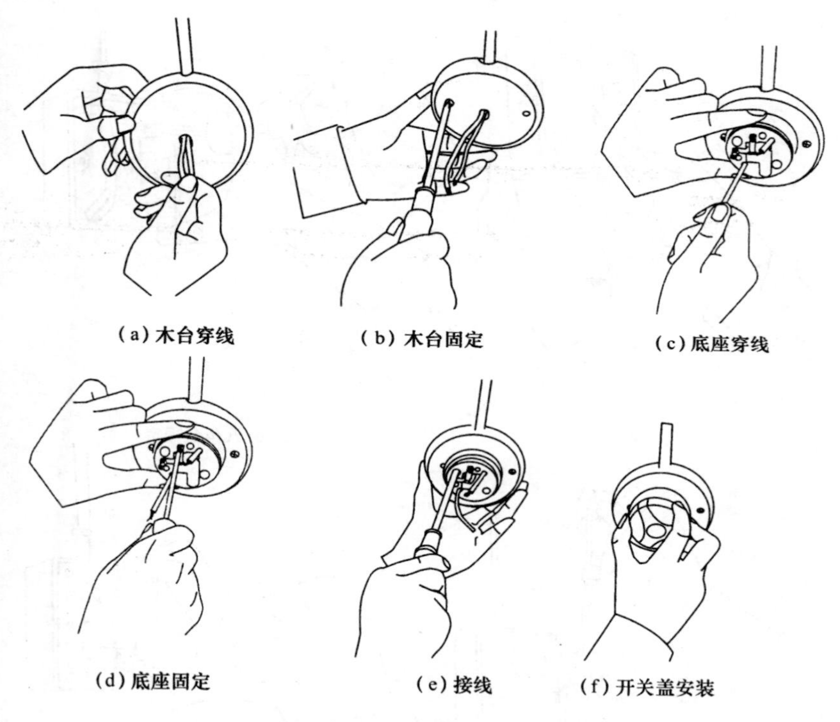

图 4-69　拉线开关暗装步骤

② 暗配线安装拉线开关，可以装设在暗配管的八角盒上，先将拉线开关与木（塑）台固定好，在现场一并接线及固定开关连同木（塑）台。

③ 多个拉线开关并装时，应使用长方形木台，拉线开关相邻间距不应小于 20mm。

④ 安装在室外或室内潮湿场所的拉线开关，应使用瓷质防水拉线开关。

（3）跷把开关安装

① 暗装翘板开关可以直接固定在八角盒上。

② 明装翘板开关可以使用明装八角盒，如图 4-70 所示。

③ 双联以上的跷把开关接线时，电源线应并接好分别接到与动触头相连通的接线桩上，把开关线桩接在静触头线桩上。如果采

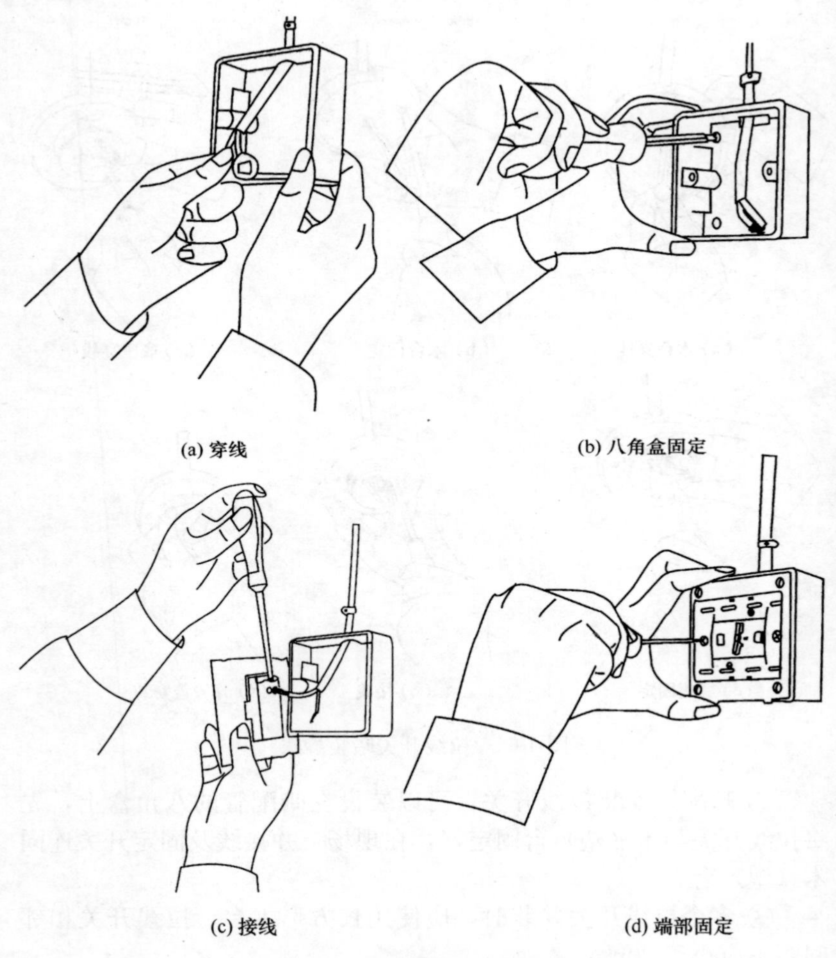

(a) 穿线　(b) 八角盒固定　(c) 接线　(d) 端部固定

图 4-70　翘板开关明装步骤

用不断线连接时，管内穿线时，盒内应留有足够长度的导线，开关接线后两开关之间的导线长度不应小于 150mm，且在线芯与接线桩上连接处不应损伤线芯。

④ 跷把开关无论是明装、还是暗装，均不允许横装，即不允许把手柄处于左右活动位置，因为这样安装容易因衣物勾拉而发生开关误动作。

（4）插座安装

① 插座安装前与土建施工的配合以及对电气管、盒的检查清理工作应同开关安装同时进行。暗装插座应有专用盒，严禁无盒安装，暗装步骤如图 4-71 所示。

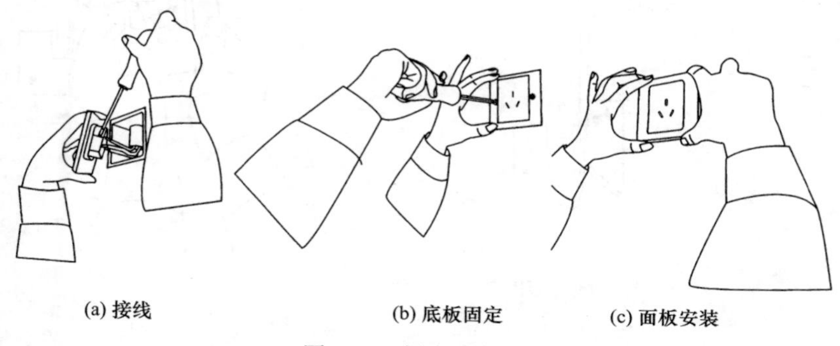

(a) 接线　(b) 底板固定　(c) 面板安装

图 4-71　插座暗装步骤

② 条件有限时可以用一块木板锯出豁口，将插座固定在木板上，如图 4-72 所示。

③ 插座是长期带电的电器，是线路中最易发生故障的地方，插座的接线孔都有一定的排列位置，不能接错，尤其是单相带保护接地的三孔插座，一旦接错，就容易发生触电伤亡事故。插座接线时，应仔细辨认识别盒内分色导线，正确地与插座进行连接。面对插座，单相双孔插座应水平排列，右孔接相线，左孔接中性线；单相三孔插座，上孔接保护地线（PEN），右孔接相线，左孔接中性线；三相四孔插座，保护接地（PEN）应在正上方，下孔从左侧分别接在 L1、L2、L3 相线。同样用途的三相插座，相序应排列一致。

④ 插座面板的安装不应倾斜，面板四周应紧贴建筑物表面，无缝隙、孔洞。面板安装后表面应清洁。

⑤ 埋地时还可埋设塑料地面出线盒，但盒口调整后应与地面相平，立管应垂直于地面。

⑥ 暗装插座应有专用盒，严禁开关无盒安装。开关周围抹灰处应尺寸正确、阳角方正、边缘整齐、光滑。墙面裱糊工程在开关盒处应交接紧密、无缝隙。饰面板（砖）镶贴时，开关盒处应用整

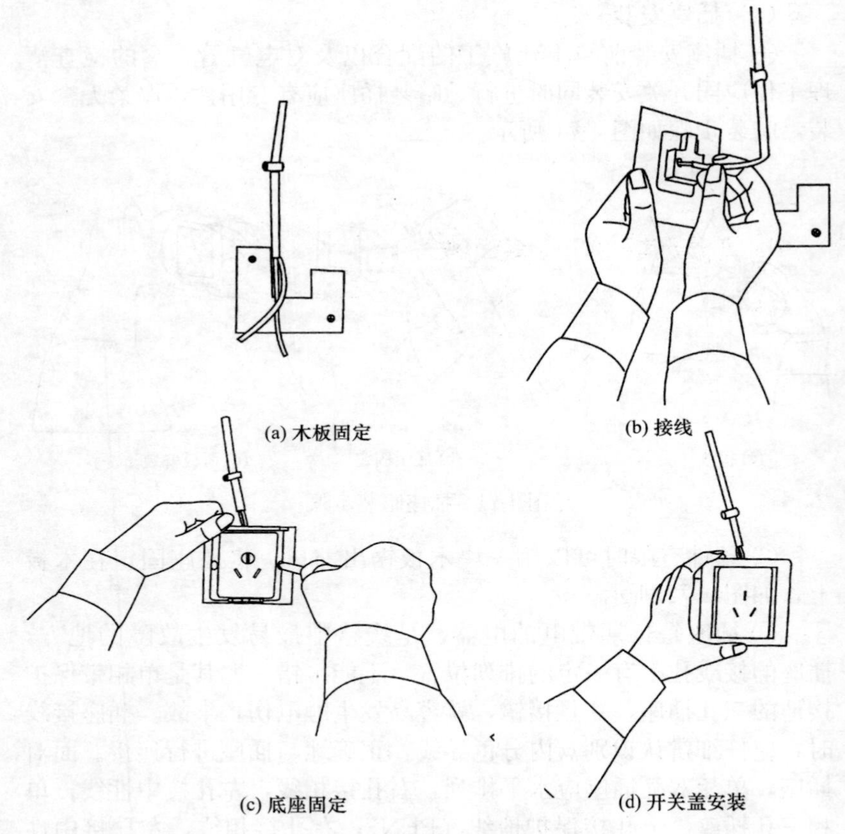

图 4-72 插座明装步骤

砖套割吻合，不准用非整砖拼凑镶贴，如图 4-73 所示。

4.6.3 灯具吊装

（1）软线吊灯安装

① 软线加工 截取所需长度（一般为 2m）的塑料软线，两端剥出线芯拧紧（或制成羊眼圈状）挂锡。

② 灯具组装 拧下吊灯座和吊线盒盖，把软线分别穿过灯座和吊线盒盖的孔洞，然后打好保险扣，防止灯座和吊线盒螺钉承受拉力。将软线的一端与灯座的两个接线桩分别连接，并拧好灯座螺口及中心触点的固定螺钉，防止松动，最后将灯座盖拧好。

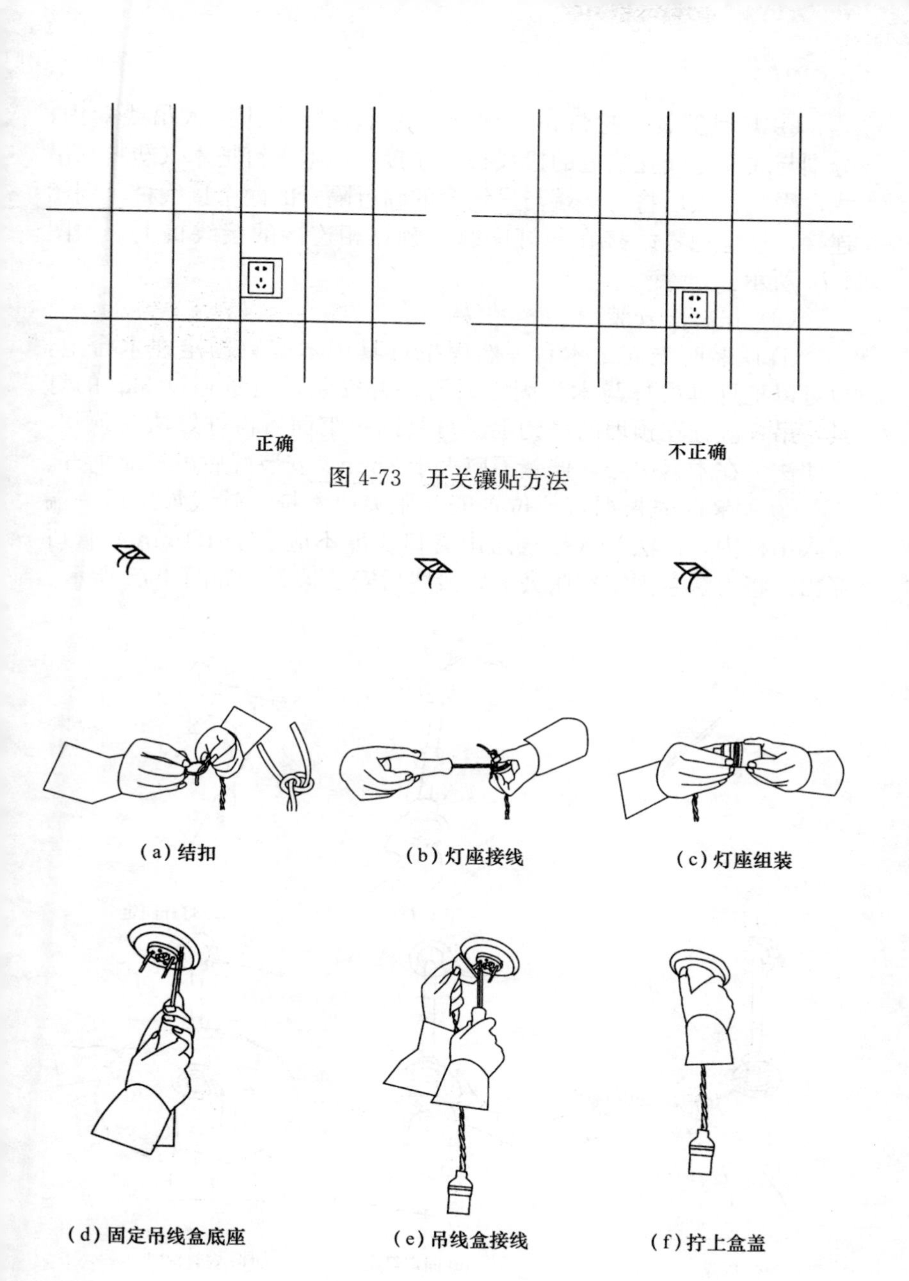

图 4-73　开关镶贴方法

图 4-74　软线吊灯的安装步骤

③ 灯具安装　把灯位盒内导线由木台穿线孔穿入吊线盒内，分别与底座穿线孔临近的接线桩上连接，用木螺钉把木（塑料）吊线盒固定。然后将另一端与吊线盒的临近隔脊的两个接线桩分别相连接，注意把零线接在与灯座螺口触点相连接的接线桩上，如图 4-74 所示。

（2）吊杆灯安装

① 暗装时先固定木台，然后把灯具用木螺钉固定在木台上，也可以把灯具吊杆与木台固定后再一并安装。质量超过 3kg 的灯具，吊杆应挂在预埋的吊钩上。灯具固定牢固后再拧好法兰顶丝，应使法兰在木台中心，偏差不应大于 2mm，安装好后吊杆应垂直。

② 明装时先根据灯位位置安装胀夹或木榫，软线加工后一端穿入吊杆内，由法兰（导线露出管口长度不应小于 150mm）管口穿出。将上法兰固定在胀夹上，接线后安装护罩，如图 4-75 所示。

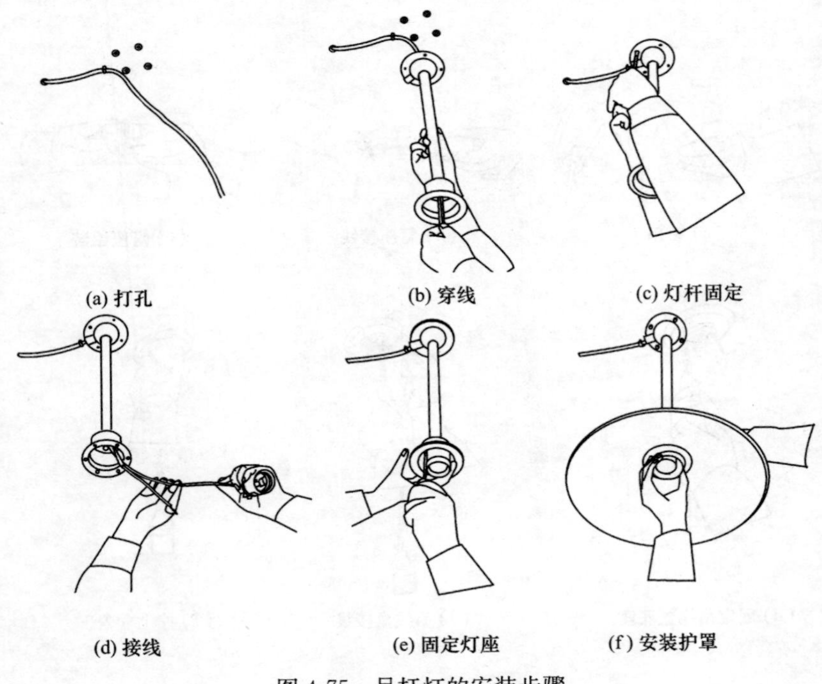

图 4-75　吊杆灯的安装步骤

（3）简易吊链式荧光灯安装

① 软线加工。根据不同需要截取不同长度的塑料软线，各连接线端均应挂锡。

② 灯具组装。把两个吊线盒分别与木台固定（或固定在吊棚上），将吊链与吊环安装为一体，并将吊链上端与吊线盒盖用U形铁丝挂牢，将软线分别与吊线盒内的镇流器和启辉器接线桩连接好。

③ 灯具安装。把电源相线接在吊线盒接线桩上，把零线接在吊线盒另一接线桩上，然后把木台固定到接线盒上。

④ 安装卡牢荧光灯管，进行管脚接线时，宜把启辉器的与双金属片相连的接线柱接在与镇流器相连的一侧灯脚上，另一接线柱接在与零线相连的一侧灯脚上，这样接线可以迅速点燃并可延长灯管寿命，如图4-76所示。

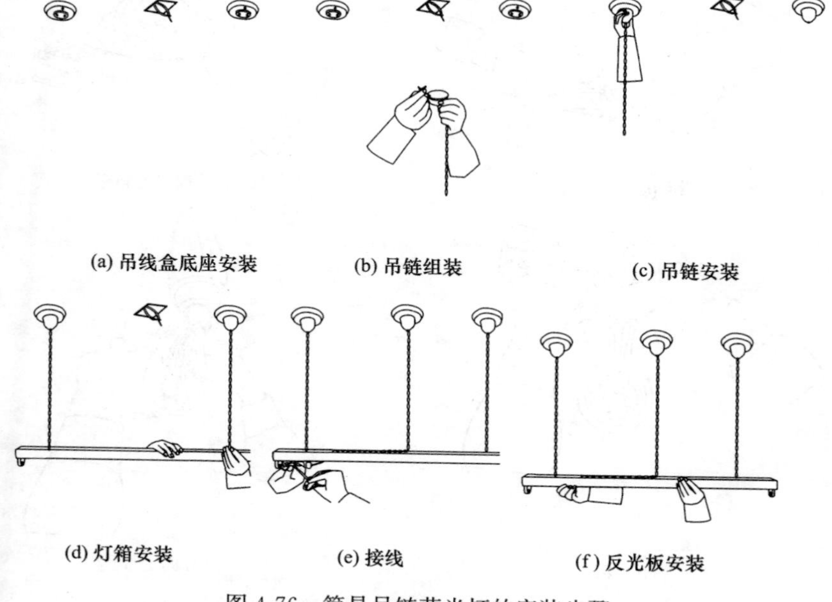

图4-76　简易吊链荧光灯的安装步骤

4.6.4　壁灯的安装

① 采用梯形木砖固定壁灯灯具时，木砖须随墙砌入，禁止采

用木楔代替。

② 如果壁灯安装在柱上，则将木台固定在预埋柱内的木砖或螺栓上，也可打眼用膨胀螺栓固定灯具木台。

③ 安装壁灯如需要设置木台时，应根据灯具底座的外形选择或制作合适的木台，把灯具底座摆放在上面，四周留出的余量要对称，确定好出线孔和安装孔位置，再用电钻在木台上钻孔。当安装壁灯数量较多时，可按底座形状及出线孔和安装孔的位置，预先做一个样板，集中在木台上定好眼位，再统一钻孔。

④ 安装木台时，应将灯具导线一线一孔由木台出线孔引出，在灯位盒内与电源线相连接，将接头处理好后塞入灯位盒内，把木台对正灯位盒将其固定牢固，并使木台不歪斜，紧贴建筑物表面，再将灯具底座用木螺钉直接固定在木台上，如图 4-77 所示。

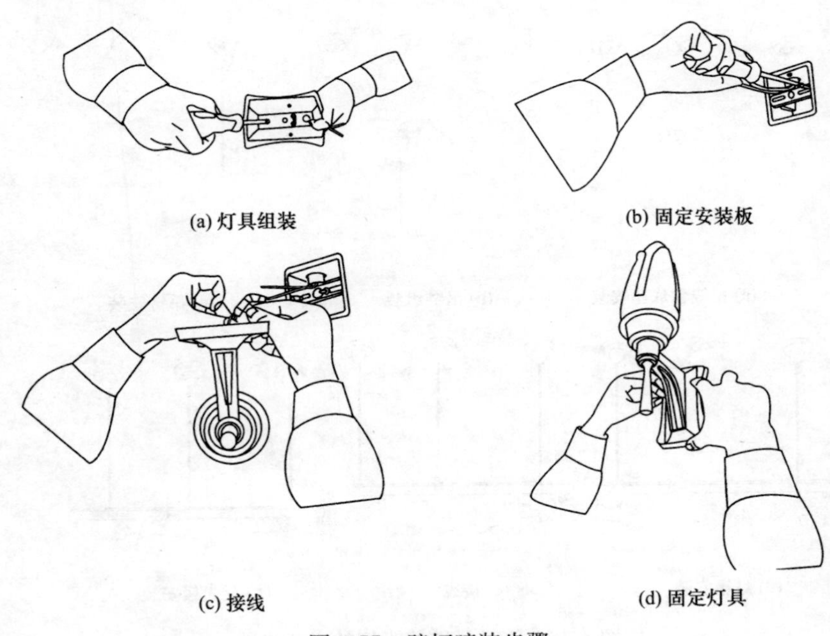

图 4-77　壁灯暗装步骤

⑤ 如果灯具底座固定方式是钥匙孔式，则需在木台适当位置上先拧好木螺钉，螺钉头部留出木台的长度应适当，防止灯具松动。

⑥ 同一工程中成排安装的壁灯，安装高度应一致，高低差不应大于 5mm。

4.6.5 灯具吸顶安装

（1）普通吸顶灯的安装

① 安装有木台的吸顶灯，在确定好的灯位处，应先将导线由木台的出线孔穿出，再根据结构的不同，采用不同的方法安装。木台固定好后，将灯具底板与木台进行固定。当灯泡与木台接近时，要在灯泡与木台之间铺垫 3mm 厚的石棉板或石棉布隔热。

② 质量超过 3kg 的吸顶灯，应把灯具或木台直接固定在预埋螺栓上，或用膨胀螺栓固定。

③ 当建筑物顶棚表面平整度较差时，可以不使用木台，而使用空心木台，使木台四周与建筑物顶棚接触，易达到灯具紧贴建筑物表面无缝隙的标准。

④ 在灯位盒上安装吸顶灯，其灯具或木台应完全遮盖住灯位盒，如图 4-78 所示。

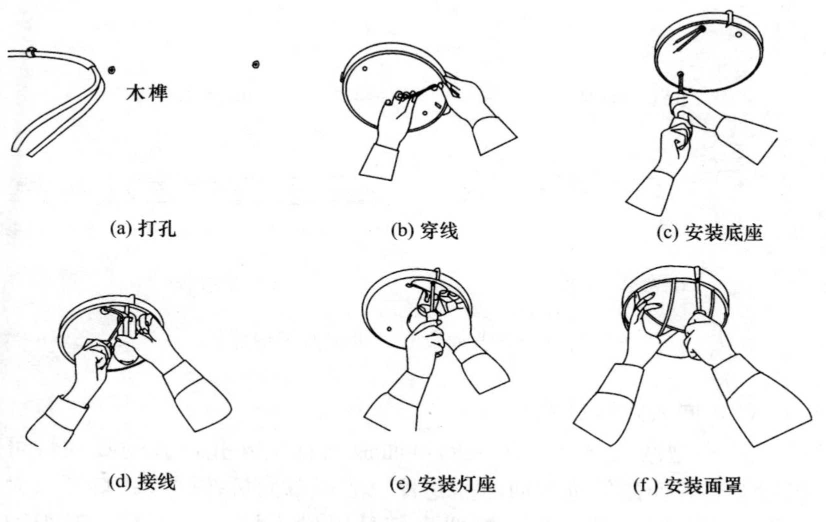

图 4-78 普通吸顶灯明装步骤

（2）荧光吸顶灯的安装

① 根据已敷设好的灯位盒位置，确定荧光灯的安装位置，在灯箱的底板上用电钻打好安装孔，并在灯箱上对着灯位盒的位置同时打好进线孔。

② 安装时，在进线孔处套上软塑料保护管保护导线，将电源线引入灯箱内，固定好灯箱，使其紧贴在建筑物表面上，并将灯箱调整顺直。

③ 灯箱固定后，将电源线压入灯箱的端子板（或瓷接头）上；无端子板（或瓷接头）的灯箱，应把导线连接好，把灯具的反光板固定在灯箱上，最后把荧光管装好，如图 4-79 所示。

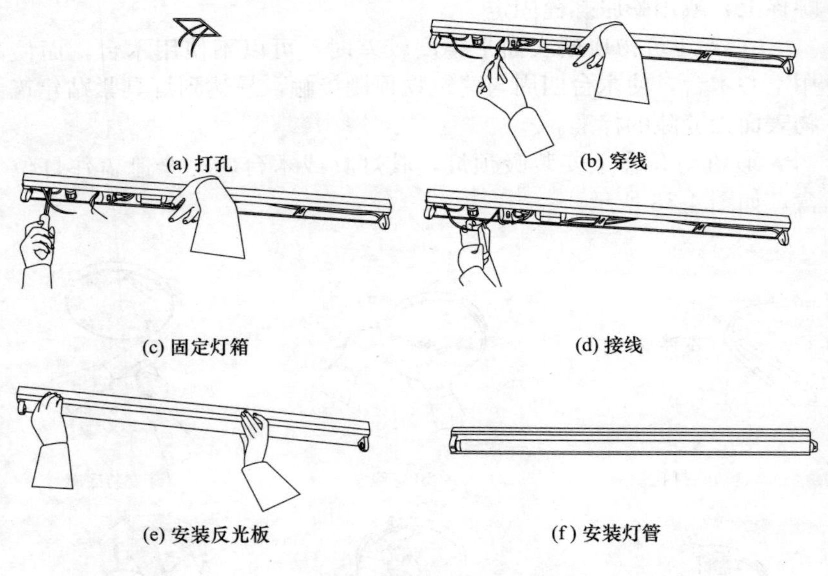

图 4-79 普通荧光灯吸顶安装步骤

（3）嵌入式灯具安装

① 小型嵌入筒灯在吊顶的罩面板上直接开孔，大的吸顶灯可在龙骨上需补强部位增加附加龙骨，后以罩面板按嵌入式灯开口大小围合成孔洞边框，此边框即为灯具提供连接点，边框一般为矩形，做成圆开口或方开口，如图 4-80 所示。

② 小型嵌入式灯具先连接好电源线后，直接将灯具推入孔中固定，大的灯具支架固定好后，将灯具的灯箱用机螺栓固定在支架上，再将电源线引入灯箱与灯具的导线连接并包扎紧密。调整各个灯座或灯脚，装上灯泡或灯管，上好灯罩，最后调整好灯具。灯具电源线不应贴近灯具外壳，灯线长度要适当留有余量。

③ 嵌入顶棚内的灯具，灯罩的边框应压住罩面板或遮住面板的板缝，并应与顶棚面板紧贴。矩型灯具的边框边缘应与顶棚面的装修直线平行。如灯具对称安装时，其纵横中心轴线应在同一直线上，偏差不应大于 5mm。

④ 多支荧光灯组合的开启式嵌入灯具，灯管排列应整齐，灯内隔片或隔栅安装排列整齐，不应有弯曲、扭斜现象。

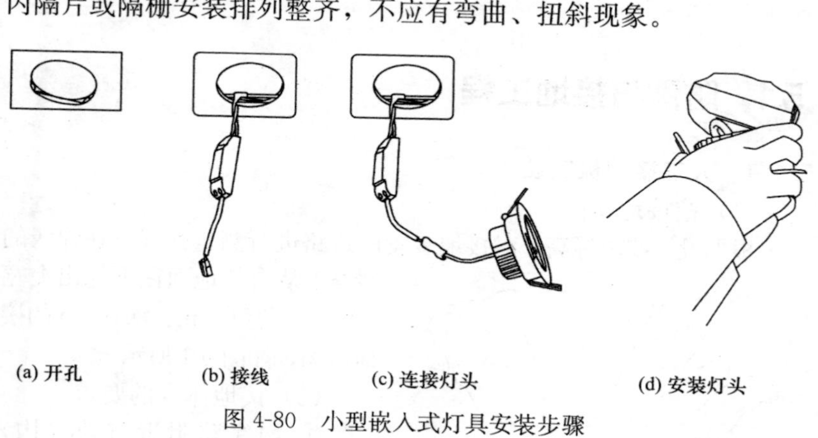

(a) 开孔　(b) 接线　(c) 连接灯头　(d) 安装灯头

图 4-80　小型嵌入式灯具安装步骤

第5章

电气安全

5.1 防雷与接地工程

5.1.1 人工接地极安装

(1) 挖接地体沟

根据设计要求标高，对接地装置的线路进行测量弹线。在弹线的线路上从自然地面往下挖出上宽0.6m、下宽0.4m、深0.9m的接地体沟，如图5-1所示。

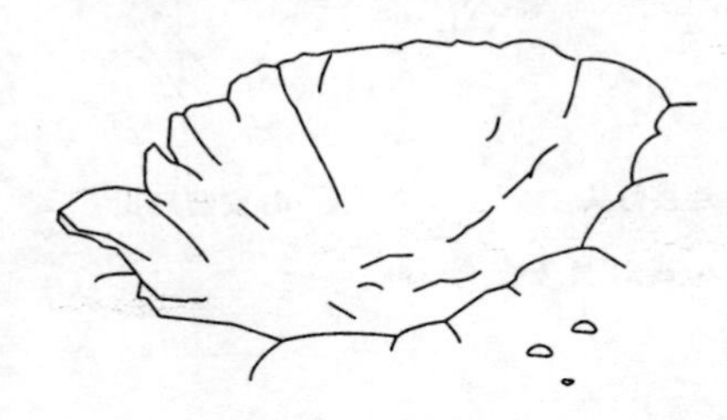

图5-1 挖接地体沟

(2) 接地体沟的要求

① 如线路附近有建（构）筑物，沟的中心线与建（构）筑物的基础外边缘距离不宜小于2m（图5-2）。

② 独立避雷针的接地装置与重复接地的接地装置之间距离不应小于3m（图5-3）。

(3) 降低跨步电压的措施

① 防直击雷的人工接地装置与人行道或建筑物的出入口处的距离不应小于3m。

② 当上述距离小于3m时，为降低跨步电压，水平接地体局部埋深不能小于1m。

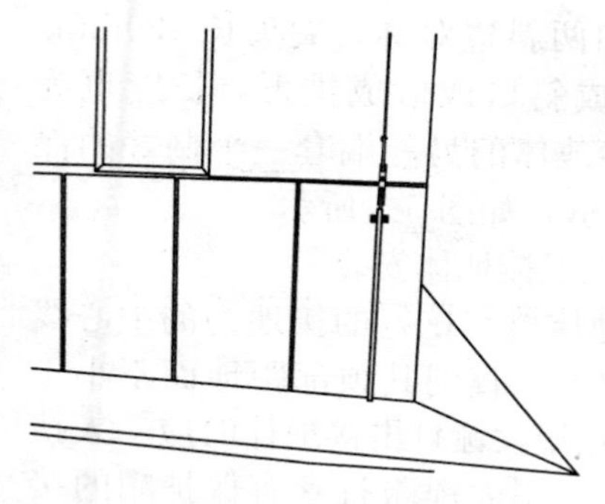

图 5-2　接地体与建筑物的距离

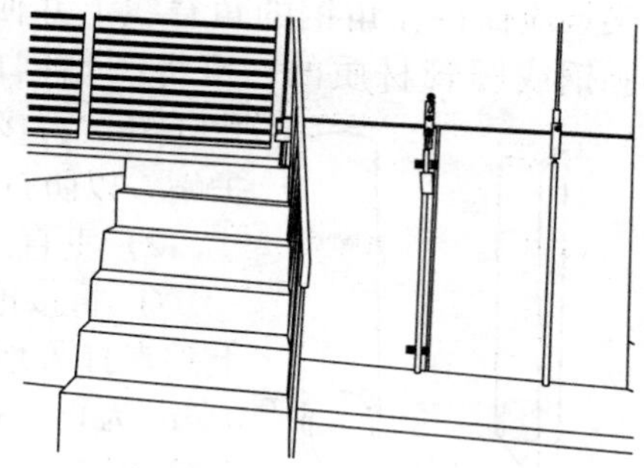

图 5-3　接地装置与重复接地距离

③ 或采用埋设两条与水平接地体相连的“帽檐式”均压带。降低跨步电压的措施如图 5-4 所示。

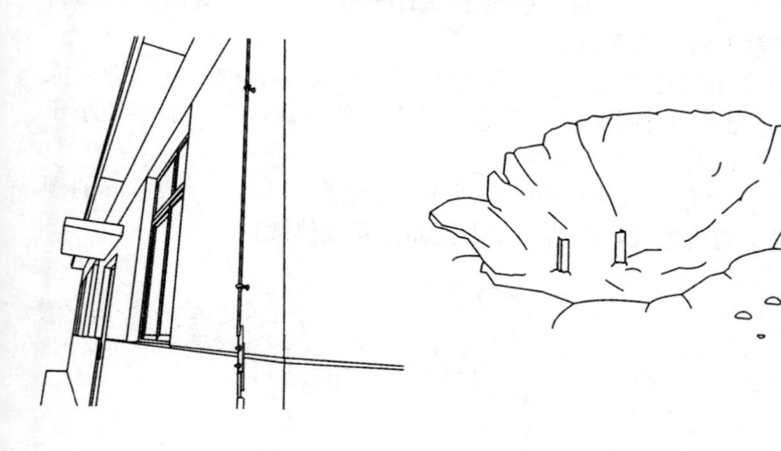

(a) 增加距离

(b) 增加垂直接地体

图 5-4　降低跨步电压的措施

（4）垂直人工接地体的安装

1）垂直人工接地体的制作

① 截取长度不小于 2.5m 的数根（按设计要求）50mm×50mm×5mm 的角钢或 ϕ20mm 圆钢或 ϕ50mm 钢管。

② 将角钢的一端（将被打入地下的一端）加工成尖头形状，

尖点应保持在角钢的角脊线上并使两斜边对称，尖头长 120mm。圆钢或圆管材质的，可将一端锯成斜口或锻成锥形，长度也为 120mm。将接地体的另一端套一个制好的保护帽，以防打劈，如图 5-5 所示。

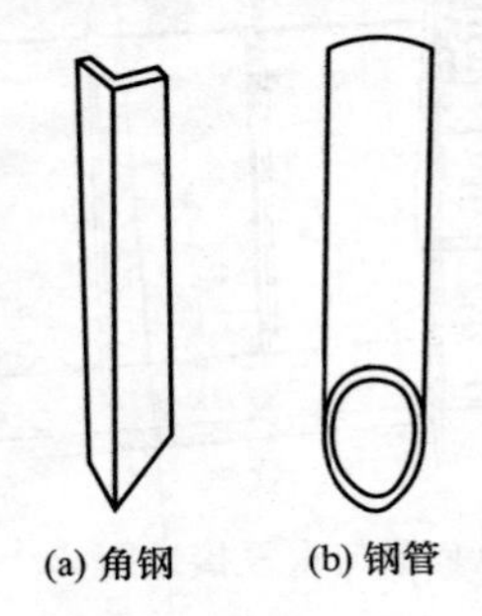

图 5-5 垂直人工接地体的制作

2）垂直人工接地体安装

① 将接地体放在挖好的接地沟的中心线上垂直打入地下，直到其顶部距地面不小于 0.6m 为止。在用大锤打击接地体时应一人扶着接地体，一人用大锤敲打套有保护帽的接地体顶部。

② 使用大锤敲打接地体时要把握平稳，锤击保护帽正中，接地体与地面时刻保持垂直。接地体与土壤间不能产生缝隙，否则将增加接触电阻影响散流效果。

③ 垂直接地体的间距应不小于两根接地体长度之和，即应大于 5m。当受地方限制时，可适当减少一些距离，但一般不应小于接地体的长度，如图 5-6 所示。

④ 敷设在腐蚀性较强的场所或土壤电阻率大于 100Ω·m 的潮湿土壤中的接地极，应适当加大截面面积或热镀锌。

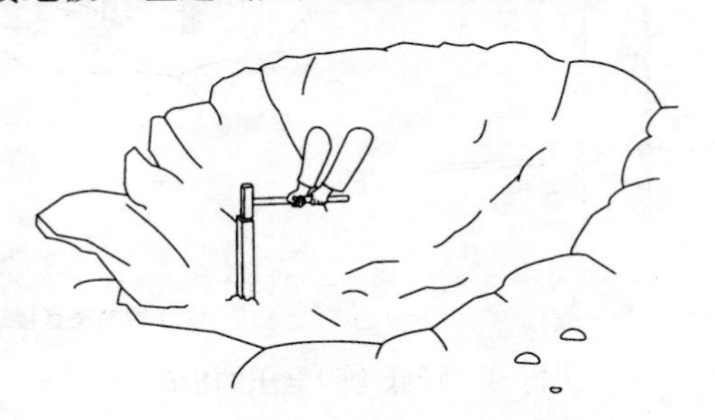

图 5-6 接地体安装方法

（5）人工接地母线的敷设

① 接地母线一般采用 40mm×4mm 的镀锌扁钢用于连接垂直接地体。将调直好的扁钢窄面向下垂直放置于地沟内，依次将扁钢在距垂直接地体顶端大于 50mm 处与接地体施行电（气）焊焊接。

焊接时应注意将扁钢拉直。扁钢不能与角钢或圆钢、钢管对接焊接，而应采用搭接焊接法，如图 5-7 所示。

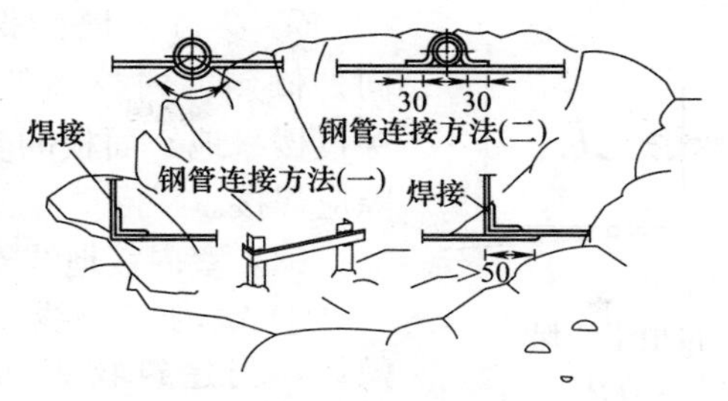

图 5-7　接地体与扁钢连接安装方法

② 焊接时，先将扁钢弯成弧形（或三角形）然后与接地钢管（或角钢）进行焊接，也可将扁钢在焊接过程中弯成弧形（三角形）。

③ 用扁钢另外煨制好弧形卡子或三角形卡子，先在扁钢与接地体相互接触部分表面两侧焊接，然后再将卡子与接地体及扁钢共同焊接在一起，从而增加接触面。

④ 当接地母线的扁钢长度不足时，应进行搭接焊接，搭接长度不应小于扁钢宽度的 2 倍，并应最少在三个棱边处进行焊接。接地母线引出地面至引下线的断线卡或换线处应留有足够的连接长度以待使用，接地母线与接地极连接应采用搭接焊接。所有焊接处应使焊缝平整饱满并有足够的机械强度，不得有夹渣、咬肉、裂纹、虚焊、气孔等缺陷，焊好后应清理药皮，刷沥青进行防腐处理。接地母线引出线应作防腐处理。

5.1.2　室内接地干线安装

（1）接地干线保护套管的敷设

① 配合土建墙体及楼（地）面施工，在接地干线沿墙壁敷设所要穿过的墙体或楼板的设计要求的尺寸位置上埋保护套管或预留出接地干线保护套管的孔。

② 用比圆钢大一型号的管子做保护套管，其长度应比墙体或楼板的厚度略大，如图 5-8 所示。

③ 在墙体拐角处设置保护套管时，套管距墙体表面应为 15～

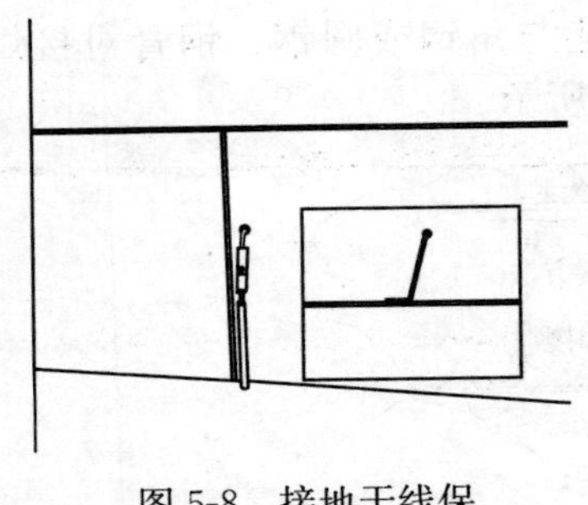

图 5-8 接地干线保护管安装方法

20mm，以便敷设接地干线时整齐美观。

④ 穿过外墙的保护套管，应向外倾斜，内外高低差为 10mm。穿过楼（地）面板的套管的纵向缝隙应焊接。

（2）室内接地线安装

① 室内接地线应水平或垂直敷设，当建筑物表面为倾斜形状时，也应沿其表面平行敷设。接地干线距地面高度应为 250～300mm。

② 明敷设在室内墙体上的固定钩应随土建施工预埋（或采用膨胀螺栓），如图 5-9 所示。支持件间的距离，在水平直线部分宜为 0.5～1.5m，垂直部分宜为 1.5～3m，转弯部分宜为 0.3～0.5m。

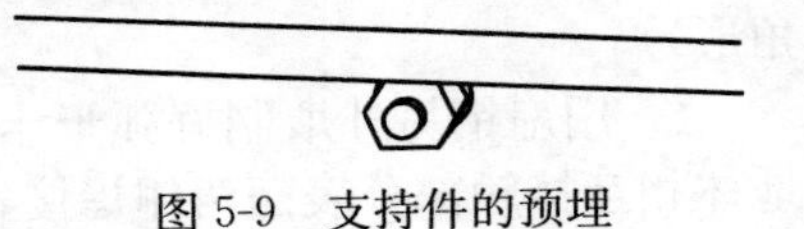

图 5-9 支持件的预埋

③ 接地扁（圆）钢应事先调直、打眼、煨弯加工，将扁钢沿墙吊起，在支持件一端将扁（圆）钢固定住，接地线距墙面间隙为 10～15mm，过墙时穿过保护套管，接地干线的连接进行焊接，末端预留或连接应符合设计规定，如图 5-10 所示。

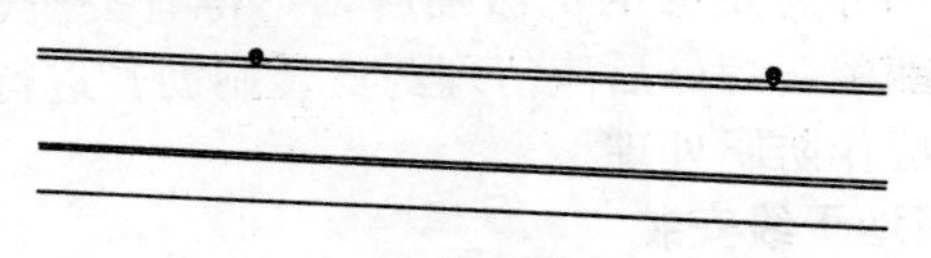

图 5-10 接地干线水平安装方法

④ 接地干线不应有高低起伏及弯曲现象，水平度及垂直度允许偏差为 2/1000，全长不应超过 100mm。

⑤ 接地干线在经过建筑物的伸缩（或沉降）缝时，如采用焊接固定，应将接地干线在通过伸缩（或沉降）缝的一段做成弧形，或用 ϕ12mm 圆钢弯出弧形与扁（圆）钢焊接，也可在接地线断开处用裸铜软绞线连接。

⑥ 接地干线在室内水平或垂直敷设，应在转角处需弯曲时弯曲 90°，弯曲半径不应小于扁（圆）钢宽度的 2 倍，如图 5-11 所示。

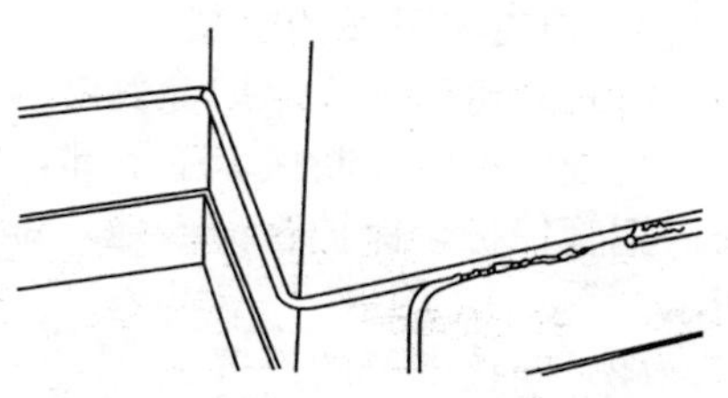

图 5-11 接地干线弯曲的方法

⑦ 接地干线在过门时，可在门上明敷通过，也可在门下室内地面内暗敷设，如图 5-12所示 。

⑧ 接地干线由室内引向室外接地网时，接地干线应在不同的两点或更多点与接地网相连接。室内接地干线与室外接地线的连接应使用螺栓连接，便于检测。接地线穿过楼板或外墙时，套管管口处应用沥青丝麻或建筑物封膏堵死。接地干线与室外接地线连接方法如图 5-13 所示。

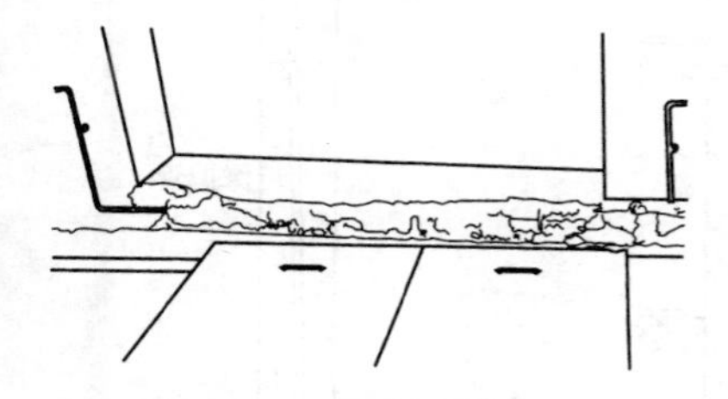

图 5-12 接地干线过门框方法

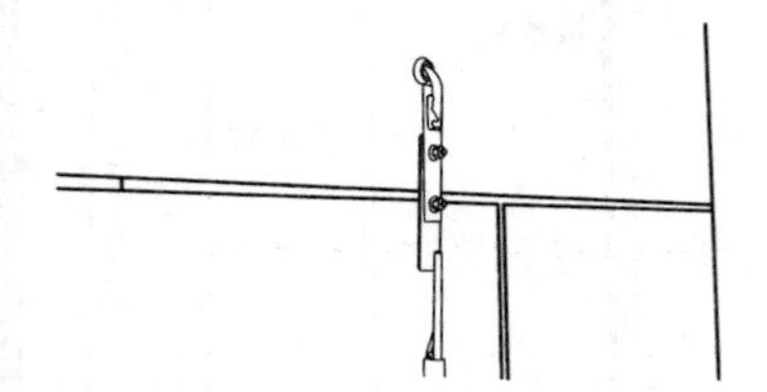

图 5-13 接地干线过墙方法

⑨ 接地支线与设备连接可以由圆钢（或扁钢）焊耳环直接连接，也可通过软铜线连接，如图 5-14 所示。

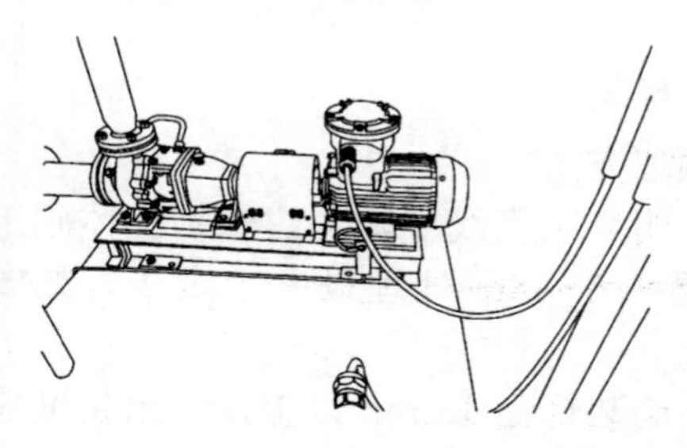

图 5-14 接地线与电动机连接方法

⑩ 明敷设接地线安装后，应对各接地干线和接地支线的外露部分以及电气设备的接地部分进行外观检查，检查电气设备是否按接地的要求接有接地线，各接地线的螺栓连接是否接妥，螺栓连接处是否使用了弹簧垫圈。

5.1.3 防雷引下线的安装

（1）防雷引下线保护管敷设

明设引下线在断接卡子下部，应外套竹管、硬塑料管、角铁或开口钢管保护，保护管深入地下部分不应小于 300mm，如图 5-15 所示。

（2）断接卡子的设置

为了检测接地电阻以及引下线、接地线的连接质量，应在 1.5～1.8m 处设置 40mm×4mm 的镀锌扁（圆）钢制作断接卡子，如图 5-16 所示。

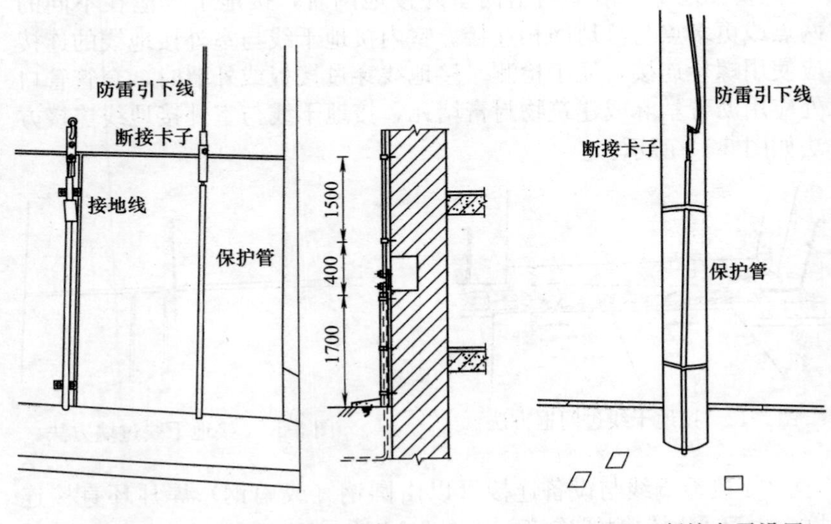

图 5-15　防雷装置引下线　　图 5-16　断接卡子设置

（3）明设引下线敷设

1）明设引下线支持卡子预埋方法

① 当引下线位置确定后，明装引下线应随着建筑物主体施工预埋支持卡子，然后向上每隔 1.5～2m 处埋设一个卡子，如图 5-17所示。

② 支持卡子应突出建筑外墙装饰面 15mm 以上，露出长度应一致。

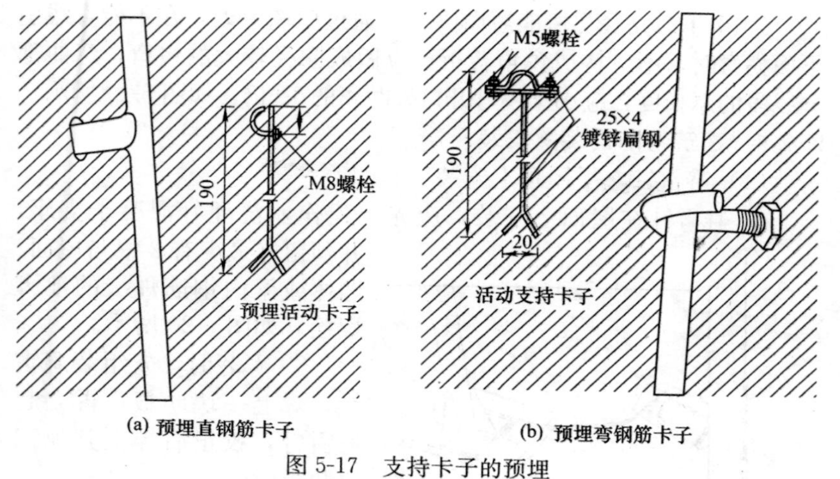

图 5-17 支持卡子的预埋

2）引下线明敷设方法

① 建筑物外墙装饰工程完成后，将调直的引下线材料运到安装地点，用绳子提拉到建筑物的最高点，由上而下逐点使其与埋设在墙体内的支持卡子进行卡固再焊接固定，直至断接卡子为止，如图 5-18 所示。

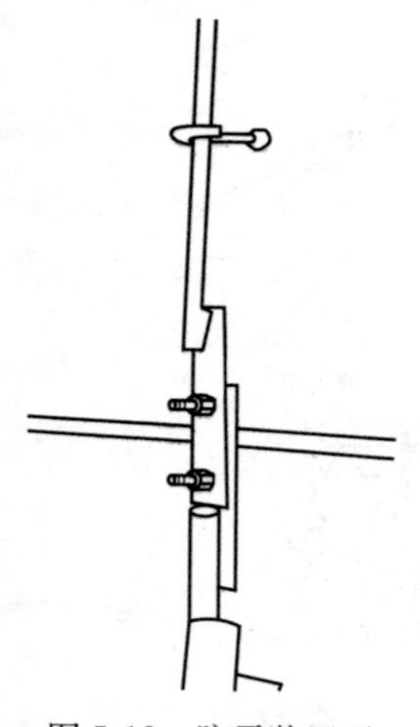
图 5-18 防雷装置引下线敷设方法

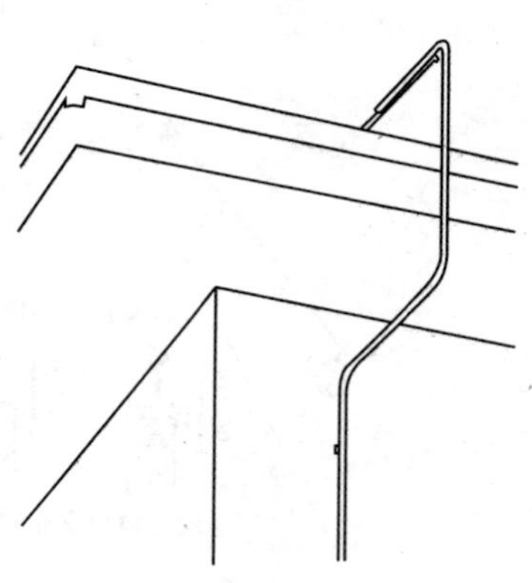
图 5-19 引下线过屋檐敷设方法

② 引下线路径尽可能短而直。当通过屋檐等处，在不能直线引下而拐弯时，不应构成锐角转折，应做成曲径较大的慢弯，弯曲部分线段的总长度，应小于拐弯开口处距离的10倍，如图5-19所示。

5.1.4 建筑物防雷装置安装

（1）避雷针在平屋顶上安装

① 避雷针在屋面上安装，应先土建作业浇灌好混凝土支座，并预留好最少有2根与屋面、墙体或梁内钢筋焊接的地脚螺栓，如图5-20所示。

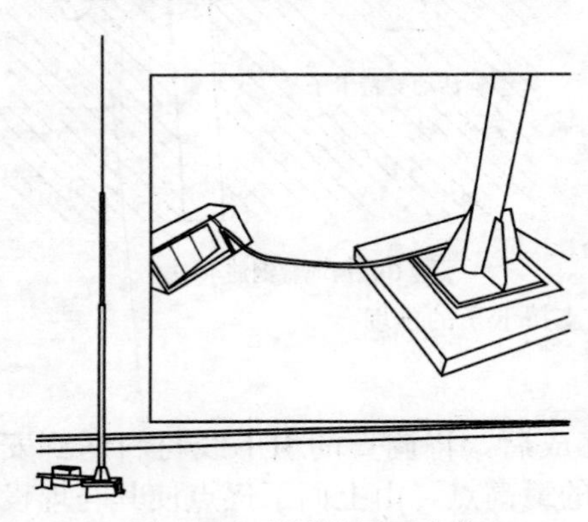

图5-20 避雷针屋面安装

② 安装时，先组装避雷针，焊上一块肋板，再立起避雷针，校正后焊上其他三块肋板。

（2）避雷带（网）支座、支架明装

① 屋面预制混凝土支座安装 当屋面防水工程结束后，将混凝土支座分档摆好，

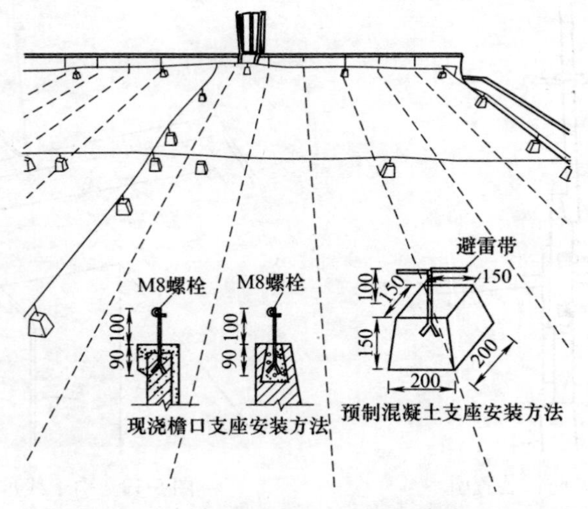

图5-21 建筑物屋顶防雷装置安装方法

在直线段两端支座间拉通线，确定好中间支座位置，摆放支座距离为1～1.5m，在转弯处距离转弯中点0.25～0.5m，支座间距应相等，如图5-21所示。

② 女儿墙支架安装　避雷带（网）沿女儿墙安装时，应使用预埋支架固定。当条件受限制时，可以使用膨胀螺栓支架，其转弯处支架应距转弯中点0.25～0.5m，直线段支架水平间距为1～1.5m，垂直间距为1.5～2m，且支架间距应平均分布，如图5-22所示。

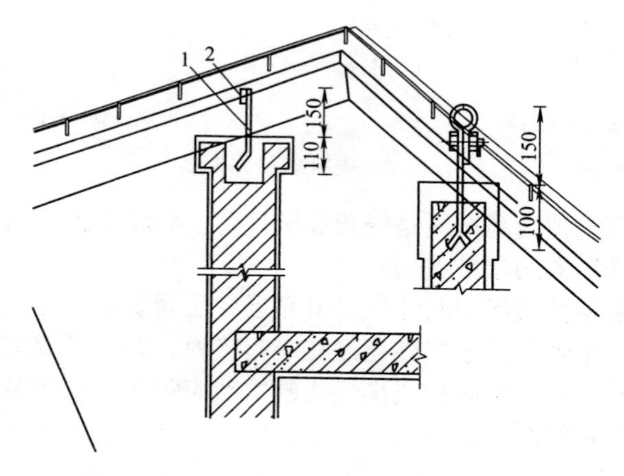

图5-22　支架在女儿墙上的安装

1—支架；2—避雷带

5.1.5　架空线路的防雷

（1）电杆的防雷（图5-23）

① 在三角形顶线装设避雷针　由于3～10kV线路通常是中性点不接地的，因此，如在三角形排列的顶线绝缘子上装以避雷针，在雷击时，避雷针对地泄放雷电流，从而保护了导线。

② 装设氧化锌避雷器　用来保护线路上个别绝缘最薄弱的部分，包括个别特别高的杆塔、带拉线的杆塔、木杆线路中的个别金属杆塔或个别铁横担电杆以及线路的交叉跨越处等。

（2）设备的保护

在高压侧装设氧化锌避雷器主要用来保护断路器和跌落式熔断

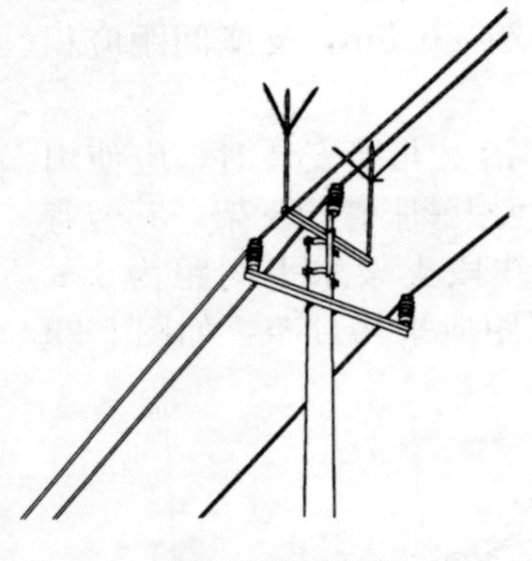
(a) 顶线装设避雷器

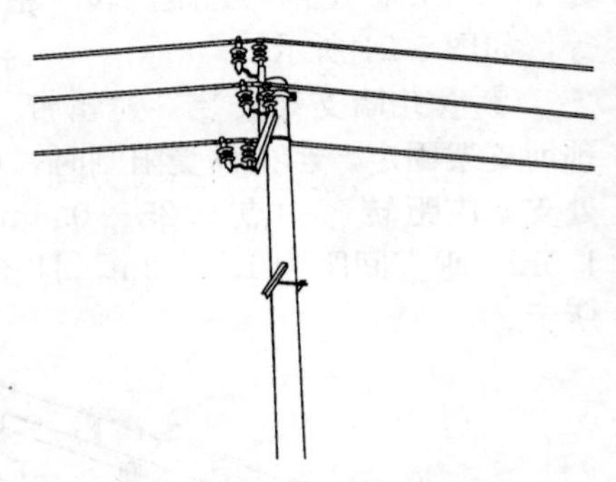
(b) 装设氧化锌避雷器

图 5-23　电杆的防雷方法

器，以免高电位沿高压线路侵袭高压设备，如图 5-24 所示。

(3) 变压器的保护

要求避雷器或保护间隙应尽量靠近变压器安装，其接地线应与变压器低压中性点及金属外壳连在一起接地。如果进线是具有一段电缆的架空线路，则阀型或排气式避雷器应装在架空线路终端的电缆终端头处，如图 5-25 所示。

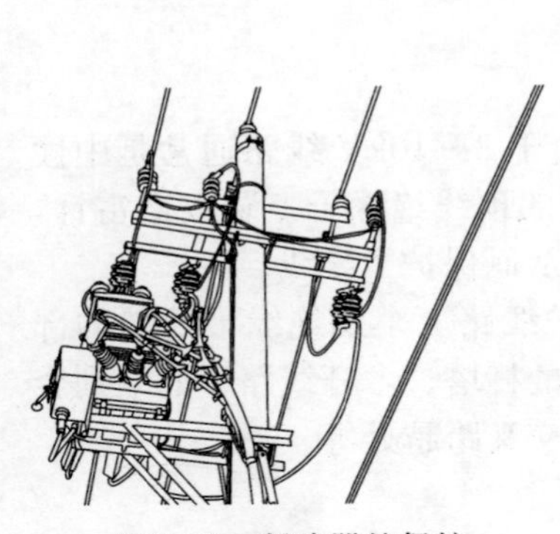
图 5-24　断路器的保护

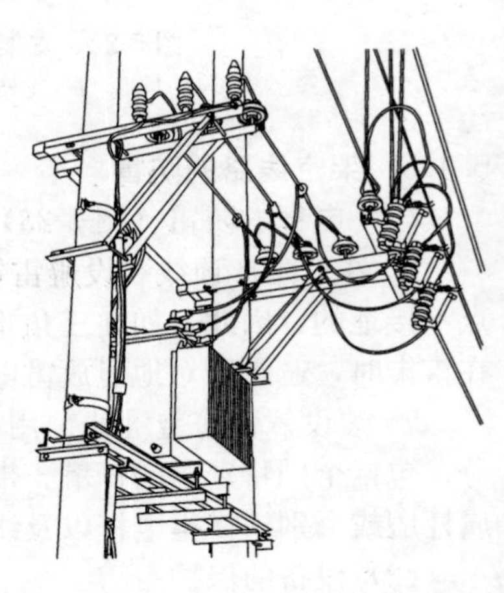
图 5-25　变压器的保护

5.2 安全用电常识

5.2.1 用电注意事项

① 不可用铁丝或铜丝代替熔丝，如图 5-26 所示。由于铁（铜）丝的熔点比熔丝高，当线路发生短路或超载时，铁（铜）丝不能熔断，会失去对线路的保护作用。

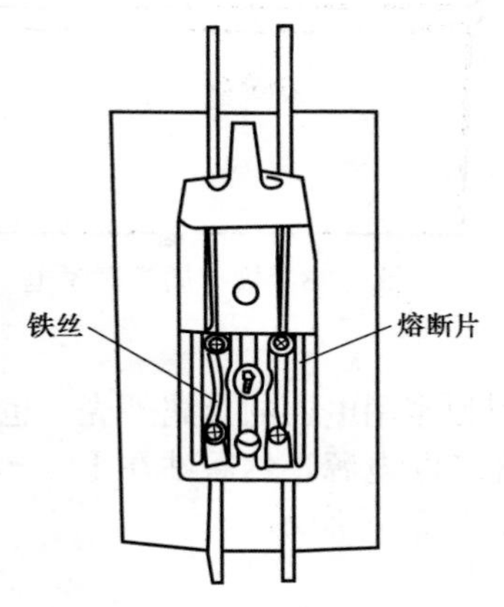

图 5-26 不能用铁丝或铜丝代替熔丝

② 电源插座不允许安装得过低和安装在潮湿的地方，插座必须按“左零右火”接通电源，如图 5-27 所示。

③ 应定期对电气线路进行检查和维修，更换绝缘老化的线路，修复绝缘破损处，确保所有绝缘部分完好无损。

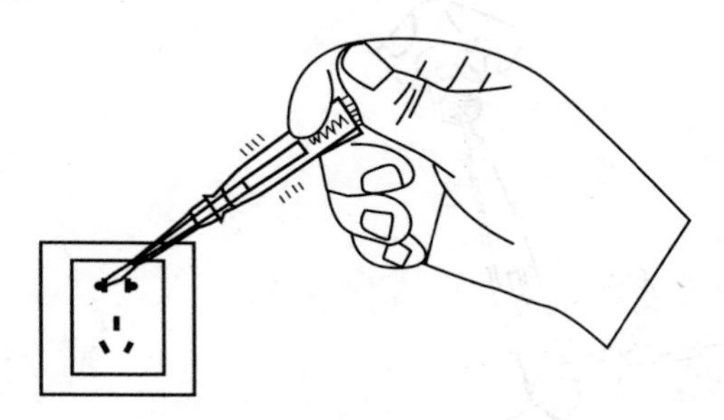

图 5-27 插座“左火”是错误的

④ 不要移动正处于工作状态的洗衣机、电视机、电冰箱等家用电器，应在切断电源、拔掉插头的条件下搬动，如图 5-28 所示。

⑤ 使用床头灯时，用灯头上的开关控制用电器有一定的危险，应选用拉线开关或电子遥控开关，这样更为安全。

⑥ 发现用电器发声异常或有焦糊异味等不正常情况时，应立即切断电源，进行检修。

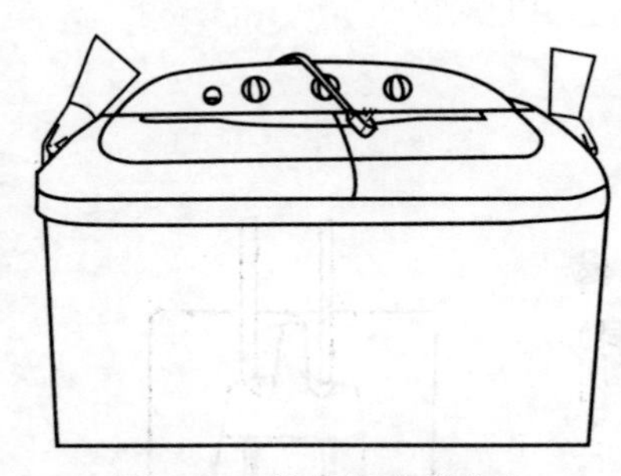

图 5-28　拔掉插头搬家电

⑦ 照明等控制开关应接在相线（火线）上，灯座螺口必须接零，如图 5-29 所示。严禁使用“一线一地”（即采用一根相线和大地做零线）的方法安装电灯、杀虫灯等，防止有人拔出零线造成触电。

⑧ 平时应注意防止导线和电气设备受潮，不要用湿手去摸带电灯头、开关、插座以及其他家用电器的金属外壳，也不要用湿布去擦拭。在更换灯泡时要先切断电源，然后站在干燥木凳上进行，使人体与地面充分绝缘，如图 5-30 所示。

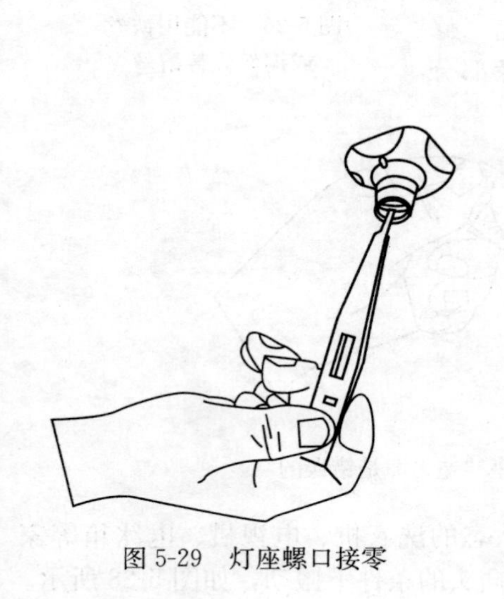

图 5-29　灯座螺口接零

图 5-30　站在木凳上换灯泡

⑨ 不要用金属丝绑扎电源线。

⑩ 发现导线的金属外露时，应及时用带黏性的绝缘黑胶布加以包扎，但不可用医用胶布代替电工用绝缘黑胶布，如图 5-31 所示。

⑪ 晒衣服的铁丝不要靠近电线，以防铁丝与电线相碰。更不要在电线上晒衣服，如图 5-32 所示。

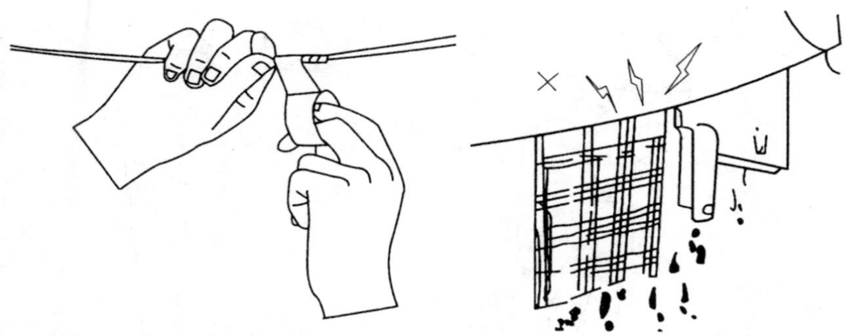

图 5-31　严禁用医用胶布包缠绝缘

图 5-32　不准在电线上晒衣服

⑫ 使用移动式电气设备时，应先检查其绝缘是否良好，在使用过程中应采取增加绝缘的措施，如使用电锤、手电钻时最好戴绝缘手套并站在橡胶垫上进行。

⑬ 洗衣机、电冰箱等家用电器在安装使用时，必须按要求将其金属外壳做好接零线或接地线的保护措施。

⑭ 在同一插座上不能插接功率过大的用电器，也不能同时插接多个用电器。这是因为如果线路中用电器的总功率过大，导线中的电流超过电线所允许通过的最大正常工作电流，导线就会发热。此时，如果熔丝又失去了自动熔断的保险作用，就会引起电线燃烧，造成火灾，或发生用电器烧毁的事故。

⑮ 在潮湿环境中使用可移动电器，必须采用额定电压为 36V 的低压电器，若采用额定电压为 220V 的电器，其电源必须采用隔离变压器。在金属容器（如锅炉、管道）内使用移动电器，一定要用额定电压为 12V 的低压电器，并要加接临时开关，还要有专人在容器外监护，低压移动电器应装特殊型号的插头，以防误插入电压较高的插座上。

5.2.2　触电形式

（1）单相触电

变压器低压侧中性点直接接地系统，电流从一根相线经过电气设备、人体再经大地流回到中性点，这时加在人体的电压是相电压，如图 5-33 所示。其危险程度取决于人体与地面的接触电阻。

图 5-33 变压器低压侧中性点直接接地单相触电示意图

图 5-34 两相触电示意图

（2）两相触电

电流从一根相线经过人体流至另一根相线，在电流回路中只有人体电阻，如图 5-34 所示。在这种情况下，触电者即使穿上绝缘鞋或站在绝缘台上也起不了保护作用，所以两相触电是很危险的。

（3）跨步电压触电

如输电线断线，则电流经过接地体向大地作半环形流散，并在接地点周围地面产生一个相当大的电场，电场强度随离断线点距离的增加而减小，如图 5-35 所示。

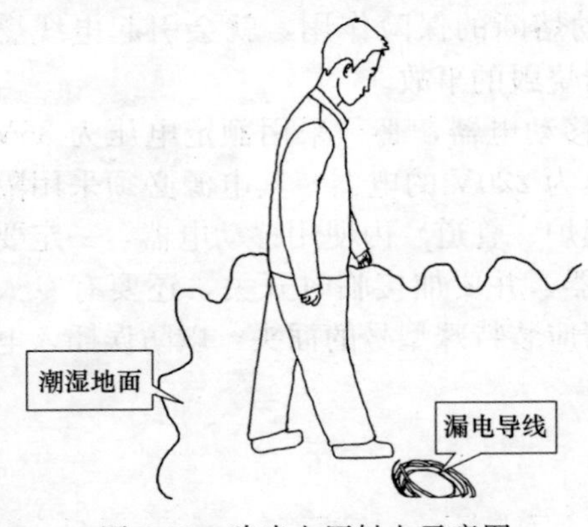

图 5-35 跨步电压触电示意图

距断线点 1m 范围内，约有 60％的电压降；距断线点 2～10 m 范围内，约有 24％的电压降；距断线点 11～20m 范围内，约有 8％的电压降。

（4）雷电触电

雷电是自然界的一种放电现象，在本质上与一般电容器的放电现象相同，所不同的是作为雷电放电的两个极板大多是两块雷云，同时雷云之间的距离要比一般电容器极板间的距离大得多，通常可达数公里，因此可以说是一种特殊的"电容器"放电现象，如图5-36所示。

图5-36　雷电触电示意图

除多数放电在雷云之间发生外，也有一小部分的放电发生在雷云和大地之间，即所谓落地雷。就雷电对设备和人身的危害来说，主要危险来自落地雷。

落地雷具有很大的破坏性，其电压可高达数百万到数千万伏，雷电流可高至几十千安，少数可高达数百千安。雷电的放电时间较短，只有50～100μs。雷电具有电流大、时间短、频率高、电压高的特点。

人体如直接遭受雷击，其后果不堪设想。但多数雷电伤害事故，是由于反击或雷电流引入大地后，在地面产生很高的冲击电流，使人体遭受冲击跨步电压或冲击接触电压而造成电击伤害的。

5.2.3　脱离电源的方法和措施

（1）触电者触及低压带电设备

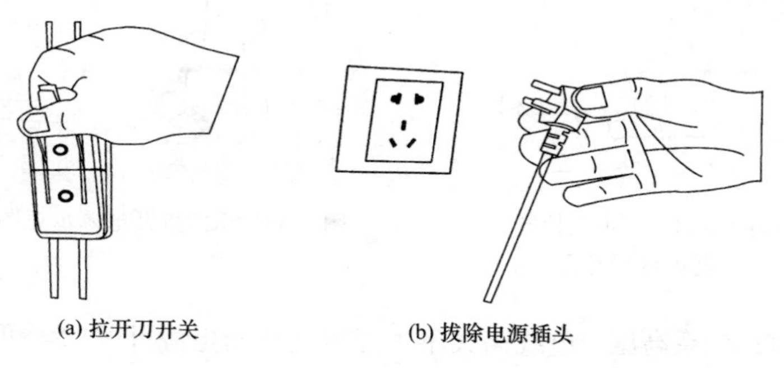
(a) 拉开刀开关　　(b) 拔除电源插头

图5-37　断开电源

① 救护人员应设法迅速断开电源，如拉开电源开关或刀开关或拔除电源插头等，如图 5-37 所示。或使用干燥的绝缘工具、干燥的木棒、木板等不导电材料使触电者解脱。

② 也可抓住触电者干燥而不贴身的衣服，将其拖开，如图5-38所示。

③ 戴绝缘手套或将手用干燥的衣物等包起绝缘后再解救触电者。

④ 救护人站在绝缘垫上或干木板上，把自己绝缘后再进行救护。

⑤ 为使触电者与导电体脱离，最好用一只手进行。

⑥ 若电流通过触电者入地，并且触电者紧握电线，可设法用干木板塞到身下，与地绝缘，也可用干木把斧子或有绝缘柄的钳子等将电线剪断，剪断电线要分相，一根一根地剪断。

（2）触电发生在架空杆塔上

① 如系低压带电线路，若能立即切断线路电源的，应迅速切断电源，或由救护人员迅速登杆，用绝缘钳、干燥不导电物体将触电者拉离电源，如图 5-39 所示。

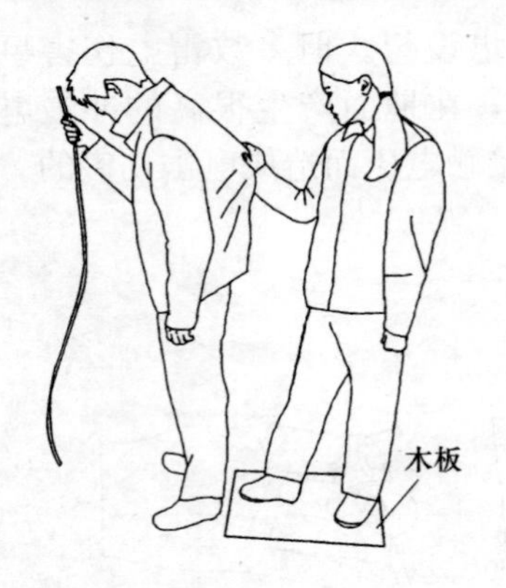

图 5-38　木板上拉开触电者示意图

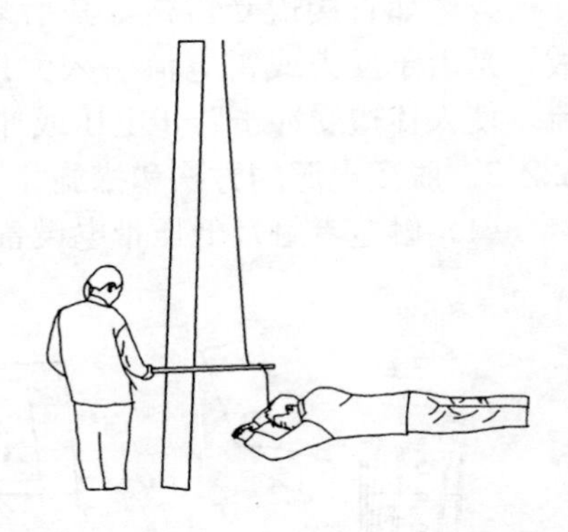

图 5-39　用棒挑开电源示意图

② 如系高压带电线路又不可能迅速切断电源开关的，可采用抛挂临时金属短路线的方法，使电源开关跳闸。

③ 救护人使触电者脱离电源时，要注意防止高处坠落和再次触及其他线路。

5.3 触电救护方法

5.3.1 口对口（鼻）人工呼吸法步骤

（1）通畅气道

触电者呼吸停止，重要的是确保气道通畅，如发现伤员口内有异物，可将其身体及头部同时偏转，并迅速用手指从口角处插入取出，如图 5-40（a）所示。

（2）通畅气道

可采用仰头抬颌法，严禁用枕头或其他物品垫在伤员头下，如图 5-40（b）所示。

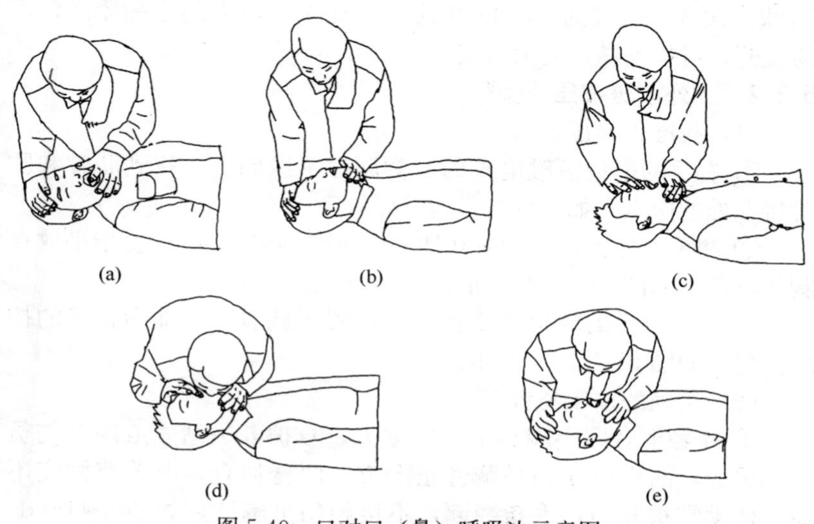

图 5-40　口对口（鼻）呼吸法示意图

（3）捏鼻掰嘴

救护人用一只手捏紧触电人的鼻孔（不要漏气），另一只手将触电人的下颌拉向前方，使嘴张开（嘴上可盖一块纱布或薄布），如图 5-40（c）所示。

(4) 贴紧吹气

救护人作深呼吸后，紧贴触电人的嘴（不要漏气）吹气，先连续大口吹气两次，每次 1～1.5s，如图 5-40（d）所示；如两次吸气后试测颈动脉仍无搏动，可判定心跳已经停止，要立即同时进行胸外按压。

(5) 放松换气

救护人吹气完毕准备换气时，应立即离开触电人的嘴，并放松捏紧的鼻孔；除开始大口吹气两次外，正常口对口（鼻）呼吸的吹气量不需过大，以免引起胃膨胀；吹气和放松时要注意伤员胸部应有起伏的呼吸动作。吹气时如有较大阻力，可能是头部后仰不够，应及时纠正，如图 5-40（e）所示。

(6) 操作频率

按以上步骤连续不断地进行操作，每分钟约吹气 12 次，即每 5s 吹一次气，吹气约 2s，呼气约 3s，如果触电人的牙关紧闭，不易撬开，可捏紧鼻，向嘴吹气。

5.3.2 胸外心脏按压法步骤

(1) 找准正确压点

① 右手的中指沿触电者的右侧肋弓下缘向上，找到肋骨和胸骨接合处的中点，如图 5-41（a）所示。

② 两手指并齐，中指放在切迹中点（剑突底部），食指平放在胸骨下部，如图 5-41（b）所示。

③ 另一只手的掌根紧挨食指上缘置于胸骨上，即为正确的按压位置，如图 5-41（c）所示。

(2) 正确的按压姿势

① 使触电者仰面躺在平硬的地方，救护人员站立或跪在伤员一侧肩旁，两肩位于伤员胸骨正上方，两臂伸直，肘关节固定不屈，两手掌根相叠，手指翘起，不接触伤员胸壁，如图 5-41（d）所示。

② 以髋关节为支点，利用上身的重量，垂直将正常成人胸骨压陷 3～5cm（儿童及瘦弱者酌减）。

③ 按压至要求程度后，立即全部放松，但放松时救护人的掌根不得离开胸壁。

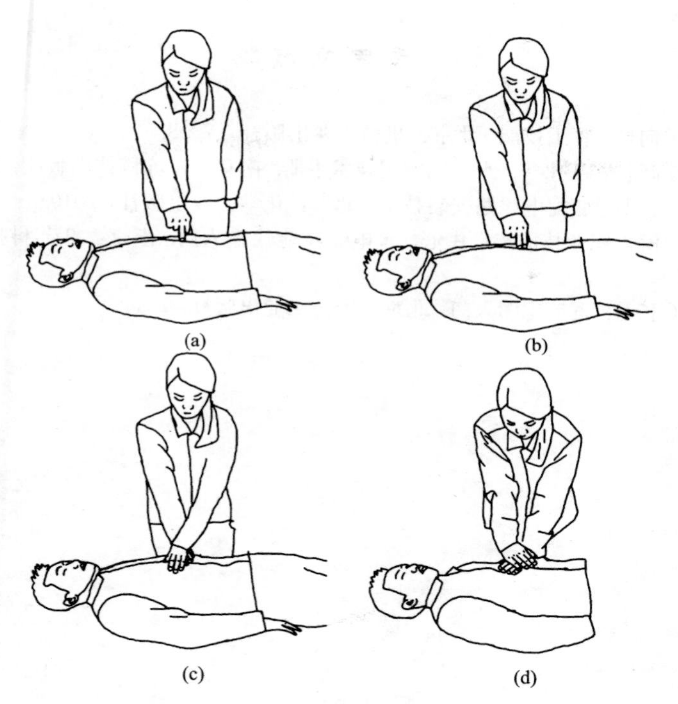

图 5-41　胸部按压法示意图

④ 按压必须有效，其标志是按压过程中可以触及到颈动脉搏动。

（3）操作频率

胸外按压应以均匀速度进行，每分钟 80 次左右，每次按压与放松时间相等。

参考文献

［1］ 朱向楠. 管工技能. 北京：机械工业出版社，2008.

［2］ 潘旺林，王永华. 水电工实用技术手册. 南京：江苏科技出版社，2008.

［3］ 乔长君. 变配电线路安装技术. 北京：化学工业出版社，2010.

［4］ 上海市职业技能培训中心. 水电工技能快速入门. 南京：江苏科技出版社，2008.

［5］ 乔长君. 电工识图入门. 北京：国防工业出版社，2011.